科学出版社“十四五”普通高等教育本科规划教材

线性系统理论

(第二版)

马树萍　程兆林　张大伟　朱淑倩　编著

U0786896

科学出版社

北京

内 容 简 介

本书从线性系统的能控性、能观性两个基本概念出发，讨论线性系统的综合与线性最优控制问题. 主要内容包括线性定常系统的状态空间描述及运动分析，线性定常系统的能控性，状态反馈与闭环极点配置，线性定常系统的能观性，能控性、能观性与传递函数，状态观测器，线性二次型最优控制，不确定线性系统的鲁棒稳定与镇定等. 每章末配有习题，并以二维码形式配有部分习题答案和部分习题讲解视频. 附录中包括矩阵理论、线性常系数微分方程、线性常系数差分方程的相关内容简介.

本书可供信息与计算科学专业、自动控制专业高年级本科生和研究生作为教材，也可作为从事工程控制、自动化及控制理论研究的科研人员的参考书.

图书在版编目(CIP)数据

线性系统理论 / 马树萍等编著. -- 2 版. -- 北京 : 科学出版社, 2024. 9.
(科学出版社“十四五”普通高等教育本科规划教材). -- ISBN 978-7-03-079336-2

Ⅰ. O231

中国国家版本馆 CIP 数据核字第 2024CJ9668 号

责任编辑：姚莉丽　贾晓瑞 / 责任校对：杨聪敏
责任印制：赵　博 / 封面设计：陈　敬

科学出版社 出版
北京东黄城根北街 16 号
邮政编码: 100717
http://www.sciencep.com
三河市骏杰印刷有限公司印刷
科学出版社发行　各地新华书店经销
*
2006 年 6 月第　一　版　开本：720×1000　1/16
2024 年 9 月第　二　版　印张：14 1/4
2025 年 8 月第四次印刷　字数：287 000

定价：59.00 元

(如有印装质量问题，我社负责调换)

前　　言

本书第一版基于程兆林教授二十多年讲授“线性系统理论”课程的教学笔记和讲义编写而成. 自出版后, 本书一直作为山东大学数学学院“线性系统理论”课程的教材, 并受到国内其他高校师生的广泛欢迎和认可.

随着互联网的发展与普及, 课堂教学模式和学生学习方式发生了较大变化. 为了更好地适应当前的教育模式, 让传统教材的优秀基础知识在新时代下更好地发挥其应有的作用. 同时, 根据习近平总书记关于教材工作的重要指示精神和党的二十大报告关于教育的重要论述, 建设高质量教材对于提升学生学习和创新能力具有重要作用. 基于此, 我们进行了本次再版, 旨在编撰信息技术与教育教学深度融合的新形态教材, 创建线性系统理论新“码书”.

本次再版增加了绪论部分、部分习题答案以及部分习题的讲解视频. 读者可以通过扫描二维码参考部分习题答案和观看视频, 更好地进行自主学习.

本书再版工作主要由马树萍 (绪论、第 7 章、第 8 章、附录)、张大伟 (第 1~4 章) 和朱淑倩 (第 5 章、第 6 章) 完成. 再版过程中得到山东大学本科生院、山东大学数学学院的鼎力支持, 在此表示衷心感谢, 同时感谢科学出版社为本书的编辑和出版所做的努力.

编　者

2023 年 12 月

第一版前言

线性系统理论是系统和控制科学领域的基础理论, 它以线性系统为研究对象, 经过过去几十年的发展, 线性系统理论已经相当成熟和完善. 线性系统理论的重要性首先在于它的基础性, 其中的概念、方法、处理问题的思路和所获得的结论, 对于系统和控制理论的许多学科分支, 诸如最优控制、鲁棒控制、非线性控制、随机控制、分布参数系统和离散事件动态系统等, 都具有重要的和基本的作用, 成为学习和研究这些学科的必不可少的基础知识. 目前, 线性系统理论已成为国内外大学系统与控制科学方向各个专业的一门重要基础课程.

本书从线性系统的能控性、能观性两个基础概念出发讨论线性系统的状态反馈镇定, 观测器设计及输出反馈镇定, 能控性、能观性与传递函数的不可简约性的关系等. 这部分内容是现代控制理论的基础, 也是现代控制理论和经典控制理论衔接最为紧密的部分.

本书共八章. 第 1 章介绍线性定常系统的状态空间描述, 输入输出关系, 以及连续系统的离散化. 第 2 章介绍线性定常系统的基础概念——能控性, 包括能控性定义、判据、能控性分解及单输入—单输出系统能控规范型. 第 3 章介绍系统状态反馈镇定理论, 这可看作能控性理论在系统综合中的一个典型应用. 第 4 章介绍线性定常系统的另一个基础概念——能观性, 包括能观性与能控性的对偶原理. 第 5 章介绍系统的能控性、能观性与传递函数的不可简约性的关系, 包括系统的规范分解与最小实现理论初步. 第 6 章介绍状态观测器理论及基于观测器的输出反馈镇定, 这也可看作能观性理论在系统状态估计及反馈镇定中的一个典型应用. 第 7 章介绍系统输入输出解耦和线性二次型指标最优控制. 第 8 章介绍近二十年来得到快速发展的不确定线性系统的鲁棒二次镇定问题. 本书各章配有习题, 它们是本书不可或缺的组成部分. 适当选做这些习题, 可以帮助读者正确理解和灵活运用书中给出的概念、方法和结论. 此外, 为帮助读者了解本书所涉及的矩阵理论, 以及常微分方程与差分方程理论中的相关内容, 书末附有附录简要介绍这些内容.

本书的前身是程兆林教授在山东大学数学与系统科学学院 (前数学系) 讲授“线性系统理论”课程的教学笔记和讲义, 二十年来取得了较好的教学效果. 本书的编写, 包括全书各章、习题及附录, 由马树萍执笔完成. 全书的统稿和审定由二位作者共同完成.

本书可供高等院校理工科系统与控制科学方向各个专业高年级本科生和低年级研究生相关课程作为教材和参考书使用, 亦可供控制理论与控制工程、自动化及相关信息科学领域的科技工作者作为参考书使用.

作者感谢山东大学教材出版基金委员会, 山东大学数学与系统科学学院学术委员会及院领导的鼎力支持, 感谢科学出版社为本书的编辑和出版所做的努力.

限于水平, 书中不妥之处, 敬请读者指正.

编　者

2006 年 3 月

目　　录

第 0 章　绪　论

控制理论以定量的方式描述如何改进动态系统的性能以达到所需目标，因此，在现代生产活动中，有着非常广泛的应用，特别是在提升生产效率智能化、减少能源消耗与污染、改善生活质量等方面发挥着巨大的作用，成为现代社会不可或缺的重要组成部分. 控制理论中的许多方法和技术都是基于线性系统理论研究和发展而来的，线性系统理论为控制理论提供了基础和框架，不仅在理论分析方面具有重要意义，而且在工程应用方面也起到关键作用. 本章主要介绍线性系统理论的基本概念、分析方法、发展历程以及实际应用，以帮助读者在宏观层面上了解线性系统理论.

0.1　线 性 系 统

线性系统理论的主要研究对象是具有线性性质的动态系统，即线性系统. 线性系统模型具有许多重要的性质，其中包括以下几点.

线性性质：对于任意的输入信号，如果对其进行线性变换，则输出信号也会对应进行相同的线性变换.

叠加原理：当有多个输入信号同时作用于系统时，输出信号等于这些输入信号对应的输出信号之和.

因果性：输出信号只由过去和现在的输入信号决定，不受未来输入信号的影响.

这些性质对于理解和分析线性系统的行为至关重要，精确的线性系统模型可以更好地描述实际物理系统的特点和行为规律. 线性系统通常可以分为线性时不变系统和线性时变系统. 线性时不变系统，也称为线性定常系统，这类系统是通过对实际物理系统进行适度近似化得到的理想化模型，其输出只与当前时刻的输入有关，与时间无关，当输入信号在时间平移时，输出信号的时间平移相同. 与此相比，线性时变系统是指具有时间变化的线性系统，也称为线性变系数系统. 相较于线性时不变系统，线性时变系统的动态行为会随着时间的变化而改变，这是因为系统的参数或结构随时间发生变化. 在实际应用中，由于时间不变性假设适用于许多系统，因此线性时不变系统实际上是线性系统中最常见的形式，本书主要针对线性时不变系统，研究其基本性质与行为规律.

从作用时间类型的角度来看, 线性系统还可以分为连续时间系统和离散时间系统. 它们之间的主要差异表现在描述方式和数据存储等方面. 连续时间系统的数学模型由微分方程来描述, 变量的作用时刻是连续的, 且输入和输出是连续变化的函数. 而离散时间系统的数学模型由差分方程来描述, 变量的作用时刻是离散的, 且输入和输出是离散的数据序列. 从本质上来说, 大部分传统的线性系统都属于连续时间系统范畴. 然而, 随着数字技术的快速发展, 越来越多的数字设备应用于控制系统, 离散时间系统也愈发重要. 这两类系统在很多方面存在着差异, 但它们的核心概念, 如线性性质和稳定性质等都是相通的. 因此, 对于一般的线性系统而言, 无论是连续时间的还是离散时间的, 都可以利用相同的数学工具进行建模和分析. 本书将同时涉及连续时间线性系统和离散时间线性系统的分析与综合问题, 以全面探讨线性系统的特性和应用.

线性系统的理论研究建立在其模型基础上, 为了反映和研究系统的属性, 需要建立不同类型的数学模型, 主要包括时间域模型和频率域模型. 时间域模型可以用一组微分方程或差分方程来表示, 同时适用于线性时不变系统和线性时变系统. 而频率域模型则基于系统的频率响应来构建, 即系统通过不同频率的输入信号的响应来描述系统的性能特征. 具体来说, 在频率域模型中, 系统的输入和输出信号通过拉普拉斯 (Laplace) 变换或傅里叶 (Fourier) 变换转换为频率域的复数表达式, 通常称为传递函数. 传递函数可以描述系统对不同频率的输入信号进行放大或衰减的程度, 并展示系统在不同频率上的相位和幅频特性. 频率域模型是线性系统理论中一种重要的方法, 通过分析系统在不同频率上对输入信号响应的情况, 可以获得系统的稳定性、响应速度以及抗干扰性能等方面的信息, 为系统的优化和设计提供重要的参考, 但该方法只适用于线性时不变系统. 因此, 在分析和研究线性系统时, 可以根据具体的系统特点和研究目的选择合适的模型形式.

0.2　线性系统理论发展历程

理论的生成源自于实践的发展, 线性系统理论的起源可以追溯到 20 世纪初自动控制理论的诞生, 为解决工业生产自动化和机械控制系统中的问题应运而生. 随后线性系统理论快速发展, 逐渐发展成为一个重要的学科领域, 是控制理论的重要基石之一, 并被广泛应用于电子工程、通信工程、机械工程和航天工程等领域. 线性系统理论的研究和发展从时间和内容上可以分为“经典线性系统理论”和“现代线性系统理论”两个阶段.

(1) 经典线性系统理论. 经典线性系统理论的形成以 20 世纪 30~40 年代的三项重要结果为标志. 首先, 奈奎斯特 (Nyquist) 于 1932 年提出了有关反馈放大器稳定性的重要结果, 揭示了反馈系统中产生条件不稳定的原因, 并给出了 Nyquist

稳定性判据, 该判据利用开环频率特性判断闭环稳定性, 提供了一种评估系统稳定性的方法. 其次, 伯德 (Bode) 于 1945 年引入了相对于对数频域的对数幅值增益图和相位图, 即 Bode 图. Bode 图极大地简化了频率响应特性的计算和绘图过程, 通过幅频曲线和相频曲线来展示系统的频率响应特性, 使得基于频率响应的反馈控制系统的分析和设计更简便. 最后, 伊万斯 (Evans) 于 1948 年提出了根轨迹法, 该方法通过分析系统的极点和零点在复平面上的分布情况, 绘制系统传递函数的根轨迹图, 从而评估和设计反馈控制系统的性能以及稳定性. 这些重要成果奠定了经典线性系统理论的基础, 使人们能够更好地理解线性系统的特性和行为.

经典线性系统理论的主要研究对象是单输入—单输出线性时不变系统, 描述控制系统的数学模型为传递函数和频率响应. 所用的主要数学工具为复变量理论、Laplace 变换和 Fourier 变换, 常用的分析和综合控制方法为频率响应法和根轨迹法. 经典线性系统理论为线性系统理论建立了基础, 同时为工程师在控制系统设计和优化方面提供了极大的帮助. 但该理论也存在一定的局限性, 例如难以处理多输入—多输出的线性系统, 且无法揭示控制系统的内部机理.

(2) 现代线性系统理论. 现代线性系统理论形成的标志性成果为卡尔曼 (Kalman) 于 1961 年提出的状态空间方法, 该方法不仅可以提供系统输入、输出的外部信息, 而且能够提供系统内部结构特性的全部信息, 同时能够便捷地处理初始条件. 该方法可同时适用于单输入—单输出系统和多输入—多输出系统, 线性时不变系统和线性时变系统. Kalman 在状态空间框架下提出了系统状态能控性、能观性概念以及它们之间的对偶关系, 对控制系统的分析与综合具有重要的意义. 现代线性系统理论已成为整个控制理论发展的概念基础, 而且已经延伸到了非线性和分布参数等系统, 具有十分重要的理论意义和现实价值. 通过状态空间方法, 人们能更深入地理解系统的特性和行为, 使得控制系统的分析和设计更加精确和灵活, 极大地推动了控制理论的不断发展和进步.

0.3 线性系统实例

线性系统在多个领域中扮演着重要的角色, 如电力系统、电路系统、机械系统、航空航天以及化工过程等. 为进一步阐释线性系统在实际应用中的存在性, 本节将提供若干实例.

1. 电路系统

考虑如图 0.1 所示的 RLC 串联电路, 其中 R, L 和 C 分别表示电阻、电感和电容, 它们的电压分别为 $V_R(t), V_L(t), V_C(t)$, 电流为 $I(t)$, 电源电压 $V_P(t)$ 为控制输入, 根据基本电路原理和基尔霍夫 (Kirchhoff) 定律, 电路系统可以描述为如下

方程组:

$$\begin{cases} V_R(t) = R \cdot I(t), \\ V_L(t) = V_P(t) - V_C(t) - R \cdot I(t), \end{cases} \tag{0.3.1}$$

其中 $I(t)$ 和 $V_C(t)$ 满足

$$\begin{cases} C \cdot \dot{V}_C(t) = I(t), \\ L \cdot \dot{I}(t) = V_P(t) - V_C(t) - R \cdot I(t). \end{cases} \tag{0.3.2}$$

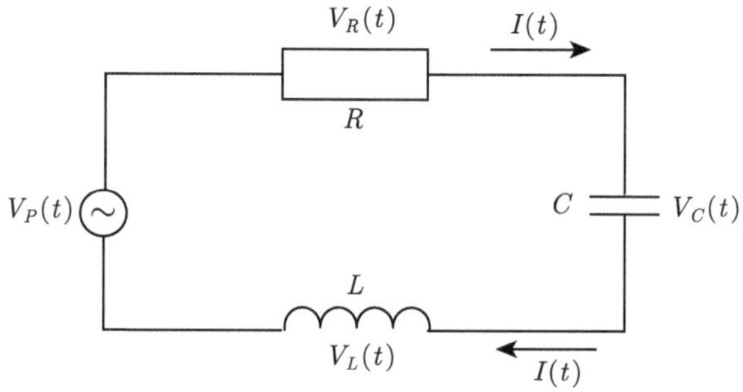

图 0.1　RLC 串联电路

选取 $I(t)$ 和 $V_C(t)$ 为状态变量组, 微分方程组 (0.3.2) 可写成下面的线性系统:

$$\begin{aligned} \begin{bmatrix} \dot{I}(t) \\ \dot{V}_C(t) \end{bmatrix} &= \begin{bmatrix} -\dfrac{R}{L} & -\dfrac{1}{L} \\ \dfrac{1}{C} & 0 \end{bmatrix} \begin{bmatrix} I(t) \\ V_C(t) \end{bmatrix} + \begin{bmatrix} \dfrac{1}{L} \\ 0 \end{bmatrix} V_P(t), \\ y(t) &= [0 \quad 1] \begin{bmatrix} I(t) \\ V_C(t) \end{bmatrix}, \end{aligned} \tag{0.3.3}$$

其中 $\dot{I}(t)$ 和 $\dot{V}_C(t)$ 分别表示 $I(t)$ 和 $V_C(t)$ 的导数, $y(t)$ 为系统的输出, 该式即为 RLC 串联电路系统的状态空间表达式.

在零初始条件下 $(I(0) = 0, V_C(0) = 0)$, 电源电压 $V_P(s)$ 到电容器电压 $V_C(s)$ 的传递函数为

$$G(s) = \frac{1}{CLs^2 + CRs + 1}. \tag{0.3.4}$$

2. 汽车悬挂系统

考虑如图 0.2 所示的汽车悬挂系统, 包括一个主动悬挂系统连接液压管道回路和轮胎. 悬架的自然长度为 ρ(m), 其压缩或拉伸距离为 x(m), 支撑质量为

m(kg), 其内部阻尼和加速度系数分别为 $b(\mathrm{N\cdot s/m})$ 和 $k(\mathrm{N/m})$. 悬架的动力响应可以描述为微分方程:

$$m\ddot{x}(t)+b\dot{x}(t)+kx(t)=p(t)a, \tag{0.3.5}$$

其中 $p(t)(\mathrm{N/m^2})$ 为液压泵产生的表压, $a(\mathrm{m^2})$ 为与悬架相连的管道接头的截面积.

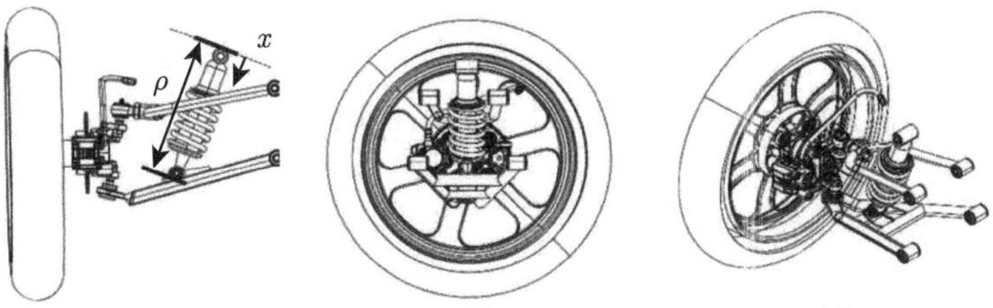

(a) (b) (c)

图 0.2 汽车悬挂系统结构图

定义状态变量为 $q(t)=\begin{bmatrix} x(t)\\ \dot{x}(t)\end{bmatrix}$, 控制输入为 $u(t)=p(t)$, 输出为 $y(t)=x(t)$, 微分方程 (0.3.5) 采用状态向量表示时, 可写成下面的线性系统:

$$\begin{aligned}\dot{q}(t)&=\begin{bmatrix} 0 & 1\\ -\dfrac{k}{m} & -\dfrac{b}{m}\end{bmatrix}q(t)+\begin{bmatrix} 0\\ \dfrac{a}{m}\end{bmatrix}u(t),\\ y(t)&=[1\quad 0]\,q(t),\end{aligned} \tag{0.3.6}$$

该式即为汽车悬挂系统的状态空间表达式.

在零初始条件下 ($q(0)=0$), 输入压力 $p(s)$ (即 $U(s)$) 到悬架位移 $X(s)$ (即输出 $Y(s)$) 的传递函数为

$$G(s)=\frac{a}{ms^2+bs+k}. \tag{0.3.7}$$

3. 安装在小车上的质量—弹簧—阻尼器系统

考虑如图 0.3 所示的安装在小车上的质量—弹簧—阻尼器系统. 假设小车和车上的质量—弹簧—阻尼器系统在 $t<0$ 时静止; 在 $t=0$ 时, 小车以恒定的速度移动. $u(t)$ 表示小车的位移, 看作系统的输入. $y(t)$ 表示质量块相对于地面的位移, 看作系统的输出. 在系统中, m 表示质量块的质量, b 表示黏性—摩擦系数, k 表示弹簧弹性系数. 假设阻尼器的摩擦力与 $\dot{y}(t)-\dot{u}(t)$ 成正比, 而弹簧是一个

线性弹簧, 弹力与 $y(t)-u(t)$ 成正比. 质量—弹簧—阻尼器系统可以描述为微分方程:

$$\ddot{y}(t)+\frac{b}{m}\dot{y}(t)+\frac{k}{m}y(t)=\frac{b}{m}\dot{u}(t)+\frac{k}{m}u(t), \tag{0.3.8}$$

重新定义状态变量 $x_1(t)=y(t)$, $x_2(t)=\dot{y}(t)-\dfrac{b}{m}u(t)$, 系统的输出为 $p(t)=x_1(t)$, 方程 (0.3.8) 采用状态向量表示时, 可写成下面的线性系统:

$$\begin{bmatrix}\dot{x}_1(t)\\ \dot{x}_2(t)\end{bmatrix}=\begin{bmatrix}0 & 1\\ -\dfrac{k}{m} & -\dfrac{b}{m}\end{bmatrix}\begin{bmatrix}x_1(t)\\ x_2(t)\end{bmatrix}+\begin{bmatrix}\dfrac{b}{m}\\ \dfrac{k}{m}-\left(\dfrac{b}{m}\right)^2\end{bmatrix}u(t),$$

$$p(t)=[1 \quad 0]\begin{bmatrix}x_1(t)\\ x_2(t)\end{bmatrix}. \tag{0.3.9}$$

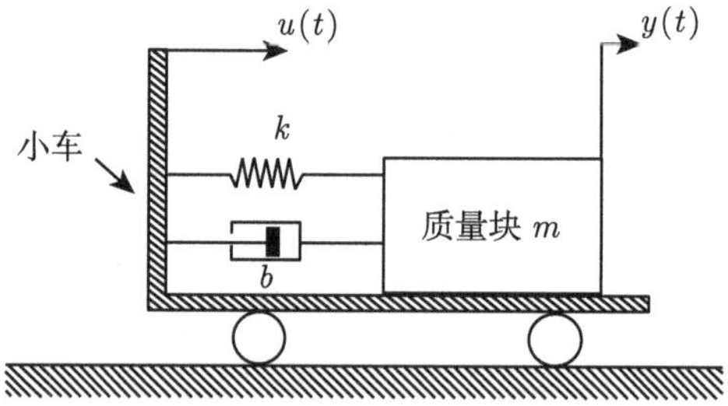

图 0.3 质量—弹簧—阻尼器系统结构图

在零初始条件下 $(x_1(0)=0, x_2(0)=0)$ 小车位移 $U(s)$ 到质量块相对于地面的位移 $Y(s)$ 的传递函数为

$$G(s)=\frac{bs+k}{ms^2+bs+k}. \tag{0.3.10}$$

第 1 章　线性定常系统的状态空间描述及运动分析

1.1　线性定常系统的传递函数描述

在讨论线性系统的状态空间描述前，首先介绍一下传递函数描述. 在控制系统的分析与设计中，第一步就是建立系统的数学模型，对所研究的对象给予适当的数学描述，用传递函数描述系统就是一种行之有效的办法.

传递函数描述的是系统的输入输出关系，用它描述系统时，假定对系统结构的内部信息一无所知，能够得到的只是系统的输入信息和输出信息. 这种情况下，对我们来说，系统的内部结构就像一个“黑箱”一样，因此，传递函数只能刻画系统的输入输出特性，它被称为系统的输入输出描述和外部描述. 使用传递函数方法描述系统所用的数学工具主要是 Laplace 变换. 因此，它主要适用于描述线性定常系统.

1. 单变量情形回顾

已知由下列常系数微分方程描述的定常系统

$$\begin{aligned} & y^{(n)} + a_{n-1}y^{(n-1)} + \cdots + a_1 y^{(1)} + a_0 y \\ & = b_m u^{(m)} + b_{m-1}u^{(m-1)} + \cdots + b_1 u^{(1)} + b_0 u, \end{aligned} \tag{1.1.1}$$

其中 $y(t)$ 称为系统的输出，$u(t)$ 称为系统的输入，t 为时间，$y^{(i)} = \dfrac{d^i y}{dt^i}, u^{(j)} = \dfrac{d^j u}{dt^j}$，$a_i, b_j$ 均为常数，$i = 0, 1, \cdots, n$，$j = 0, 1, \cdots, m, m \leqslant n$.

假定系统的初始变量为零，即

$$\begin{aligned} & y(0) = y^{(1)}(0) = \cdots = y^{(n-1)}(0) = 0, \\ & u(0) = u^{(1)}(0) = \cdots = u^{(m-1)}(0) = 0, \end{aligned} \tag{1.1.2}$$

对 (1.1.1) 两边取 Laplace 变换，得

$$(s^n + a_{n-1}s^{n-1} + \cdots + a_1 s + a_0)Y(s) = (b_m s^m + b_{m-1}s^{m-1} + \cdots + b_1 s + b_0)U(s),$$

其中 $Y(s), U(s)$ 为 $y(t)$, $u(t)$ 的 Laplace 变换，则

$$G(s) = \frac{Y(s)}{U(s)} = \frac{b_m s^m + b_{m-1}s^{m-1} + \cdots + b_1 s + b_0}{s^n + a_{n-1}s^{n-1} + \cdots + a_1 s + a_0} \tag{1.1.3}$$

称为系统 (1.1.1) 的传递函数. 若传递函数为 s 的真有理分式, 则称系统 (1.1.1) 为物理能实现的. 单输入—单输出系统 (1.1.1) 的传递函数必为真有理分式.

多项式

$$s^n + a_{n-1}s^{n-1} + \cdots + a_1 s + a_0 \tag{1.1.4}$$

称为系统 (1.1.1) 的特征多项式, 代数方程

$$s^n + a_{n-1}s^{n-1} + \cdots + a_1 s + a_0 = 0 \tag{1.1.5}$$

称为系统 (1.1.1) 的特征方程, 特征方程的根或者说特征方程的零点称为系统 (1.1.1) 的极点, 多项式

$$b_m s^m + b_{m-1}s^{m-1} + \cdots + b_1 s + b_0$$

的零点, 称为系统 (1.1.1) 的零点. 若系统 (1.1.1) 有相同的零点和极点, 则称系统有零极点相消, 零极点相消后剩下的系统的零点和极点分别为传递函数的零点和极点.

2. 传递函数矩阵

考察多输入—多输出的线性定常系统. 令输入变量组为 $\{u_1, u_2, \cdots, u_p\}$, 输出变量组为 $\{y_1, y_2, \cdots, y_q\}$, 且假定系统的初始变量为零. 用 $Y_i(s)$ 和 $U_j(s)$ 分别表示 y_i 和 u_j 的 Laplace 变换, $g_{ij}(s)$ 表示系统的由第 j 个输入端到第 i 个输出端的传递函数, 其中 $i = 1, \cdots, q$, $j = 1, \cdots, p$, 则由系统的线性属性 (即满足叠加原理) 可以导出:

$$\begin{cases} Y_1(s) = g_{11}(s)U_1(s) + g_{12}(s)U_2(s) + \cdots + g_{1p}(s)U_p(s), \\ Y_2(s) = g_{21}(s)U_1(s) + g_{22}(s)U_2(s) + \cdots + g_{2p}(s)U_p(s), \\ \qquad\qquad\qquad\cdots\cdots \\ Y_q(s) = g_{q1}(s)U_1(s) + g_{q2}(s)U_2(s) + \cdots + g_{qp}(s)U_p(s), \end{cases} \tag{1.1.6}$$

其向量方程的形式则为

$$Y(s) = \begin{bmatrix} Y_1(s) \\ Y_2(s) \\ \vdots \\ Y_q(s) \end{bmatrix} = \begin{bmatrix} g_{11}(s) & g_{12}(s) & \cdots & g_{1p}(s) \\ g_{21}(s) & g_{22}(s) & \cdots & g_{2p}(s) \\ \vdots & \vdots & & \vdots \\ g_{q1}(s) & g_{q2}(s) & \cdots & g_{qp}(s) \end{bmatrix} \begin{bmatrix} U_1(s) \\ U_2(s) \\ \vdots \\ U_p(s) \end{bmatrix} = G(s)U(s). \tag{1.1.7}$$

称由上式所定义的 $G(s)$ 为系统的传递函数矩阵. 容易看出, $G(s)$ 为 $q \times p$ 的一个有理分式矩阵. 当 $G(s)$ 的元 $g_{ij}(s)(i = 1, \cdots, q, j = 1, \cdots, p)$ 为严格真的或真的

有理分式, 即 $g_{ij}(s)$ 的分子次数低于或者等于分母次数时, 称 $G(s)$ 为严格真有理分式矩阵或真有理分式矩阵. 通常, 当且仅当 $G(s)$ 为真的或严格真的时, 它才是物理上可实现的. 作为一个判别准则, 当且仅当

$$\lim_{s\to\infty} G(s) = \text{零阵} \tag{1.1.8}$$

时, $G(s)$ 为严格真的; 当且仅当

$$\lim_{s\to\infty} G(s) = \text{非零常阵} \tag{1.1.9}$$

时, 传递函数矩阵为真的.

1.2　线性定常系统的状态空间描述

1. 状态和状态空间

系统的状态空间描述是建立在状态和状态空间概念的基础上的. 状态和状态空间本身, 并不是一个新的概念, 长期以来在质点和刚体动力学中得到了广泛的应用. 随着将它们引入到系统和控制理论中来, 并使之适应于描述系统的动态过程, 这两个概念才有了更为一般性的含义.

定义 1.1　动力学系统的状态定义为完全的表征系统时间域行为的一个最小内部变量组. 组成这个变量组的变量 $x_1(t), x_2(t), \cdots, x_n(t)$ 称为系统的状态变量, 其中 $t \geqslant t_0$, t_0 为初始时刻. 由状态变量构成的列向量

$$x(t) = \begin{bmatrix} x_1(t) \\ \vdots \\ x_n(t) \end{bmatrix}, \quad t \geqslant t_0 \tag{1.2.1}$$

称为系统的状态向量, 简称为状态. 状态空间则定义为状态向量取值的数域上的一个向量空间.

一般地, 状态向量在实数域上取值, 故状态空间为实数域上向量空间. 状态变量 $x_1, x_2, \cdots, x_n$ 的个数 n 即为该向量空间的维数. 对于确定的某个时刻 t, 状态即表示为状态空间中的一个点; 而当 t 在某个时间区间变动时, 状态则构成了状态空间中的一条轨迹.

状态空间的维数 n 为有穷数时, 相应的系统称为有穷维系统, 并称 n 为系统的阶数; 状态空间的维数为无穷大时, 相应的系统称为无穷维系统. 一切集中参数系统均属于有穷维系统, 而分布参数系统则属于无穷维系统.

2. 动态系统的状态空间描述

在引入了状态和状态空间概念的基础上, 就可建立动力学系统的状态空间描述. 从系统结构的角度, 一个动力学系统可用图 1.1 所示的方框图来表示, 其中 $x_1, x_2, \cdots, x_n$ 是表征系统行为的状态变量组, $u_1, u_2, \cdots, u_p$ 和 $y_1, y_2, \cdots, y_q$ 分别为系统的输入变量组和输出变量组.

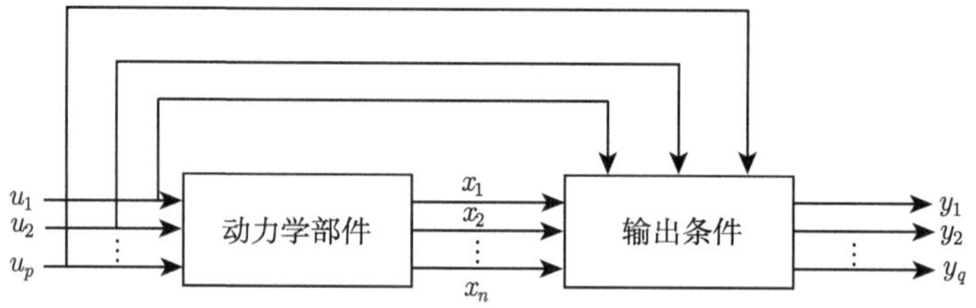

图 1.1 动力学系统结构示意图

和输入输出描述不同, 状态空间描述中把系统动态过程的描述考虑为一个更为细致的过程, 输入引起系统状态的变化, 而状态和输入则决定了输出的变化.

输入引起状态的变化是一个动力学过程, 数学上必须采用微分方程或差分方程来表征, 并且称这个动力学方程为系统的状态方程. 就连续动态过程而言, 考虑最为一般的情况, 则其状态方程为如下的一个一阶非线性时变微分方程组:

$$\begin{cases} \dot{x}_1 = f_1(x_1, x_2, \cdots, x_n, u_1, u_2, \cdots, u_p, t), \\ \qquad\cdots\cdots \\ \dot{x}_n = f_n(x_1, x_2, \cdots, x_n, u_1, u_2, \cdots, u_p, t), \end{cases} \quad t \geqslant t_0. \tag{1.2.2}$$

进而, 在引入向量表示的基础上, 还可将状态方程简洁地表示为向量方程的形式:

$$\dot{x} = f(x, u, t), \quad t \geqslant t_0, \tag{1.2.3}$$

其中

$$x = \begin{bmatrix} x_1 \\ x_2 \\ \vdots \\ x_n \end{bmatrix}, \quad u = \begin{bmatrix} u_1 \\ u_2 \\ \vdots \\ u_p \end{bmatrix}, \quad f(x, u, t) = \begin{bmatrix} f_1(x, u, t) \\ f_2(x, u, t) \\ \vdots \\ f_n(x, u, t) \end{bmatrix}. \tag{1.2.4}$$

状态和输入决定输出的变化是一个变量间的转换过程, 描述这种转换过程的数学表达式为变换方程, 并且称之为系统的输出方程或量测方程. 最为一般情况

下, 一个连续的动力学系统的输出方程具有以下的形式:

$$\begin{cases} y_1 = g_1(x_1, x_2, \cdots, x_n, u_1, u_2, \cdots, u_p, t), \\ \qquad\qquad \cdots\cdots \\ y_q = g_q(x_1, x_2, \cdots, x_n, u_1, u_2, \cdots, u_p, t), \end{cases} \tag{1.2.5}$$

表示为向量方程的形式为

$$y = g(x, u, t), \tag{1.2.6}$$

其中

$$y = \begin{bmatrix} y_1 \\ y_2 \\ \vdots \\ y_q \end{bmatrix}, \quad g(x, u, t) = \begin{bmatrix} g_1(x, u, t) \\ g_2(x, u, t) \\ \vdots \\ g_q(x, u, t) \end{bmatrix}. \tag{1.2.7}$$

系统的状态空间描述由状态方程和输出方程组成. 由于采用向量方程的形式, 当状态变量、输入变量和输出变量的数目增加时, 并不增加状态空间描述在表达形式上的复杂性.

讨论离散动态过程的状态空间的描述. 离散动态过程的一个重要特点是, 系统的各个变量都被处理成为只在离散时刻取值, 其状态空间描述只反映离散时刻的变量组间的因果关系和转换关系. 用 $k = 0, 1, 2, \cdots$ 来表示离散的时刻, 则离散时间系统 (简称离散系统) 的状态方程和输出方程的最一般形式为

$$\begin{cases} x(k+1) = f(x(k), u(k), k), \\ y(k) = g(x(k), u(k), k), \end{cases} \quad k = 0, 1, 2, \cdots. \tag{1.2.8}$$

通常, 可采用两条途径来形成系统的状态空间描述: 一是分析途径, 适用于结构和参数已知的系统; 二是辨识的途径, 适用于结构和参数难以搞清楚的系统.

3. 线性定常系统的状态空间描述

限于考虑线性定常系统的连续动态过程. 此时, 在系统的状态方程和输出方程中, 向量函数 $f(x, u, t)$ 和 $g(x, u, t)$ 均为关于 x, u 的线性函数, 且不显含时间 t, 从而线性定常系统的状态空间描述的表达式为

$$\begin{cases} \dot{x} = Ax + Bu, \\ y = Cx + Du, \end{cases} \tag{1.2.9}$$

其中 $x(t)$ 为 n 维状态向量, n 为系统的阶数, $u(t)$ 为 p 维控制输入向量, $y(t)$ 为 q 维输出向量, A 为 $n\times n$ 系统矩阵, B 为 $n\times p$ 输入矩阵, C 为 $q\times n$ 输出矩阵, D 为 $q\times p$ 前馈矩阵, A,B,C,D 统称为系统的系数矩阵, 并均为实常阵.

线性定常系统也称为线性时不变系统, 简记为 (A,B,C,D).

对于线性定常系统 (1.2.9), 我们分别称系统矩阵 A 的特征值、特征向量、若尔当 (Jordan) 标准型、特征方程、特征多项式为系统 (1.2.9) 的特征值、特征向量、Jordan 标准型、特征方程、特征多项式, 系统的特征值也称作系统的极点.

若 $p=1$, 则系统 (1.2.9) 为单输入线性定常系统; 若 $q=1$, 系统 (1.2.9) 为单输出线性定常系统; 若 $p=q=1$, 系统 (1.2.9) 为单输入—单输出系统, 或单变量系统.

考虑线性定常离散系统的状态空间描述, 其一般形式为

$$\begin{cases} x(k+1)=Gx(k)+Hu(k), \\ y(k)=Cx(k)+Du(k), \end{cases} \qquad k=0,1,2,\cdots, \tag{1.2.10}$$

其中 $x(k)$ 为 n 维状态向量, $u(k)$ 为 p 维输入向量, $y(k)$ 为 q 维输出向量, G,H,C,D 分别为 $n\times n$, $n\times p$, $q\times n$, $q\times p$ 的实常阵, 简记为 (G,H,C,D).

1.3　输入输出描述导出状态空间描述

考虑单输入—单输出线性定常系统. 表征系统动态过程的输入输出描述的时域形式为

$$\begin{aligned} &y^{(n)}+a_{n-1}y^{(n-1)}+\cdots+a_1y^{(1)}+a_0y \\ &=b_mu^{(m)}+b_{m-1}u^{(m-1)}+\cdots+b_1u^{(1)}+b_0u, \end{aligned} \tag{1.3.1}$$

等价的频域描述, 即传递函数描述为

$$g(s)=\frac{Y(s)}{U(s)}=\frac{b_ms^m+\cdots+b_1s+b_0}{s^n+a_{n-1}s^{n-1}+\cdots+a_1s+a_0}, \tag{1.3.2}$$

其中 $y^{(i)}$, $u^{(i)}$ 分别表示 y, u 的第 i 阶导数, $Y(s)$, $U(s)$ 为 $y(t)$, $u(t)$ 的 Laplace 变换, $m\leqslant n$.

对于由 (1.3.1) 或 (1.3.2) 描述的系统, 可以引进状态变量 x, 将其写成状态空间描述形式

$$\begin{cases} \dot{x}=Ax+bu, \\ y=cx+du, \end{cases} \tag{1.3.3}$$

其中, x 为 n 维状态变量, u 为 1 维输入, A, b, c, d 分别为 $n\times n$, $n\times 1$, $1\times n$, 1×1 的常矩阵.

将 (1.3.1) 或 (1.3.2) 写成 (1.3.3) 的形式, 称为实现问题, 第 5 章将作专门介绍. 实现不具有唯一性. 下面给出 (1.3.1) 或 (1.3.2) 的几种状态空间描述形式.

(1) 当 $m < n$ 时, 有如下结论.

定理 1.1 给定单输入—单输出线性定常系统的输入输出描述 (1.3.1) 或 (1.3.2), 当 $m < n$ 时, 其对应的一个状态空间描述为

$$\dot{x} = \begin{bmatrix} 0 & 1 & & \\ \vdots & & \ddots & \\ 0 & & & 1 \\ -a_0 & -a_1 & \cdots & -a_{n-1} \end{bmatrix} x + \begin{bmatrix} 0 \\ \vdots \\ 0 \\ 1 \end{bmatrix} u, \tag{1.3.4}$$
$$y = [b_0 \quad b_1 \quad \cdots \quad b_m \quad 0 \quad \cdots \quad 0]\, x.$$

证明 由时域描述 (1.3.1) 来证明. 引进中间变量 z, 令

$$\begin{aligned} u &= z^{(n)} + a_{n-1}z^{(n-1)} + \cdots + a_1 z^{(1)} + a_0 z, \\ y &= b_m z^{(m)} + \cdots + b_1 z^{(1)} + b_0 z. \end{aligned} \tag{1.3.5}$$

显然 u, y 与 (1.3.1) 有相同的输入输出关系 $\dfrac{Y(s)}{U(s)}$, 令

$$x_1 = z, \quad x_2 = \dot{z}, \quad \cdots, \quad x_n = z^{(n-1)},$$

则有

$$\begin{aligned} &\dot{x}_1 = x_2, \\ &\dot{x}_2 = x_3, \\ &\cdots\cdots \\ &\dot{x}_{n-1} = x_n, \\ &\dot{x}_n = -a_{n-1}x_n - \cdots - a_1 x_2 - a_0 x_1 + u, \\ &y = b_0 x_1 + b_1 x_2 + \cdots + b_m x_{m+1}. \end{aligned} \tag{1.3.6}$$

令 $x = [x_1 \ x_2 \ \cdots \ x_n]^{\mathrm{T}}$, 即有 (1.3.4) 成立.

(2) 当 $m = n$ 时, (1.3.1) 或 (1.3.2) 的状态空间描述求法. 先求极限

$$\lim_{s\to\infty} g(s) = d, \tag{1.3.7}$$

然后令

$$g_1(s) = g(s) - d, \tag{1.3.8}$$

显然, $g_1(s)$ 为严格真有理分式, 直接按 (1.3.4) 形式对 $g_1(s)$ 写出 A, b, c, 于是 (1.3.1) 或 (1.3.2) 的状态空间描述即为 (A, b, c, d).

(3) 当 $m = 0$ 时, 此时输入输出关系为

$$y^{(n)} + a_{n-1}y^{(n-1)} + \cdots + a_1 y^{(1)} + a_0 y = b_0 u. \tag{1.3.9}$$

令

$$x_1 = y, \quad x_2 = y^{(1)}, \quad \cdots, \quad x_n = y^{(n-1)}, \tag{1.3.10}$$

则由 (1.3.9) 推得

$$\begin{aligned}
&\dot{x}_1 = x_2, \\
&\dot{x}_2 = x_3, \\
&\cdots\cdots \\
&\dot{x}_{n-1} = x_n, \\
&\dot{x}_n = y^{(n)} = -a_{n-1}y^{(n-1)} - \cdots - a_1 y^{(1)} - a_0 y + b_0 u, \\
&y = x_1.
\end{aligned} \tag{1.3.11}$$

记 $x = [x_1 \ \cdots \ x_n]^{\mathrm{T}}$, 从而 (1.3.9) 有状态空间描述形式

$$\begin{aligned}
\dot{x} &= \begin{bmatrix} 0 & 1 & & \\ \vdots & & \ddots & \\ 0 & & & 1 \\ -a_0 & -a_1 & \cdots & -a_{n-1} \end{bmatrix} x + \begin{bmatrix} 0 \\ \vdots \\ 0 \\ b_0 \end{bmatrix} u, \\
y &= [1 \quad 0 \quad \cdots \quad 0]\, x.
\end{aligned} \tag{1.3.12}$$

1.4　状态空间描述导出传递函数矩阵

对于多输入—多输出线性定常系统, 传递函数矩阵是表征系统输入输出特性的最基本的形式. 本节从系统的状态空间描述出发, 来导出系统的传递函数矩阵, 也就是从另一个角度, 来揭示状态空间描述和输入输出描述间的关系.

1. 传递函数矩阵 $G(s)$ 的基于 (A, B, C, D) 的表达式

定理 1.2　对应于状态空间描述

$$\begin{cases} \dot{x} = Ax + Bu, \quad x(0) = 0, \\ y = Cx + Du \end{cases} \tag{1.4.1}$$

的传递函数矩阵为

$$G(s) = C(sI - A)^{-1}B + D. \tag{1.4.2}$$

并且, 当 $D \neq 0$ 时, $G(s)$ 为真有理分式矩阵, $D = 0$ 时, $G(s)$ 为严格真有理分式矩阵, 且有

$$\lim_{s\to\infty} G(s) = D. \tag{1.4.3}$$

证明 对 (1.4.1) 作 Laplace 变换, 可导出

$$\begin{cases} sX(s) = AX(s) + BU(s), \\ Y(s) = CX(s) + DU(s). \end{cases} \tag{1.4.4}$$

由 (1.4.4) 的第一式又可得到

$$(sI - A)X(s) = BU(s). \tag{1.4.5}$$

考虑到特征矩阵 $(sI - A)$ 作为多项式矩阵必是非奇异的, 因此 (1.4.5) 可改写为

$$X(s) = (sI - A)^{-1}BU(s). \tag{1.4.6}$$

将 (1.4.6) 代入到 (1.4.4) 的第二式, 即得到

$$Y(s) = (C(sI - A)^{-1}B + D)U(s), \tag{1.4.7}$$

从而可导出 (1.4.2). 再考虑到

$$(sI - A)^{-1} = \frac{\operatorname{adj}(sI - A)}{\det(sI - A)}, \tag{1.4.8}$$

其中 $\operatorname{adj}(sI - A)$ 表示特征矩阵 $(sI - A)$ 的伴随矩阵, 其每个元多项式的次数均小于 $\det(sI - A)$ 的次数, 所以必有

$$\lim_{s\to\infty} (sI - A)^{-1} = 0. \tag{1.4.9}$$

于是由 (1.4.9), (1.4.2) 即可得出 (1.4.3). 进一步易知, 当 $D \neq 0$ 时, $G(\infty)$ 为非零常阵, 故由 (1.4.2) 给出的 $G(s)$ 为真有理分式矩阵, 当 $D = 0$ 时, $G(\infty)$ 为零矩阵, 故相应的 $G(s)$ 为严格真有理分式矩阵. 定理得证.

则系统 (A,B,C) 的传递函数矩阵可表示为

$$G(s)=C\cdot\frac{\displaystyle\sum_{j=0}^{l-1}s^j\sum_{i=j+1}^{l}a_iA^{i-j-1}}{\varphi(s)}\cdot B=C\cdot\frac{\displaystyle\sum_{j=0}^{l-1}A^j\sum_{i=j+1}^{l}a_is^{i-j-1}}{\varphi(s)}\cdot B,\quad a_l=1. \tag{1.4.20}$$

类似于单输入—单输出系统的传递函数零点和极点的定义, 对于多输入—多输出系统的传递函数 $G(s)$, 若传递函数 (1.4.20) 是不可简约 (既约) 的, 则 $\varphi(s)$ 的根称为传递函数 $G(s)$ 的极点, 使得 $G(s)=0$ 的 s 值称为传递函数的零点.

1.5 线性定常系统在坐标变换下的特性

坐标变换实质上是一种线性非奇异变换, 考察系统在坐标变换下的特性, 归结为研究其在线性非奇异变换下的基本属性.

定理 1.4 给定线性定常系统的状态空间描述为

$$\Sigma:\begin{cases}\dot{x}=Ax+Bu,\\ y=Cx+Du.\end{cases} \tag{1.5.1}$$

引入变换 $\bar{x}=Px$, P 非奇异, 并令变换后的状态空间描述为

$$\bar{\Sigma}:\begin{cases}\dot{\bar{x}}=\bar{A}\bar{x}+\bar{B}u,\\ y=\bar{C}\bar{x}+\bar{D}u,\end{cases} \tag{1.5.2}$$

则必成立

$$\bar{A}=PAP^{-1},\quad \bar{B}=PB,\quad \bar{C}=CP^{-1},\quad \bar{D}=D. \tag{1.5.3}$$

证明 由

$$\begin{aligned}\dot{\bar{x}}&=P\dot{x}=P(Ax+Bu)\\&=PAP^{-1}\bar{x}+PBu=\bar{A}\bar{x}+\bar{B}u,\\ y&=Cx+Du=CP^{-1}\bar{x}+Du=\bar{C}\bar{x}+\bar{D}u,\end{aligned} \tag{1.5.4}$$

即可得结论成立.

定理 1.5 考虑由 (1.5.1), (1.5.2) 给出的状态空间描述 Σ 和 $\bar{\Sigma}$, 两者具有相同的特征值, 也即成立

$$\lambda_i(A)=\lambda_i(\bar{A}),\quad i=1,2,\cdots,n. \tag{1.5.5}$$

证明 由 $\bar{A}=PAP^{-1}$, 就可导出

$$\begin{aligned}&\det(\lambda_i I-\bar{A})=\det(\lambda_i I-PAP^{-1})\\=&\det P(\lambda_i I-A)P^{-1}=\det P\cdot\det P^{-1}\cdot\det(\lambda_i I-A)\\=&\det(\lambda_i I-A).\end{aligned} \tag{1.5.6}$$

这表明: 若 λ_i 为 A 的特征值, 则必为 $\bar{A}$ 的特征值, 反之亦然, 即 (1.5.5) 成立, 定理结论得证.

定理 1.6 线性定常系统的传递函数矩阵在坐标变换下保持不变.

证明 令系统在不同坐标系下的传递函数矩阵分别为

$$G(s)=C(sI-A)^{-1}B+D, \tag{1.5.7}$$

$$\bar{G}(s)=\bar{C}(sI-\bar{A})^{-1}\bar{B}+\bar{D}, \tag{1.5.8}$$

且有

$$\bar{A}=PAP^{-1},\quad \bar{B}=PB,\quad \bar{C}=CP^{-1},\quad \bar{D}=D, \tag{1.5.9}$$

于是有

$$\begin{aligned}\bar{G}(s)&=CP^{-1}(sI-PAP^{-1})^{-1}PB+D\\&=C[P^{-1}(sI-PAP^{-1})P]^{-1}B+D\\&=C(sI-A)^{-1}B+D=G(s).\end{aligned}$$

从而定理结论得证.

下面, 我们对上面导出的结论进行如下的几点讨论:

(1) 若两个状态空间描述之间满足 (1.5.3), 则称它们是代数等价的, 也即它们具有相同的代数特性.

(2) 定理 1.4 说明, 同一系统采用不同的状态变量组所导出的两个状态空间描述之间必然是代数等价的.

(3) 定理 1.5, 定理 1.6 说明代数等价的线性定常系统有相同的特征值及传递函数. 由于坐标系的选择带有人为的性质, 而系统的特性具有客观性, 因此系统在坐标变换下的不变量和不变属性, 反映了其固有的系统特性. 例如特征值反映系统的稳定性, 传递函数反映了系统的输入输出特性.

1.6 线性定常系统的运动分析

线性定常系统的状态方程为

$$\dot{x} = Ax + Bu, \quad x(0) = x_0, \quad t \geqslant 0, \tag{1.6.1}$$

其中 x 为 n 维状态向量, u 为 p 维输入向量, A, B 分别为 $n \times n, n \times p$ 常阵. 分析系统 (1.6.1) 的运动规律, 从下面的三种情形考虑.

1. 零输入响应

给定线性定常系统的自治方程

$$\dot{x} = Ax, \quad x(0) = x_0, \quad t \geqslant 0, \tag{1.6.2}$$

其中 x 为 n 维状态向量, A 为 $n \times n$ 常阵.

定理 1.7 系统 (1.6.2) 的状态轨线表达式, 亦即系统 (1.6.1) 的零输入响应的表达式为

$$x(t) = e^{At}x_0, \quad t \geqslant 0. \tag{1.6.3}$$

证明 设 $x(t) = e^{At}c$, 由 $x(0) = x_0$ 可得

$$e^{A\cdot 0}c = x_0,$$

即 $c = x_0$, 从而得 (1.6.3). 结论得证.

2. 零状态响应

给定初始状态为零的线性定常系统的强迫方程

$$\dot{x} = Ax + Bu, \quad x(0) = 0, \quad t \geqslant 0, \tag{1.6.4}$$

其中 x 为 n 维状态向量, u 为 p 维输入向量, A, B 分别为 $n \times n, n \times p$ 常阵. 则对其零状态响应, 有如下结论.

定理 1.8 (1.6.4) 所描述的线性定常系统的零状态响应的表达式为

$$x(t) = \int_0^t e^{A(t-\tau)}Bu(\tau)d\tau, \quad t \geqslant 0. \tag{1.6.5}$$

3. 线性定常系统的状态运动规律

考虑线性定常系统

$$\dot{x} = Ax + Bu, \quad x(0) = x_0, \quad t \geqslant 0 \tag{1.6.6}$$

解的表达式, 我们有下面的结论.

定理 1.9 线性定常系统 (1.6.6) 在初始状态和外输入同时作用下的状态运动的表达式为

$$x(t) = e^{At}x_0 + \int_0^t e^{A(t-\tau)}Bu(\tau)d\tau, \quad t \geqslant 0. \tag{1.6.7}$$

初始时刻为 t_0 时，更一般的表达式为

$$x(t) = e^{A(t-t_0)}x_0 + \int_{t_0}^t e^{A(t-\tau)}Bu(\tau)d\tau, \quad t \geqslant t_0. \tag{1.6.8}$$

(1.6.7), (1.6.8) 的物理含义是, 系统的运动由两部分组成, 其中第一项是初始状态的转移项, 第二项为控制作用下的受控项. 正是由于受控项的存在, 提供了通过选取合适的控制 u, 使状态轨线 $x(t)$ 满足期望的要求的可能性. 这是我们分析系统的结构特性和对系统进行控制设计的基本依据.

1.7 线性定常系统的脉冲响应矩阵

1. 脉冲响应矩阵

考虑一个具有 p 个输入端和 q 个输出端的线性定常系统, 假定系统具有零初始状态, 令 τ 时刻在第 j 个输入端加一个单位脉冲函数 $\delta(t-\tau)$, 而令其他输入端的输入为 0, 用 $g_{ij}(t-\tau)$ 表示第 i 个输出端在 t 时刻的脉冲响应, 并把以脉冲响应 $g_{ij}(t-\tau)(i=1,2,\cdots,q;\ j=1,2,\cdots,p)$ 为元构成的 $q\times p$ 矩阵

$$G(t-\tau) = \begin{bmatrix} g_{11}(t-\tau) & g_{12}(t-\tau) & \cdots & g_{1p}(t-\tau) \\ g_{21}(t-\tau) & g_{22}(t-\tau) & \cdots & g_{2p}(t-\tau) \\ \vdots & \vdots & & \vdots \\ g_{q1}(t-\tau) & g_{q2}(t-\tau) & \cdots & g_{qp}(t-\tau) \end{bmatrix} \tag{1.7.1}$$

称为系统的脉冲响应矩阵. 由于系统的初始状态为零, 故系统的输出在输入加入之前的所有瞬时为 0, 因而 $G(t-\tau)$ 满足

$$G(t-\tau) = 0, \quad \forall\tau, \quad \forall t < \tau. \tag{1.7.2}$$

当系统的输入向量 u 的各个分量为任意形式的时间函数时, 可将其用一系列脉冲函数来逼近, 即表示为

$$u_j(t) \approx \sum_k u_j(t_k)\delta(t-t_k)\Delta t, \quad j=1,2,\cdots,p. \tag{1.7.3}$$

式中 $\Delta t = t_{k+1}-t_k$, 而相应的系统输出为

$$y(t) \approx \sum_k G(t-t_k)u(t_k)\Delta t. \tag{1.7.4}$$

令 $\Delta t \to 0$, 上式取极限, 可以得到根据脉冲响应矩阵来计算任意输入时的系统输出的一个基本关系式:

$$y(t) = \int_{t_0}^{t} G(t-\tau)u(\tau)d\tau, \quad t \geqslant t_0. \tag{1.7.5}$$

进一步, 若 $t_0=0$, 则上式可表为

$$y(t) = \int_{0}^{t} G(t-\tau)u(\tau)d\tau, \quad t \geqslant 0. \tag{1.7.6}$$

对上式进行自变量置换, 则又可将 (1.7.6) 表示为另一种形式

$$y(t) = \int_{0}^{t} G(\tau)u(t-\tau)d\tau, \quad t \geqslant 0. \tag{1.7.7}$$

由 (1.7.6), (1.7.7) 两式所给出的积分关系式通常称为卷积.

2. 脉冲响应矩阵和状态空间描述

为了建立起脉冲响应矩阵和状态空间描述之间的关系, 考虑如下的线性定常系统:

$$\begin{aligned} &\dot{x} = Ax + Bu, \quad x(0)=x_0, \quad t \geqslant 0, \\ &y = Cx + Du, \end{aligned} \tag{1.7.8}$$

其中 A,B,C,D 分别为 $n\times n, n\times p, q\times n, q\times p$ 的实常阵.

定理 1.10 线性定常系统 (1.7.8) 的脉冲响应矩阵为

$$G(t-\tau) = Ce^{A(t-\tau)}B + D\delta(t-\tau), \tag{1.7.9}$$

或

$$G(t) = Ce^{At}B + D\delta(t). \tag{1.7.10}$$

证明 注意, 系统 (1.7.8) 的输出表达式为

$$y(t) = Ce^{At}x_0 + \int_0^t Ce^{A(t-\tau)}Bu(\tau)d\tau + Du(t), \tag{1.7.11}$$

并且, 定义脉冲响应矩阵时总假定系统为零初始状态, 由此, 令 $x_0 = 0$, 并进而由 (1.7.11) 可得

$$y(t) = \int_0^t (Ce^{A(t-\tau)}Bu(\tau) + D\delta(t-\tau)u(\tau))d\tau. \tag{1.7.12}$$

比较 (1.7.6), (1.7.12) 两式, 即可导出

$$G(t-\tau) = Ce^{A(t-\tau)}B + D\delta(t-\tau). \tag{1.7.13}$$

将上式做自变量置换, 则又可将其表示为

$$G(t) = Ce^{At}B + D\delta(t). \tag{1.7.14}$$

定理结论得证.

定理 1.11 两个代数等价的线性定常系统具有相同的脉冲响应矩阵.

证明 由定理 1.10 知, 系统 (A, B, C, D) 的脉冲响应矩阵为

$$G(t) = Ce^{At}B + D\delta(t), \tag{1.7.15}$$

系统 $(\bar{A}, \bar{B}, \bar{C}, \bar{D})$ 的脉冲响应矩阵为

$$\bar{G}(t) = \bar{C}e^{\bar{A}t}\bar{B} + \bar{D}\delta(t). \tag{1.7.16}$$

已知两系统代数等价, 故有

$$\bar{A} = PAP^{-1}, \quad \bar{B} = PB, \quad \bar{C} = CP^{-1}, \quad \bar{D} = D, \tag{1.7.17}$$

从而

$$e^{\bar{A}t} = Pe^{At}P^{-1}. \tag{1.7.18}$$

于是可导出

$$\bar{G}(t) = \bar{C}e^{\bar{A}t}\bar{B} + \bar{D}\delta(t) = CP^{-1}Pe^{At}P^{-1}PB + D\delta(t)$$

$$= Ce^{At}B + D\delta(t) = G(t), \tag{1.7.19}$$

从而定理得证.

定理 1.12 两个代数等价的线性定常系统具有相同的输出零状态响应和输出零输入响应.

证明 两个代数等价的线性定常系统 (A, B, C, D) 和 $(\bar{A}, \bar{B}, \bar{C}, \bar{D})$ 的输出零状态响应为

$$y_{0x}(t) = \int_0^t (Ce^{A(t-\tau)}B + D\delta(t-\tau))u(\tau)d\tau, \tag{1.7.20}$$

$$\bar{y}_{0\bar{x}}(t) = \int_0^t (\bar{C}e^{\bar{A}(t-\tau)}\bar{B} + \bar{D}\delta(t-\tau))u(\tau)d\tau. \tag{1.7.21}$$

直接利用 (1.7.19) 即可得

$$\bar{y}_{0\bar{x}}(t) = y_{0x}(t), \quad t \geqslant 0.$$

两者的输出零输入响应分别为

$$y_{0u}(t) = Ce^{At}x_0 \tag{1.7.22}$$

和

$$\bar{y}_{0u}(t) = \bar{C}e^{\bar{A}t}\bar{x}_0, \tag{1.7.23}$$

又由代数等价性知成立 $\bar{x}_0 = Px_0$ 和 (1.7.19), 于是可导出

$$\bar{y}_{0u}(t) = \bar{C}e^{\bar{A}t}\bar{x}_0 = CP^{-1}Pe^{At}P^{-1}Px_0 = Ce^{At}x_0 = y_{0u}(t), \quad t \geqslant 0, \tag{1.7.24}$$

从而定理得证.

3. 脉冲响应矩阵和传递函数矩阵

下面我们来讨论线性定常系统的脉冲响应矩阵和传递函数矩阵这两个输入输出特性之间的关系. 对此我们有下面的结论.

定理 1.13 $G(t)$ 和 $G(s)$ 分别表示线性定常系统 (A, B, C, D) 的脉冲响应矩阵和传递函数矩阵, 则有

$$G(s) = \mathcal{L}[G(t)], \quad t \geqslant 0, \tag{1.7.25}$$

$$G(t) = \mathcal{L}^{-1}[G(s)], \quad t \geqslant 0. \tag{1.7.26}$$

证明 考虑到

$$G(t) = Ce^{At}B + D\delta(t), \tag{1.7.27}$$

$$\mathcal{L}(e^{At}) = (sI - A)^{-1}, \quad \mathcal{L}(\delta(t)) = 1, \tag{1.7.28}$$

就可导出

$$\mathcal{L}[G(t)] = C(sI - A)^{-1}B + D = G(s), \tag{1.7.29}$$

于是证明完成.

推论 1.2 给定两个线性定常系统 (A, B, C, D) 和 $(\bar{A}, \bar{B}, \bar{C}, \bar{D})$, 设两者具有相同的输入和输出维数, 状态维数不一定相同, 则两系统具有相同的脉冲响应矩阵 (即相同的传递函数矩阵) 的充分必要条件为

$$D = \bar{D}, \quad CA^iB = \bar{C}\ \bar{A}^i\bar{B}, \quad i = 0, 1, 2, \cdots. \tag{1.7.30}$$

证明 $G(t) = \bar{G}(t)$ 或 $G(s) = \bar{G}(s)$ 当且仅当

$$D + C(sI - A)^{-1}B = \bar{D} + \bar{C}(sI - \bar{A})^{-1}\bar{B}. \tag{1.7.31}$$

考虑到

$$(sI - A)^{-1} = \mathcal{L}(e^{At}) = Is^{-1} + As^{-2} + A^2s^{-3} + \cdots, \quad |s| > \max|\lambda(A)|, \tag{1.7.32}$$

式中 $\lambda(A)$ 为 A 的任一特征值, 则 (1.7.31) 还可表示为

$$\begin{aligned} & D + CBs^{-1} + CABs^{-2} + CA^2Bs^{-3} + \cdots \\ = & \bar{D} + \bar{C}\ \bar{B}s^{-1} + \bar{C}\ \bar{A}\ \bar{B}s^{-2} + \bar{C}\ \bar{A}^2\bar{B}s^{-3} + \cdots. \end{aligned} \tag{1.7.33}$$

显然, 上式意味着

$$D = \bar{D}, \quad CB = \bar{C}\ \bar{B}, \quad CA^iB = \bar{C}\ \bar{A}^i\bar{B}, \quad i = 1, 2, \cdots, \tag{1.7.34}$$

于是定理结论得证.

1.8 线性定常离散系统的运动分析

随着系统理论研究领域的扩大和计算机技术的普及, 离散系统已日趋成为系统与控制理论中的一类主要研究对象. 从数学上看, 线性定常离散系统的运动分析, 归结为对定常的线性差分方程

$$x(k+1) = Gx(k) + Hu(k), \quad x(0) = x_0, \quad k = 0, 1, 2, \cdots \tag{1.8.1}$$

进行求解. 这种求解过程, 比连续系统状态方程的求解, 无疑要简单得多.

1. 线性定常离散系统的运动规律

考察系统 (1.8.1), 利用迭代法可得

$$
\begin{aligned}
&x(1) = Gx(0) + Hu(0),\\
&x(2) = Gx(1) + Hu(1) = G^2x(0) + GHu(0) + Hu(1),\\
&x(3) = Gx(2) + Hu(2) = G^3x(0) + G^2Hu(0) + GHu(1) + Hu(2),\\
&\qquad \cdots\cdots\\
&x(k) = G^kx(0) + G^{k-1}Hu(0) + G^{k-2}Hu(1) + \cdots + GHu(k-2) + Hu(k-1).
\end{aligned} \tag{1.8.2}
$$

于是, 对线性定常离散系统 (1.8.1), 其状态运动的表达式为

$$x(k) = G^kx_0 + \sum_{i=0}^{k-1} G^{k-i-1}Hu(i), \tag{1.8.3}$$

或

$$x(k) = G^kx_0 + \sum_{i=0}^{k-1} G^iHu(k-i-1). \tag{1.8.4}$$

2. 脉冲传递函数矩阵

考虑线性定常离散系统

$$
\begin{aligned}
&x(k+1) = Gx(k) + Hu(k), \quad x(0) = x_0,\\
&y(k) = Cx(k) + Du(k).
\end{aligned} \tag{1.8.5}
$$

令 $x(z)$ 为 $\{x(k), k = 0, 1, 2, \cdots\}$ 的 z 变换, 即

$$x(z) = \mathcal{Z}[x(k)] = \sum_{k=0}^{\infty} x(k)z^{-k}. \tag{1.8.6}$$

由此可导出

$$\mathcal{Z}[Gx(k)] = G\sum_{k=0}^{\infty} x(k)z^{-k} = Gx(z), \tag{1.8.7}$$

$$\begin{aligned}\mathcal{Z}[x(k+1)] &= \sum_{k=0}^{\infty} x(k+1)z^{-k} = z\sum_{k=0}^{\infty} x(k+1)z^{-(k+1)} \\ &= z\left[\sum_{k=-1}^{\infty} x(k+1)z^{-(k+1)} - x(0)\right] = z\left[\sum_{k=0}^{\infty} x(k)z^{-k} - x(0)\right] \\ &= z[x(z) - x(0)]. \end{aligned} \tag{1.8.8}$$

对 (1.8.5) 取 z 变换, 利用 (1.8.7), (1.8.8) 可得

$$\begin{aligned} zx(z) - zx_0 &= Gx(z) + Hu(z), \\ y(z) &= Cx(z) + Du(z). \end{aligned} \tag{1.8.9}$$

进而由上式可导出

$$y(z) = C(zI - G)^{-1}zx_0 + [C(zI - G)^{-1}H + D]u(z), \tag{1.8.10}$$

取初始状态 $x_0 = 0$, 则可得到系统的输入输出关系式为

$$y(z) = [C(zI - G)^{-1}H + D]u(z) = G(z)u(z), \tag{1.8.11}$$

其中

$$G(z) = C(zI - G)^{-1}H + D \tag{1.8.12}$$

为线性定常离散系统 (1.8.5) 的传递函数矩阵, 并按习惯称为脉冲传递函数矩阵.

$G(z)$ 为 z 的真或严格真的有理分式矩阵, 当 $D \neq 0$ 时 $G(z)$ 为真有理分式矩阵, 当 $D = 0$ 时 $G(z)$ 为严格真有理分式矩阵.

1.9 线性定常系统的时间离散化

1. 问题的提出

无论是利用数字计算机分析连续时间系统, 还是利用计算机等离散控制装置来控制连续时间系统时, 都会遇到一个把连续时间系统化为等价的离散时间系统的问题.

图 1.2 所示为将连续时间系统化为离散时间系统的一种典型情况.

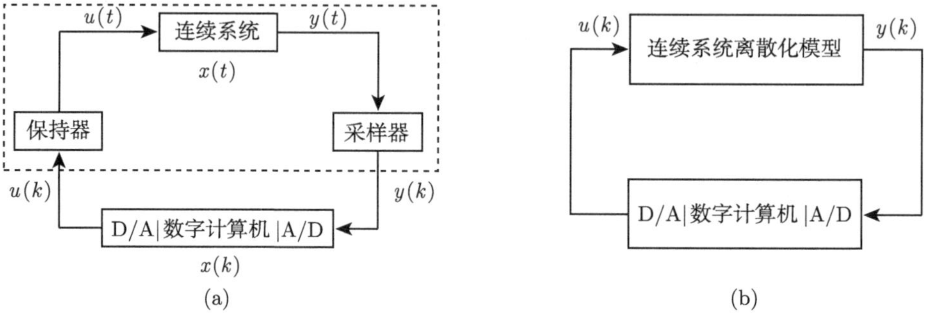

图 1.2　连续系统时间离散化的一个例子

受控系统是一个连续系统, 其状态 $x(t)$, 输入 $u(t)$ 和输出 $y(t)$ 都是关于时间 t 的连续向量函数. 控制装置由数模转换器 (D/A)、数字计算机和模数转换器 (A/D) 所构成, 它只能输入离散时间变量 $u(k)$, 并输出离散时间变量 $y(k)$, $k=1,2,\cdots$. 为了使受控系统与控制装置这两部分联系起来, 分别引入采样器和保持器. 采样器的作用是把连续变量 $y(t)$ 转换为离散变量 $y(k)$. 常用的采样器是一种周期性动作的采样开关, 当开关接通时将变量输入, 在开关断开时, 将变量阻断. 保持器的作用是把离散信号 $u(k)$ 转换为连续信号 $u(t)$, 它是由电子元件组成的一种保持电路, 可分为零阶保持器、一阶保持器等. 这样, 如果把保持器—连续系统—采样器看成一个整体, 并用 $x(k)$ 表示其离散状态变量, 那么它就组成了以 $x(k)$, $u(k)$, $y(k)$ 为变量的离散系统, 其状态空间描述即为连续系统的时间离散化模型. 而控制装置所面对的正是这个离散化模型. 如图 1.2(b) 所示.

线性连续系统的时间离散化问题的数学实质, 就是在一定的采样方式和保持方式下, 由系统的连续时间状态空间描述来导出其对应的离散时间状态空间描述, 并建立起两者的系数矩阵间的关系.

2. 线性定常系统按采样周期 T 的离散化

为了使线性定常系统

$$\begin{aligned}\dot{x} &= Ax+Bu, \quad x(0)=x_0, \quad t\geqslant 0,\\ y &= Cx+Du\end{aligned} \tag{1.9.1}$$

离散化后的描述简单, 并保证它是可复原的, 我们先引入如下的三点基本假设.

(1) 采样器的采样方式取为以常数 T 为周期的等间隔采样. 采样瞬时为 $t_k=kT$, $k=0,1,2,\cdots$. 即每隔 T 时刻, 对输出量测一次 (采样一次). 用 $y(t)$, $y(k)$ 分别表示采样器的输入和输出信号, 两者的关系为

$$y(k)=\begin{cases} y(t), & t=kT,\\ 0, & t\neq kT,\end{cases} \qquad k=0,1,2,\cdots, \tag{1.9.2}$$

并用 $y_i(t), y_i(k)$ 分别表示 $y(t), y(k)$ 的第 i 个分量, $i = 1, 2, \cdots, q$, 则采样方式如图 1.3 所示.

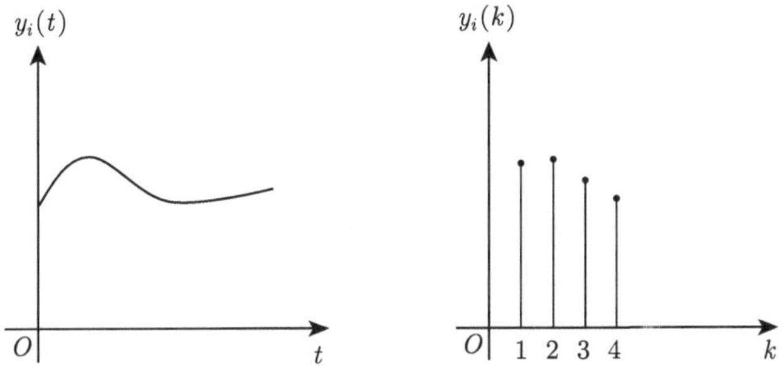

图 1.3　周期为 T 的等间隔采样示意图

(2) 保持器为零阶的, 即把离散信号转换为连续信号是按零阶保持方式来实现的. 零阶保持的特点是: 保持器输出为一阶梯函数, 其在 $[kT, (k+1)T)$ 时段的值为 $u_j(k)$, 即

$$u_j(t) = \begin{cases} u_j(0), & t \in [0, T), \\ u_j(1), & t \in [T, 2T), \\ \quad \cdots\cdots \\ u_j(k), & t \in [kT, (k+1)T), \\ \quad \cdots\cdots \end{cases} \tag{1.9.3}$$

零阶保持的示意图见图 1.4.

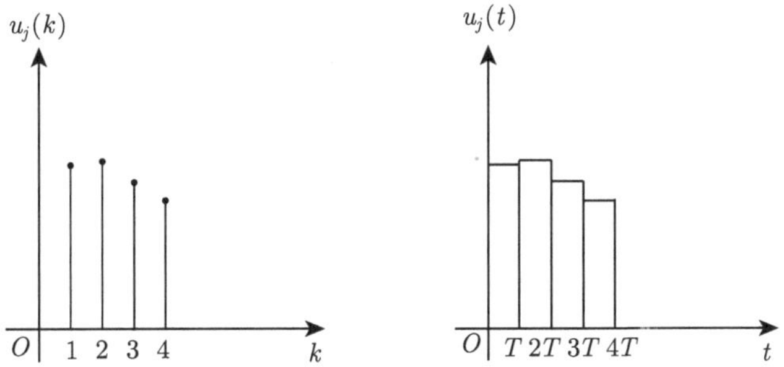

图 1.4　零阶保持示意图

(3) 采样周期的选择要求满足香农 (Shannon) 采样定理所给出的条件. 设连续信号 $y_i(t)$ 的幅频谱 $|Y_i(j\omega)|$ 如图 1.5 所示, 图中 $|Y_i(j\omega)|$ 关于纵坐标对称, ω_c

为其上限频率, Shannon 采样定理指出: 离散信号 $y_i(k)$ 可以完满地复原为原来的连续信号 $y_i(t)$ 的条件为采样频率 ω_s 满足不等式

$$\omega_s > 2\omega_c. \tag{1.9.4}$$

考虑到 $\omega_s = \dfrac{2\pi}{T}$, 故上式可化为

$$T < \frac{\pi}{\omega_c}. \tag{1.9.5}$$

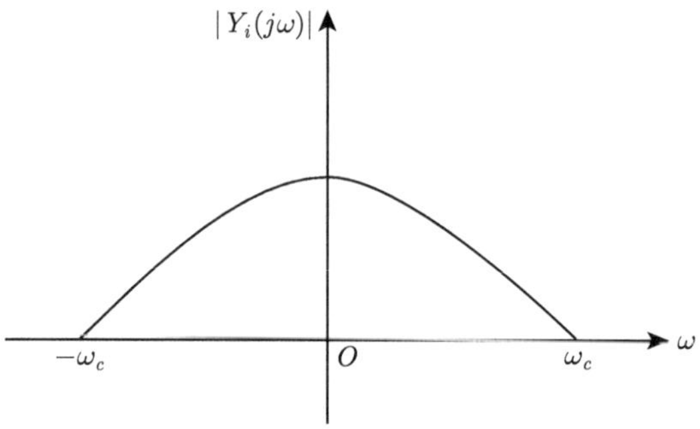

图 1.5　连续信号的幅频谱及上限频率

下面分析系统 (1.9.1) 的状态在第 $k+1$ 个采样时刻的值与其在第 k 个采样时刻的值, 以及在第 k 个采样周期的离散控制信号之间的关系, 注意到系统 (1.9.1) 的状态运动表达式为

$$x(t) = e^{At}x_0 + \int_0^t e^{A(t-\tau)}Bu(\tau)d\tau,$$

故有

$$\begin{aligned}
x[(k+1)T] &= e^{A(k+1)T}x_0 + \int_0^{(k+1)T} e^{A[(k+1)T-\tau]}Bu(\tau)d\tau \\
&= e^{AT}e^{AkT}x_0 + \int_0^{kT} e^{A[(k+1)T-\tau]}Bu(\tau)d\tau \\
&\quad + \int_{kT}^{(k+1)T} e^{A[(k+1)T-\tau]}Bu(\tau)d\tau \\
&= e^{AT}\left(e^{AkT}x_0 + \int_0^{kT} e^{A(kT-\tau)}Bu(\tau)d\tau\right)
\end{aligned}$$

$$+\int_0^T e^{At}dtBu(k). \tag{1.9.6}$$

记

$$x[(k+1)T]=x(k+1),\quad y(kT)=y(k),\quad G=e^{AT},\quad H=\int_0^T e^{At}dtB, \tag{1.9.7}$$

由式 (1.9.6) 得

$$x(k+1)=Gx(k)+Hu(k), \tag{1.9.8}$$

对输出方程离散化, 令 $t=kT$, 则可得到

$$y(k)=Cx(k)+Du(k). \tag{1.9.9}$$

综合上面的推导, 有下面的结论.

定理 1.14 线性定常系统 (1.9.1) 的时间离散化模型为 (1.9.8), (1.9.9), 其中, G,H 如 (1.9.7) 所示.

例 1.9.1 给定线性定常连续系统

$$\begin{bmatrix}\dot{x}_1\\ \dot{x}_2\end{bmatrix}=\begin{bmatrix}0 & 1\\ 0 & -2\end{bmatrix}\begin{bmatrix}x_1\\ x_2\end{bmatrix}+\begin{bmatrix}0\\ 1\end{bmatrix}u,\quad t\geqslant 0,$$

采样周期为 $T=0.1$ 秒, 建立其时间离散化模型.

解 首先求 e^{At}, 考虑到

$$(sI-A)^{-1}=\begin{bmatrix}s & -1\\ 0 & s+2\end{bmatrix}^{-1}=\begin{bmatrix}\dfrac{1}{s} & \dfrac{1}{s(s+2)}\\ 0 & \dfrac{1}{s+2}\end{bmatrix},$$

求 Laplace 反变换得

$$e^{At}=\begin{bmatrix}1 & 0.5(1-e^{-2t})\\ 0 & e^{-2t}\end{bmatrix}.$$

利用 (1.9.7) 可定出

$$G=e^{AT}=\begin{bmatrix}1 & 0.5(1-e^{-2T})\\ 0 & e^{-2T}\end{bmatrix}=\begin{bmatrix}1 & 0.091\\ 0 & 0.819\end{bmatrix},$$

$$H=\int_0^T e^{At}dt\cdot B=\int_0^T\begin{bmatrix}1 & 0.5(1-e^{-2t})\\0 & e^{-2t}\end{bmatrix}dt\cdot\begin{bmatrix}0\\1\end{bmatrix}$$

$$=\begin{bmatrix}T & 0.5T+0.25e^{-2T}-0.25\\0 & -0.5e^{-2T}+0.5\end{bmatrix}\cdot\begin{bmatrix}0\\1\end{bmatrix}=\begin{bmatrix}0.005\\0.091\end{bmatrix}.$$

于是离散化模型的状态方程为

$$\begin{bmatrix}x_1(k+1)\\x_2(k+1)\end{bmatrix}=\begin{bmatrix}1 & 0.091\\0 & 0.819\end{bmatrix}\begin{bmatrix}x_1(k)\\x_2(k)\end{bmatrix}+\begin{bmatrix}0.005\\0.091\end{bmatrix}u(k).$$

定理 1.14 提供了线性定常连续系统时间离散化的算法, 离散化系统仍为定常系统. 不管 A 是否奇异, 离散化后系统矩阵 G 一定是非奇异的.

习　题　1

1. 列出图 1.6 所示电路的状态方程和输出方程. 其中, 状态变量、输入变量和输出变量分别指定为: $x_1=u_{C_1},x_2=u_{C_2},u=e(t),y=u_C$.

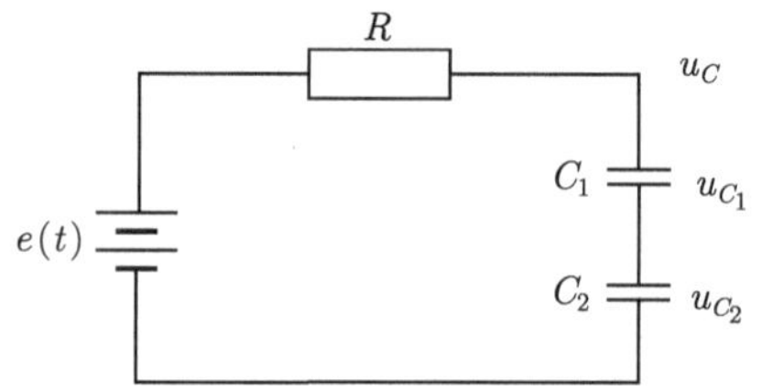

图 1.6

2. 系统如图 1.7 所示, 以 $i(t)$, $V_C(t)$ 为状态变量, 建立系统状态方程与输出方程.

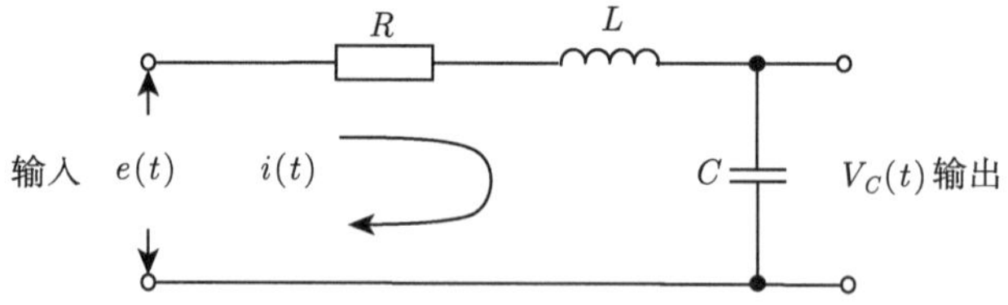

图 1.7

3. 系统如图 1.8 所示, 系统输入为 u_1,u_2, 输出为 V_{C_1},V_{C_2}, 以 V_{C_1},V_{C_2} 为状态变量, 建立状态方程与输出方程.

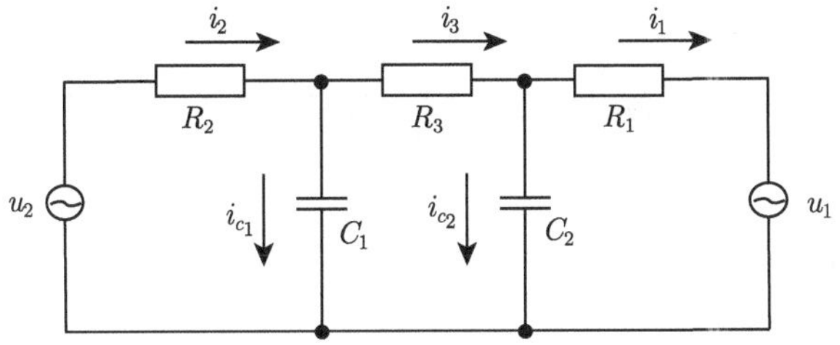

图 1.8

4. 系统的输入输出关系为 $\ddot{y}-y=\dot{u}+u$, 试引进状态变量, 建立状态方程和输出方程.

5. 系统的输入输出关系为 $\dddot{y}+6\ddot{y}+11\dot{y}+6y=6u$, 其中 u,y 分别为系统的输入、输出变量, 试写出状态方程和输出方程.

6. 求 $(sI-A)^{-1}$.

(1) $A=\begin{bmatrix}1&1\\0&1\end{bmatrix}$; (2) $A=\begin{bmatrix}1&0\\0&1\end{bmatrix}$; (3) $A=\begin{bmatrix}2&3&1\\1&3&1\\1&2&2\end{bmatrix}$.

7. 计算下列状态空间描述的传递函数 $G(s)$.

(1) $\dot{x}=\begin{bmatrix}0&1&0\\-2&-3&0\\-1&1&3\end{bmatrix}x+\begin{bmatrix}0\\1\\2\end{bmatrix}u,\quad y=[0\quad 0\quad 1]\,x;$

(2) $\dot{x}=\begin{bmatrix}0&1&0\\0&0&1\\-3&-1&-2\end{bmatrix}x+\begin{bmatrix}1&0\\0&1\\1&1\end{bmatrix}u,\quad y=[1\quad 1\quad 1]x.$

8. 设系统为 $\begin{cases}\dot{x}=Ax+Bu,\\ y=Cx+Du,\end{cases}$ 其中

$$A=\begin{bmatrix}0&1&&&\\0&0&1&&\\\vdots&\vdots&\ddots&\ddots&\\0&0&\cdots&0&1\\-a_n&-a_{n-1}&\cdots&\cdots&-a_1\end{bmatrix},\quad B=\begin{bmatrix}0\\\vdots\\0\\1\end{bmatrix},\quad C=[C_n\quad\cdots\quad C_1],\quad D=C_0.$$

试求传递函数 $G(s)$.

9. 证明推论 1.1 的结论.

10. 求系统的状态轨线 $x_1(t), x_2(t)$.

$$\begin{bmatrix} \dot{x}_1 \\ \dot{x}_2 \end{bmatrix} = \begin{bmatrix} 0 & 1 \\ -2 & -3 \end{bmatrix} \begin{bmatrix} x_1 \\ x_2 \end{bmatrix} + \begin{bmatrix} 2 \\ 0 \end{bmatrix} u, \quad \begin{bmatrix} x_1(0) \\ x_2(0) \end{bmatrix} = \begin{bmatrix} 0 \\ 1 \end{bmatrix},$$

$$u(t) = e^{-t}, \quad t \geqslant 0.$$

11. 已知线性定常系统的状态方程为

$$\dot{x} = \begin{bmatrix} -1 & 1 & 0 \\ 0 & -1 & 0 \\ 0 & 0 & -2 \end{bmatrix} x + \begin{bmatrix} 0 \\ 1 \\ 4 \end{bmatrix} u, \quad x_0 = \begin{bmatrix} 1 \\ 2 \\ 1 \end{bmatrix}.$$

求系统在单位阶跃输入作用下的状态轨线.

12. 设系统状态方程为

$$\begin{bmatrix} \dot{x}_1 \\ \dot{x}_2 \end{bmatrix} = \begin{bmatrix} 0 & -1 \\ 4 & 0 \end{bmatrix} \begin{bmatrix} x_1 \\ x_2 \end{bmatrix} + \begin{bmatrix} 0 \\ 1 \end{bmatrix} u, \quad \begin{bmatrix} x_1(0) \\ x_2(0) \end{bmatrix} = \begin{bmatrix} 1 \\ 0 \end{bmatrix},$$

$$u(t) = \delta(t),$$

式中 $\delta(t)$ 为单位脉冲函数, 求 $x_1(t), x_2(t)$.

13. 设 $\begin{cases} \dot{x} = Ax + Bu, \\ y = Cx, \end{cases}$ 其中

$$A = \begin{bmatrix} 0 & 1 & \\ & 0 & \\ & & -1 \end{bmatrix}, \quad B = \begin{bmatrix} 0 & 0 \\ 1 & 0 \\ 0 & 1 \end{bmatrix}, \quad C = \begin{bmatrix} 1 & 0 & 0 \end{bmatrix}.$$

求: (1) 脉冲响应矩阵 $G(t-\tau)$;

(2) 在系统第一个输入端上加一个正弦输入 $a\sin\omega t$, 求系统的零状态输出响应.

14. 求下列差分方程的解

$$x(k+2) + 2x(k+1) + x(k) = u(k),$$

$$x(0) = 0, \quad x(1) = 0, \quad u(k) = k, \quad k = 0, 1, 2, \cdots.$$

15. 已知系统的输入输出差分方程描述为

$$y(k+2) + 3y(k+1) + 2y(k) = 2u(k+1) + 3u(k),$$

试写出离散动态方程.

16. 试求下面连续系统的离散化状态方程

$$\begin{bmatrix} \dot{x}_1 \\ \dot{x}_2 \end{bmatrix} = \begin{bmatrix} 0 & 1 \\ 0 & 0 \end{bmatrix} \begin{bmatrix} x_1 \\ x_2 \end{bmatrix} + \begin{bmatrix} 0 \\ 1 \end{bmatrix} u, \quad T = 2.$$

17. 已知连续系统的动态方程为

$$\dot{x}=\begin{bmatrix}0 & 1\\0 & 2\end{bmatrix}x+\begin{bmatrix}0\\1\end{bmatrix}u,\quad y=\begin{bmatrix}0 & 1\end{bmatrix}x,$$

设采样周期为 $T=1$, 试求离散化的动态方程.

第 1 章习题答案

第 1 章部分习题讲解视频

第 2 章　线性定常系统的能控性

能控性和能观性是系统的两个基本特性. 随着状态空间描述的引入, Kalman 在 20 世纪 60 年代初首先提出和研究了能控性和能观性这两个重要概念. 系统和控制理论的发展表明, 这两个概念对于控制和估计问题的研究有着极其重要的意义. 在本章中, 讨论限于线性定常系统. 我们首先对能控性进行研究, 给出能控性定义及其判别条件, 其次还将讨论规范型、结构分解等对状态反馈设计而言十分基本的内容. 而对于能观性, 将在第 4 章讨论.

2.1　能控性定义

1. 问题的提出

考虑系统的状态空间描述, 输入为系统的外部变量, 状态变量是系统的内部变量, 系统的运动特性在初始状态已知的条件下, 完全取决于系统的控制输入. 能否通过系统的输入来影响系统的状态, 这就是系统的能控性所要研究的内容. 如果系统的每个状态变量的运动都可由输入来影响和控制, 使得经有限时间区间由任意始点到达原点, 就称系统是能控的, 或是状态能控的. 否则就称系统是不完全能控的.

例 2.1.1　给定系统的状态描述为

(a)
$$\begin{bmatrix} \dot{x}_1 \\ \dot{x}_2 \end{bmatrix} = \begin{bmatrix} 4 & 0 \\ 0 & -5 \end{bmatrix} \begin{bmatrix} x_1 \\ x_2 \end{bmatrix} + \begin{bmatrix} 1 \\ 2 \end{bmatrix} u,$$

将其表示为标量方程组的形式:

$$\begin{aligned} \dot{x}_1 &= 4x_1 + u, \\ \dot{x}_2 &= -5x_2 + 2u. \end{aligned}$$

直接写出其运动轨线的表达式即知, 不论 x_1, x_2 的初值 $x_1(0)$, $x_2(0)$ 取何值, 总可选择控制输入 $u(t)$, 使得在给定的有限时段 $[0,\ T]$ 实现 $x_1(T)=0$, $x_2(T)=0$, 因而系统完全能控.

(b)
$$\begin{bmatrix} \dot{x}_1 \\ \dot{x}_2 \end{bmatrix} = \begin{bmatrix} 4 & 0 \\ 0 & -5 \end{bmatrix} \begin{bmatrix} x_1 \\ x_2 \end{bmatrix} + \begin{bmatrix} 0 \\ 2 \end{bmatrix} u,$$

将其表示为标量方程组的形式:

$$\dot{x}_1 = 4x_1,$$
$$\dot{x}_2 = -5x_2 + 2u.$$

从上式可以看出, 无论输入 u 如何选取, 对状态 x_1 均没有影响, 故对 x_1 的任一非零初值 $x_1(0)$ 均不存在 u, 使得在给定的有限时段 $[0, T]$ 实现 $x_1(T) = 0$, 因而系统为不完全能控的.

例 2.1.2 考虑图 2.1 所示的电路. 系统的状态变量为电容端电压 x, 输入为电源 $u(t)$.

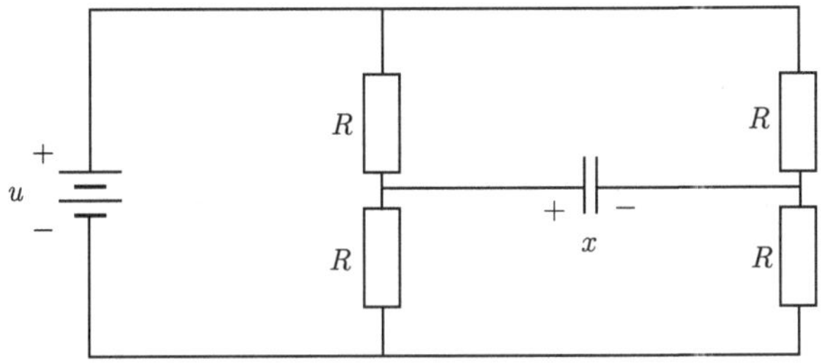

图 2.1 不能控电路

若初始状态 $x(0) = 0$, 不管输入 $u(t)$ 是什么, 对所有的 $t \geqslant 0$, 恒有 $x(t) = 0$, 即 x 不受 $u(t)$ 的影响. 此表明, 电路是状态不能控的.

上述例子使得我们对系统的能控性有了一个直观的了解, 为了揭示能控性的本质, 下面我们给出能控性的相关定义.

2. 能控性定义

考虑线性定常系统

$$\dot{x} = Ax + Bu, \quad x(0) = x_0, \tag{2.1.1}$$

其中, x 为 n 维状态向量, u 为 p 维输入向量, A, B 分别为 $n \times n, n \times p$ 的实常阵.

定义 2.1 对于系统 (2.1.1), 若给定非零初始状态 x_0 及有限时刻 $T > 0$, 存在控制 $u(t)$, 使得经 $u(t)$ 作用在 $[0, T]$ 时间段将自 x_0 出发的系统轨线导引到 $x(T) = 0$, 则称 x_0 为能控状态.

定义 2.2 对于系统 (2.1.1), 若状态空间中所有非零状态都是能控的, 则称系统 (2.1.1) (或系统 (A, B)) 是 (完全) 能控的.

定义 2.3 对于系统 (2.1.1), 若状态空间中存在一个或一些非零状态是不能控的, 则称系统 (2.1.1) 是不 (完全) 能控的. 若所有非零状态都是不能控的, 则称系统 (2.1.1) 是完全不能控的.

在以上定义中, 都规定为由非零状态转移到零状态. 如果是由零状态达到非零状态, 则称为状态能达的. 对于线性定常系统 (2.1.1), 能控性与能达性是等价的; 而对于线性定常离散系统, 两者不等价.

另外, 对于一个物理可实现系统, 系统能控的概率几乎等于 1, 系统不完全能控只是一种“奇异”的情况.

3. 能控子空间与不能控子空间

系统 (2.1.1) 的状态运动轨线为

$$x(t) = e^{At}x(0) + \int_0^t e^{A(t-\tau)}Bu(\tau)d\tau. \tag{2.1.2}$$

根据定义 2.1, 若 $x(0)$ 为能控状态, 则存在控制 $u(t)$ 使得

$$0 = x(T) = e^{AT}x_0 + \int_0^T e^{A(T-\tau)}Bu(\tau)d\tau, \tag{2.1.3}$$

即

$$x_0 = -\int_0^T e^{-At}Bu(t)dt. \tag{2.1.4}$$

若 x_1, x_2 为能控状态, 则有 $u_1(t), u_2(t)$ 存在, 使

$$\begin{aligned} x_1 &= -\int_0^T e^{-At}Bu_1(t)dt, \\ x_2 &= -\int_0^T e^{-At}Bu_2(t)dt, \end{aligned} \tag{2.1.5}$$

则

$$x_1 + x_2 = -\int_0^T e^{-At}B(u_1(t) + u_2(t))dt, \tag{2.1.6}$$

$$kx_1 = -\int_0^T e^{-At}B(ku_1(t))dt. \tag{2.1.7}$$

由 (2.1.6), (2.1.7) 可以看出, 系统 (2.1.1) 的能控状态的全体再添上零向量构成一线性空间, 它是 n 维欧氏空间的子空间, 称其为能控子空间, 记为 X_C. 能控子空间的正交补空间称为不能控子空间, 记为 X_{NC}. 显然有 $\mathbb{R}^n = X_C \oplus X_{NC}$.

对于能控子空间 X_C 和不能控子空间 X_{NC}, 我们有下面的一些结论.

定理 2.1 系统 (2.1.1) 的不能控子空间 X_{NC} 为

$$\alpha^{\mathrm{T}} e^{-At} B = 0, \quad t \in [0,\ T] \tag{2.1.8}$$

的常解空间.

证明 设 α 为 X_{NC} 中的任一元, 由 X_{NC} 的定义, α 与任意能控状态正交, 而能控状态 x_0 与控制 $u(t)$ 之间满足 (2.1.4), 故

$$\alpha^{\mathrm{T}} \int_0^T e^{-At} B u(t) dt = 0. \tag{2.1.9}$$

特别地, 取

$$u^* = (e^{-At} B)^{\mathrm{T}} \alpha, \tag{2.1.10}$$

由此构成能控状态 x^* 为

$$x^* = -\int_0^T e^{-At} B u^* dt. \tag{2.1.11}$$

又因为 α 与 x^* 正交, 故

$$0 = \alpha^{\mathrm{T}} \int_0^T e^{-At} B u^* dt = \int_0^T \alpha^{\mathrm{T}} e^{-At} B B^{\mathrm{T}} e^{-A^{\mathrm{T}} t} \alpha dt = \int_0^T \left\| \alpha^{\mathrm{T}} e^{-At} B \right\|^2 dt. \tag{2.1.12}$$

故有

$$\alpha^{\mathrm{T}} e^{-At} B = 0, \quad t \in [0, T], \tag{2.1.13}$$

即 α 为方程 (2.1.8) 的常解.

反之, 若 α 为方程 (2.1.8) 的常解, 则有 $\alpha^{\mathrm{T}} e^{-At} B = 0, t \in [0, T]$. 对任意 $x_0 \in X_C$, 有

$$\alpha^{\mathrm{T}} x_0 = -\alpha^{\mathrm{T}} \int_0^T e^{-At} B u(t) dt = -\int_0^T \alpha^{\mathrm{T}} e^{-At} B u(t) dt = 0. \tag{2.1.14}$$

这说明 $\alpha \in X_{NC}$.

综合上面两个结论即得, X_{NC} 为 (2.1.8) 的常解空间. 定理得证.

定理 2.2 系统 (2.1.1) 的不能控子空间 X_{NC} 为

$$\alpha^{\mathrm{T}} [B \quad AB \quad \cdots \quad A^{n-1} B] = 0 \tag{2.1.15}$$

的解空间.

证明　设 $\alpha \in X_{NC}$, 则由定理 2.1, α 是方程

$$\alpha^{\mathrm{T}} e^{-At} B = 0, \quad t \in [0, T] \tag{2.1.16}$$

的常解. (2.1.16) 对 t 求导数直至 $n-1$ 次, 可得

$$\alpha^{\mathrm{T}} e^{-At} AB = 0, \quad t \in [0, T],$$
$$\cdots\cdots$$
$$\alpha^{\mathrm{T}} e^{-At} A^{n-1} B = 0, \quad t \in [0, T].$$

令 $t = 0$, 得

$$\alpha^{\mathrm{T}} B = 0, \quad \alpha^{\mathrm{T}} AB = 0, \quad \cdots, \quad \alpha^{\mathrm{T}} A^{n-1} B = 0,$$

故有

$$\alpha^{\mathrm{T}} [B \quad AB \quad \cdots \quad A^{n-1} B] = 0. \tag{2.1.17}$$

这说明 α 是 (2.1.15) 的解.

反之, 若 α 是 (2.1.15) 的解, 则有

$$\alpha^{\mathrm{T}} A^j B = 0, \quad j = 0, 1, \cdots, n-1. \tag{2.1.18}$$

根据 Cayley-Hamilton 定理知, $A^n, A^{n+1}, \cdots$ 均可表示为 $I, A, \cdots, A^{n-1}$ 的线性组合, 因此有

$$e^{At} = \sum_{k=0}^{\infty} \frac{(At)^k}{k!} = \sum_{j=0}^{n-1} A^j \alpha_j(t), \tag{2.1.19}$$

从而

$$e^{-At} = e^{A(-t)} = \sum_{j=0}^{n-1} A^j \alpha_j(-t) = \sum_{j=0}^{n-1} A^j \beta_j(t), \tag{2.1.20}$$

其中 $\alpha_j(t)$, $\beta_j(t)$ 是 t 的标量函数, 于是由 (2.1.20),

$$\alpha^{\mathrm{T}} e^{-At} B = \alpha^{\mathrm{T}} \sum_{j=0}^{n-1} A^j \beta_j(t) B = \sum_{j=0}^{n-1} \alpha^{\mathrm{T}} A^j B \beta_j(t) = 0. \tag{2.1.21}$$

说明 α 是 (2.1.16) 的常解.

综合上面的结论, 即知 (2.1.16) 的常解空间即是 (2.1.15) 的解空间, 故由定理 2.1, X_{NC} 是 (2.1.15) 的解空间. 定理得证.

定理 2.3 系统 (2.1.1) 的不能控子空间 X_{NC} 为

$$\alpha^{\mathrm{T}} W_C[0,T] = 0 \tag{2.1.22}$$

的解空间. 式中

$$W_C[0,T] = \int_0^T e^{-At}B(e^{-At}B)^{\mathrm{T}}dt \tag{2.1.23}$$

称为能控格拉姆 (Gram) 矩阵.

证明 设 $\alpha \in X_{NC}$, 则由定理 2.1,

$$\alpha^{\mathrm{T}} e^{-At}B = 0, \quad t \in [0,T],$$

得

$$\alpha^{\mathrm{T}} e^{-At}B(e^{-At}B)^{\mathrm{T}} = 0, \quad t \in [0,T]. \tag{2.1.24}$$

从 0 到 T 积分, 有

$$\int_0^T \alpha^{\mathrm{T}} e^{-At}B(e^{-At}B)^{\mathrm{T}}dt = 0, \tag{2.1.25}$$

此即

$$\alpha^{\mathrm{T}} \int_0^T e^{-At}B(e^{-At}B)^{\mathrm{T}}dt = \alpha^{\mathrm{T}} W_C[0,T] = 0, \tag{2.1.26}$$

因而 α 是 (2.1.22) 的解.

反之, 若 α 是 (2.1.22) 的解, 即有 (2.1.26) 成立, 右乘 α 可得

$$\alpha^{\mathrm{T}} \int_0^T e^{-At}B(e^{-At}B)^{\mathrm{T}}\alpha dt = 0, \tag{2.1.27}$$

此即

$$\int_0^T \left\|(\alpha^{\mathrm{T}} e^{-At}B)^{\mathrm{T}}\right\|^2 dt = 0. \tag{2.1.28}$$

亦即

$$\alpha^{\mathrm{T}} e^{-At}B = 0, \quad t \in [0,T]. \tag{2.1.29}$$

联系到定理 2.1, 因而 $\alpha \in X_{NC}$, 于是 X_{NC} 是 (2.1.22) 的解空间. 结论得证.

定理 2.4　系统 (2.1.1) 的能控子空间 X_C 是 B, AB, $\cdots$, $A^{n-1}B$ 各列生成的线性子空间, 即

$$X_C = \mathrm{span}[B \quad AB \quad \cdots \quad A^{n-1}B]. \tag{2.1.30}$$

证明　设 $\alpha \in X_{NC}$, 则由定理 2.2 知

$$\alpha^{\mathrm{T}}[B \quad AB \quad \cdots \quad A^{n-1}B] = 0,$$

故 $[B \quad AB \quad \cdots \quad A^{n-1}B]$ 各列与 X_{NC} 中的任一元正交, 从而

$$\mathrm{span}[B \quad AB \quad \cdots \quad A^{n-1}B] \subset X_C. \tag{2.1.31}$$

又因为

$$\dim \mathrm{span}[B \quad AB \quad \cdots \quad A^{n-1}B] = \mathrm{rank}[B \quad AB \quad \cdots \quad A^{n-1}B], \tag{2.1.32}$$

$$\dim X_{NC} = n - \mathrm{rank}[B \quad AB \quad \cdots \quad A^{n-1}B]. \tag{2.1.33}$$

并由 $\mathbb{R}^n = X_{NC} \oplus X_C$ 得

$$\dim X_{NC} + \dim X_C = n. \tag{2.1.34}$$

联合 (2.1.33), (2.1.34), (2.1.32) 即可推得

$$\dim X_C = \mathrm{rank}[B \quad AB \quad \cdots \quad A^{n-1}B] = \dim \mathrm{span}[B \quad AB \quad \cdots \quad A^{n-1}B]. \tag{2.1.35}$$

于是由 (2.1.31), (2.1.35) 知定理结论成立.

定理 2.5　系统 (2.1.1) 的能控子空间 X_C 满足

$$X_C = \mathrm{span} W_C[0, T], \tag{2.1.36}$$

其中, $W_C[0, T]$ 为能控 Gram 阵.

证明　类似于定理 2.4, 结合定理 2.3, 即可得到结论. 略.

由定理 2.2, 定理 2.4 可以看到, 系统 (2.1.1) 的能控子空间 X_C 与不能控子空间 X_{NC} 只与系统的结构参数 A, B 有关而与控制区间 $[0, T]$ 的长度无关, 与初始时刻 t_0 也没有关系.

另外, 由定理 2.2, 定理 2.4, 还可得到如下结论.

推论 2.1　不能控子空间 X_{NC} 是 A^{T} 的不变子空间, 能控子空间 X_C 是 A 的不变子空间.

2.2 能控性判据

1. 能控性判据

考虑线性定常系统

$$\dot{x} = Ax + Bu, \quad x(0) = x_0, \tag{2.2.1}$$

其中 x 为 n 维状态变量, u 为 p 维输入向量, A, B 分别为 $n \times n, n \times p$ 实常阵. 下面, 我们来给出直接根据 A, B 判别系统能控性的一些判据.

定理 2.6 (Gram 矩阵判据) 线性定常系统 (2.2.1) 为完全能控的充分必要条件是, 能控 Gram 矩阵 $W_C[0,T]$ 非奇异.

证明 充分性. 若 $W_C[0,T]$ 非奇异, 则由定理 2.5, $X_C = \text{span}W_C[0,T]$, 知

$$\dim X_C = \dim \text{span}W_C[0,T] = n, \tag{2.2.2}$$

此表明能控子空间 $X_C = \mathbb{R}^n$, 故系统 (2.2.1) 完全能控.

必要性. 若系统 (2.2.1) 完全能控, 则 $X_C = \mathbb{R}^n$, 同样由定理 2.5 知 (2.2.2) 成立, 从而 $W_C[0,T]$ 非奇异, 定理结论得证.

事实上, 若 $W_C[0,T]$ 非奇异, 则 $W_C^{-1}[0,T]$ 存在, 于是对任意非零初始状态 x_0, 可构造 $u(t)$ 为

$$u(t) = -B^{\mathrm{T}}e^{-A^{\mathrm{T}}t}W_C^{-1}[0,T]x_0, \quad t \in [0,T], \tag{2.2.3}$$

在 $u(t)$ 作用下, 系统状态 $x(t)$ 在时刻 T 的值为

$$\begin{aligned} x(T) &= e^{AT}x_0 + \int_0^T e^{A(T-t)}Bu(t)dt \\ &= e^{AT}x_0 + e^{AT}\int_0^T e^{-At}B(-B^{\mathrm{T}}e^{-A^{\mathrm{T}}t}W_C^{-1}[0,T]x_0)dt \\ &= e^{AT}x_0 - e^{AT}\int_0^T e^{-At}B(B^{\mathrm{T}}e^{-A^{\mathrm{T}}t})dtW_C^{-1}[0,T]x_0 \\ &= e^{AT}x_0 - e^{AT}W_C[0,T]W_C^{-1}[0,T]x_0 = 0. \end{aligned} \tag{2.2.4}$$

定理 2.7 (秩判据) 线性定常系统 (2.2.1) 为完全能控的充要条件为

$$\text{rank}[B \quad AB \quad \cdots \quad A^{n-1}B] = n, \tag{2.2.5}$$

其中 n 为 A 的阶数, $Q_C = [B \quad AB \quad \cdots \quad A^{n-1}B]$ 称为系统的能控性矩阵.

证明 充分性. 若 (2.2.5) 成立, 则由定理 2.4 知 $X_C = \mathrm{span}Q_C$, 并有

$$\dim X_C = \dim \mathrm{span}Q_C = n, \tag{2.2.6}$$

故 $X_C = \mathbb{R}^n$, 从而系统 (2.2.1) 完全能控.

必要性. 若系统 (2.2.1) 完全能控, 则 $X_C = \mathbb{R}^n$, 同样由定理 2.4 知 (2.2.6) 成立, 此即 $\mathrm{rank}Q_C = n$. 定理结论得证.

比较 Gram 矩阵判据和秩判据, 容易看出秩判据用来判别系统的能控性是较为方便的, 而 Gram 矩阵中因为有 e^{At}, 计算较为麻烦, 故此判据主要用于理论分析.

例 2.2.1 考虑例 2.1.1, 其状态方程为

(a) $$\dot{x} = \begin{bmatrix} 4 & 0 \\ 0 & -5 \end{bmatrix} x + \begin{bmatrix} 1 \\ 2 \end{bmatrix} u,$$

注意到 $n = 2$, 通过计算可得

$$Q_C = [B \quad AB] = \begin{bmatrix} 1 & 4 \\ 2 & -10 \end{bmatrix}, \quad \mathrm{rank}Q_C = 2,$$

因此系统为完全能控的.

(b) $$\dot{x} = \begin{bmatrix} 4 & 0 \\ 0 & -5 \end{bmatrix} x + \begin{bmatrix} 0 \\ 2 \end{bmatrix} u,$$

注意到 $n = 2$, 计算可得

$$Q_C = [B \quad AB] = \begin{bmatrix} 0 & 0 \\ 2 & -10 \end{bmatrix}, \quad \mathrm{rank}Q_C = 1,$$

因此系统为不完全能控的.

例 2.2.2 给定线性系统的状态方程为

$$\dot{x} = \begin{bmatrix} -1 & -4 & -2 \\ 0 & 6 & -1 \\ 1 & 7 & -1 \end{bmatrix} x + \begin{bmatrix} 2 \\ 0 \\ 1 \end{bmatrix} u,$$

注意到 $n = 3$, 通过计算得

$$Q_C = [B \quad AB \quad A^2B] = \begin{bmatrix} 2 & -4 & 6 \\ 0 & -1 & -7 \\ 1 & 1 & -12 \end{bmatrix}.$$

因 $\det Q_C \neq 0$, 故 $\mathrm{rank}Q_C = 3$, 系统完全能控.

定理 2.8 (PBH (Popov-Belevitch-Hautus) 秩判据) 线性定常系统 (2.2.1) 为完全能控的充要条件为

$$\mathrm{rank}[sI - A \quad B] = n, \quad \forall s \in \mathbb{C}, \tag{2.2.7}$$

其中 n 为 A 的阶数, 或等价地, 对矩阵 A 的所有特征值 λ_i $(i = 1, 2, \cdots, n)$, 成立

$$\mathrm{rank}[\lambda_i I - A \quad B] = n, \quad i = 1, 2, \cdots, n. \tag{2.2.8}$$

证明 必要性. 若系统 (2.2.1) 完全能控, 证 (2.2.7) 成立. 反证法, 假设 (2.2.7) 不成立, 即存在复数 s_0, 使 $[s_0 I - A \quad B]$ 行降秩, 则必存在一非零常向量 α, 使成立

$$\alpha^{\mathrm{T}}[s_0 I - A \quad B] = 0, \tag{2.2.9}$$

故可导出

$$s_0 \alpha^{\mathrm{T}} = \alpha^{\mathrm{T}} A, \quad \alpha^{\mathrm{T}} B = 0. \tag{2.2.10}$$

进而由上式可导出

$$\alpha^{\mathrm{T}} AB = s_0 \alpha^{\mathrm{T}} B = 0, \quad \alpha^{\mathrm{T}} A^2 B = s_0 \alpha^{\mathrm{T}} AB = 0, \quad \cdots, \quad \alpha^{\mathrm{T}} A^{n-1} B = 0. \tag{2.2.11}$$

联合 (2.2.10), (2.2.11) 即得

$$\alpha^{\mathrm{T}} \begin{bmatrix} B & AB & \cdots & A^{n-1}B \end{bmatrix} = 0. \tag{2.2.12}$$

这表明 $[B \quad AB \quad \cdots \quad A^{n-1}B]$ 行降秩, 此与 (A, B) 能控矛盾, 故反证法假设不成立, 从而有 (2.2.7) 成立.

充分性. 若 (2.2.7) 成立, 往证 (A, B) 为完全能控. 反证法, 假设 (A, B) 为不完全能控, 则对系统 (2.2.1) 作非奇异线性变换

$$x = T\hat{x}, \quad T = [T_1 \quad T_2],$$

其中 T_1 的各列属于 X_C, 并构成 X_C 的基底, T_2 为使 T 非奇异的任意阵. 令 $T^{-1} = \begin{bmatrix} F_1^{\mathrm{T}} \\ F_2^{\mathrm{T}} \end{bmatrix}$, 则由 $T^{-1}T = I$, 可得 $F_2^{\mathrm{T}} T_1 = 0$, 这说明 F_2 各列属于 X_{NC}. 再由 X_C 是 A 的不变子空间, 即可推得

$$\hat{A} = T^{-1}AT = \begin{bmatrix} A_{11} & A_{12} \\ 0 & A_{22} \end{bmatrix}, \quad \hat{B} = T^{-1}B = \begin{bmatrix} B_1 \\ 0 \end{bmatrix}. \tag{2.2.13}$$

于是有

$$\begin{aligned} \operatorname{rank}[sI - \hat{A} \quad \hat{B}] &= \operatorname{rank}\,[sI - T^{-1}AT \quad T^{-1}B] \\ &= \operatorname{rank}T^{-1}\,[sI - A \quad B] \begin{bmatrix} T & \\ & I \end{bmatrix} \\ &= \operatorname{rank}\,[sI - A \quad B] = n, \quad \forall s \in \mathbb{C}, \end{aligned} \tag{2.2.14}$$

并有

$$\operatorname{rank}[sI - \hat{A} \quad \hat{B}] = \operatorname{rank} \begin{bmatrix} sI - A_{11} & -A_{12} & B_1 \\ 0 & sI - A_{22} & 0 \end{bmatrix}. \tag{2.2.15}$$

显然, 当 s 取 A_{22} 的特征根时, 矩阵 $[sI - \hat{A} \quad \hat{B}]$ 降秩, 此与 (2.2.14) 矛盾, 故反证法假设不成立, 即 (A, B) 为完全能控. 定理结论得证.

定理 2.9 (PBH 特征向量判据)　线性定常系统 (2.2.1) 为完全能控的充分必要条件是, A 的非零左特征向量不能与 B 的所有列正交. 即对 A 的任一特征值 λ_i, 不存在同时满足

$$\alpha^{\mathrm{T}} A = \lambda_i \alpha^{\mathrm{T}}, \quad \alpha^{\mathrm{T}} B = 0 \tag{2.2.16}$$

的特征向量 α.

证明　用反证法, 再根据定理 2.8 即可得到. 略去.

下面, 我们来考察 (A, B) 为 Jordan 规范型时的能控性判据. 若 A 不是 Jordan 型, 则可引进非奇异变换 $x = T\hat{x}$, T 为 $n \times n$ 非奇异矩阵, 使得

$$\hat{A} = T^{-1}AT, \quad \hat{B} = T^{-1}B, \tag{2.2.17}$$

且

$$\hat{A}_{n\times n} = \begin{bmatrix} J_1 & & & \\ & J_2 & & \\ & & \ddots & \\ & & & J_l \end{bmatrix}, \quad \hat{B}_{n\times p} = \begin{bmatrix} B_1 \\ B_2 \\ \vdots \\ B_l \end{bmatrix}, \tag{2.2.18}$$

$$J_i = \begin{bmatrix} J_{i1} & & & \\ & J_{i2} & & \\ & & \ddots & \\ & & & J_{i\alpha_i} \end{bmatrix}_{\sigma_i \times \sigma_i}, \quad B_i = \begin{bmatrix} B_{i1} \\ B_{i2} \\ \vdots \\ B_{i\alpha_i} \end{bmatrix}_{\sigma_i \times p}, \tag{2.2.19}$$

$$J_{ik} = \begin{bmatrix} \lambda_i & 1 & & & \\ & \lambda_i & 1 & & \\ & & \ddots & \ddots & \\ & & & \ddots & 1 \\ & & & & \lambda_i \end{bmatrix}_{r_{ik} \times r_{ik}}, \quad B_{ik} = \begin{bmatrix} b_{ik,1} \\ b_{ik,2} \\ \vdots \\ b_{ik,r_{ik}} \end{bmatrix}_{r_{ik} \times p}, \tag{2.2.20}$$

其中 σ_i 与 α_i 分别为特征值 λ_i 的代数重数与几何重数, $n = \sum\limits_{i=1}^{l} \sigma_i$, λ_i 互异,

$$r_{i1} + r_{i2} + \cdots + r_{i\alpha_i} = \sigma_i, \quad i = 1, 2, \cdots, l.$$

由 (2.2.14) 知, 非奇异线性变换不改变 $[sI - A \quad B]$ 的秩, 因而

$$\operatorname{rank}[sI - A \quad B] = \operatorname{rank}\,[sI - \hat{A} \quad \hat{B}], \tag{2.2.21}$$

故考察 (A, B) 的能控性, 可直接去考察 $(\hat{A}, \hat{B})$ 的能控性. 注意到

$$\operatorname{rank}[sI - \hat{A} \quad \hat{B}] = \operatorname{rank} \begin{bmatrix} sI - J_1 & & & & B_1 \\ & sI - J_2 & & & B_2 \\ & & \ddots & & \vdots \\ & & & sI - J_l & B_l \end{bmatrix}, \tag{2.2.22}$$

由定理 2.8, 问题归结为考察 $\operatorname{rank}[\lambda_i I - \hat{A} \quad \hat{B}]$, $i = 1, 2, \cdots, l$. 又

$$\operatorname{rank}\,[\lambda_1 I - \hat{A} \quad \hat{B}] = \operatorname{rank} \begin{bmatrix} \lambda_1 I - J_1 & & & & B_1 \\ & \lambda_1 I - J_2 & & & B_2 \\ & & \ddots & & \vdots \\ & & & \lambda_1 I - J_l & B_l \end{bmatrix}$$

$$
= \operatorname{rank}\begin{bmatrix} \lambda_1 I - J_1 & & & & B_1 \\ & \lambda_1 I - J_2 & & & 0 \\ & & \ddots & & \vdots \\ & & & \lambda_1 I - J_l & 0 \end{bmatrix}
$$

$$
= \operatorname{rank}[\,\lambda_1 I - J_1 \quad B_1\,] + \sigma_2 + \cdots + \sigma_l, \tag{2.2.23}
$$

$$
\operatorname{rank}\,[\,\lambda_1 I - J_1 \quad B_1\,]
$$

$$
= \operatorname{rank}\begin{bmatrix} 0 & -1 & & & & & & & & \\ & \ddots & \ddots & & & & & & & B_{11} \\ & & \ddots & -1 & & & & & & \\ & & & 0 & & & & & & \\ & & & & \ddots & & & & & \vdots \\ & & & & & 0 & -1 & & & \\ & & & & & & \ddots & \ddots & & B_{1\alpha_1} \\ & & & & & & & \ddots & -1 & \\ & & & & & & & & 0 & \end{bmatrix}
$$

$$
= \operatorname{rank}\begin{bmatrix} 0 & -1 & & & & & & & & b_{11,1} \\ & \ddots & \ddots & & & & & & & \vdots \\ & & \ddots & -1 & & & & & & \vdots \\ & & & 0 & & & & & & b_{11,r_{11}} \\ & & & & \ddots & & & & & \vdots \\ & & & & & 0 & -1 & & & b_{1\alpha_1,1} \\ & & & & & & \ddots & \ddots & & \vdots \\ & & & & & & & \ddots & -1 & \vdots \\ & & & & & & & & 0 & b_{1\alpha_1,r_{1\alpha_1}} \end{bmatrix}
$$

$$
= \operatorname{rank}\begin{bmatrix}
0 & -1 & & & & & & & 0 \\
& \ddots & \ddots & & & & & & \vdots \\
& & \ddots & -1 & & & & & 0 \\
& & & 0 & & & & & b_{11,r_{11}} \\
& & & & \ddots & & & & \vdots \\
& & & & & 0 & -1 & & 0 \\
& & & & & & \ddots & \ddots & \vdots \\
& & & & & & & \ddots \quad -1 & 0 \\
& & & & & & & 0 & b_{1\alpha_1,r_{1\alpha_1}}
\end{bmatrix}
$$

$$
= \sigma_1 - \alpha_1 + \operatorname{rank}\begin{bmatrix} b_{11,r_{11}} \\ b_{12,r_{12}} \\ \vdots \\ b_{1\alpha_1,r_{1\alpha_1}} \end{bmatrix}. \tag{2.2.24}
$$

记 $P_i = \begin{bmatrix} b_{i1,r_{i1}} \\ b_{i2,r_{i2}} \\ \vdots \\ b_{i\alpha_i,r_{i\alpha_i}} \end{bmatrix}$, 由 (2.2.23), (2.2.24) 知

$$
\operatorname{rank}[\lambda_1 I - \hat{A} \quad \hat{B}] = n
$$

等价于

$$
\operatorname{rank} P_1 = \operatorname{rank}\begin{bmatrix} b_{11,r_{11}} \\ b_{12,r_{12}} \\ \vdots \\ b_{1\alpha_1,r_{1\alpha_1}} \end{bmatrix} = \alpha_1. \tag{2.2.25}
$$

同理, 可推得

$$
\operatorname{rank}[\lambda_i I - \hat{A} \quad \hat{B}] = n, \quad i = 1, 2, \cdots, l \tag{2.2.26}
$$

等价于

$$\text{rank}P_i=\text{rank}\begin{bmatrix} b_{i1,r_{i1}} \\ b_{i2,r_{i2}} \\ \vdots \\ b_{i\alpha_i,r_{i\alpha_i}} \end{bmatrix}=\alpha_i,\quad i=1,2,\cdots,l. \tag{2.2.27}$$

综合上面的推导, 我们有如下结论.

定理 2.10 (Jordan 规范型判据)　由系统 (2.2.1) 导出的 Jordan 规范型为 (2.2.18)~(2.2.20), 则系统 (2.2.1) 为完全能控的充分必要条件是, 由 $B_{ik}(k=1,2,\cdots,\alpha_i)$ 的最后一行组成的矩阵 P_i 行满秩, 即 (2.2.27) 成立.

例 2.2.3　线性定常系统为

$$\dot{x}=\begin{bmatrix} -2 & 1 & & & & & \\ 0 & -2 & & & & & \\ & & -2 & & & & \\ & & & -2 & & & \\ & & & & 3 & 1 & \\ & & & & 0 & 3 & \\ & & & & & & 3 \end{bmatrix}x+\begin{bmatrix} 0 & 0 & 0 \\ 1 & 0 & 0 \\ 0 & 4 & 0 \\ 0 & 0 & 7 \\ 0 & 0 & 0 \\ 1 & 1 & 0 \\ 0 & 4 & 1 \end{bmatrix}u,$$

容易写出

$$\begin{bmatrix} b_{11,r_{11}} \\ b_{12,r_{12}} \\ b_{13,r_{13}} \end{bmatrix}=\begin{bmatrix} 1 & 0 & 0 \\ 0 & 4 & 0 \\ 0 & 0 & 7 \end{bmatrix},\quad \begin{bmatrix} b_{21,r_{21}} \\ b_{22,r_{22}} \end{bmatrix}=\begin{bmatrix} 1 & 1 & 0 \\ 0 & 4 & 1 \end{bmatrix}.$$

显然, 它们均为行满秩, 故系统为完全能控.

根据定理 2.10, 可直接得到下面的推论.

推论 2.2 (最小输入数定理)　系统 $(A,\ B)$ 状态能控的必要条件为

$$p\geqslant\alpha_j,\quad j=1,2,\cdots,l. \tag{2.2.28}$$

若 (2.2.19) 中 $\alpha_j=1$, $j=1,2,\cdots,l$, 即 A 的互异特征根各自对应一个 Jordan 块, 则称 A 为非减次矩阵, 或循环矩阵.

推论 2.3　单输入系统 (A,B) 状态能控的必要条件为: A 是非减次矩阵.

2. 能控性指数

考察完全能控的系统 (2.2.1), A, B 分别为 $n\times n, n\times p$ 的常矩阵. 定义

$$Q_k=[B\quad AB\quad\cdots\quad A^{k-1}B] \tag{2.2.29}$$

为 $n \times kp$ 常阵, 其中 k 为正整数. 显然, $Q_n = Q_C$, 且 $\mathrm{rank}Q_n = n$. 依次将 k 由 1 增加, 直至使 $\mathrm{rank}Q_\mu = n$. 即

$$\mathrm{rank}Q_1 < \mathrm{rank}Q_2 < \cdots < \mathrm{rank}Q_{\mu-1} < \mathrm{rank}Q_\mu = \mathrm{rank}Q_{\mu+1} = \cdots = \mathrm{rank}Q_C, \tag{2.2.30}$$

则称 μ 为系统的能控性指数.

下面, 我们来给出估计能控性指数 μ 的一个关系式. 令 $\mathrm{rank}B = r \leqslant p$, 则必成立

$$\frac{n}{p} \leqslant \mu \leqslant n - r + 1. \tag{2.2.31}$$

(2.2.31) 是不难证明的. 首先, 考虑到 Q_μ 为 $n \times \mu p$ 阵, 要使 $\mathrm{rank}Q_\mu = n$, 其前提是矩阵 Q_μ 的列数必须大于或等于其行数, 即 $\mu p \geqslant n$, 由此可导出 (2.2.31) 的第一个不等式. 再由 $\mathrm{rank}B = r$, 若 $r = n$, 则 $\mu = 1$, (2.2.31) 的第二个不等式成立; 若 $r < n$, 注意到 $\mathrm{rank}Q_1 = r$, $\mathrm{rank}Q_\mu = n$, 且 $\mathrm{rank}Q_{k+1} \geqslant \mathrm{rank}Q_k + 1, k = 1, \cdots, \mu - 1$, 故 $n \geqslant r + (\mu - 1)$, 于是 (2.2.31) 的第二个不等式成立, 式 (2.2.31) 因而得证.

进一步, 由 (2.2.31) 可对能控性指数给出如下推论.

(1) 对于单输入系统, 即 $p = 1$ 时, 系统的能控性指数 $\mu = n$.

(2) 对于系统 (2.2.1), 可导出简化的能控性秩判据. 系统完全能控的充分必要条件是

$$\mathrm{rank}Q_{n-r+1} = \mathrm{rank}\begin{bmatrix} B & AB & \cdots & A^{n-r}B \end{bmatrix} = n, \tag{2.2.32}$$

其中 $r = \mathrm{rank}B$.

(3) 令 l 为矩阵 A 的最小多项式的次数, 则 $l \leqslant n$, (2.2.31) 还可表示为

$$\frac{n}{p} \leqslant \mu \leqslant \min\{l, n - r + 1\}. \tag{2.2.33}$$

若最小多项式定义为

$$\varphi(s) = s^l + a_{l-1}s^{l-1} + \cdots + a_1 s + a_0,$$

则必有 $\varphi(A) = 0$, 故 A^l 是 $I, A, \cdots, A^{l-1}$ 的线性组合, 从而 A^lB 是 $B, AB, \cdots, A^{l-1}B$ 的线性组合, 这说明

$$\mathrm{rank}Q_l = \mathrm{rank}Q_{l+1} = \cdots = \mathrm{rank}Q_C.$$

由能控性指数定义知, $\mu \leqslant l$, 再由 (2.2.31), 即可得 (2.2.33) 成立.

(4) 将 Q_μ 表为

$$Q_\mu = \left[b_1\ b_2\ \cdots\ b_p\ Ab_1\ Ab_2\ \cdots\ Ab_p\ \cdots\ A^{\mu-1}b_1\ A^{\mu-1}b_2\ \cdots\ A^{\mu-1}b_p\right], \tag{2.2.34}$$

设 B 有秩 r, 且不妨设 $b_1,\cdots,b_r$ 线性无关, 依次从左至右搜索 Q_μ 的 n 个线性无关的列, 并重新排列为

$$b_1, Ab_1, \cdots, A^{\mu_1-1}b_1, b_2, Ab_2, \cdots, A^{\mu_2-1}b_2, \cdots, b_r, Ab_r, \cdots, A^{\mu_r-1}b_r. \tag{2.2.35}$$

显然,

$$\mu_1 + \mu_2 + \cdots + \mu_r = n, \tag{2.2.36}$$

且能控性指数 μ 满足

$$\mu = \max\{\mu_1, \mu_2, \cdots, \mu_r\}. \tag{2.2.37}$$

常称 $\{\mu_1,\mu_2,\cdots,\mu_r\}$ 为系统 (A,B) 的能控性指数集.

(5) 对系统 (2.2.1) 作非奇异线性变换, 其能控性指数 μ 和能控性指数集 $\{\mu_1,\mu_2,\cdots,\mu_r\}$ 保持不变.

这是因为, 对系统 (2.2.1) 作非奇异线性变换 $x = P\hat{x}$, P 为 $n\times n$ 非奇异阵, 则有 $\hat{A} = P^{-1}AP$, $\hat{B} = P^{-1}B$, 故可导出

$$\hat{A}\hat{B} = P^{-1}AB, \quad \hat{A}^2\hat{B} = P^{-1}A^2B, \quad \cdots, \quad \hat{A}^{\mu-1}\hat{B} = P^{-1}A^{\mu-1}B,$$

从而有

$$\hat{Q}_\mu = [\hat{B}\quad \hat{A}\hat{B}\quad \cdots\quad \hat{A}^{\mu-1}\hat{B}] = P^{-1}\left[B\quad AB\quad \cdots\quad A^{\mu-1}B\right] = P^{-1}Q_\mu, \tag{2.2.38}$$

$$\begin{aligned}&[\hat{b}_1\ \hat{A}\hat{b}_1\ \cdots\ \hat{A}^{\mu_1-1}\hat{b}_1\ \hat{b}_2\ \hat{A}\hat{b}_2\ \cdots\ \hat{A}^{\mu_2-1}\hat{b}_2\ \cdots\ \hat{b}_r\ \hat{A}\hat{b}_r\ \cdots\ \hat{A}^{\mu_r-1}\hat{b}_r]\\ &= P^{-1}\left[b_1\ Ab_1\ \cdots\ A^{\mu_1-1}b_1\ b_2\ Ab_2\ \cdots\ A^{\mu_2-1}b_2\ \cdots\ b_r\ Ab_r\ \cdots\ A^{\mu_r-1}b_r\right].\end{aligned} \tag{2.2.39}$$

这表明 $\text{rank}\hat{Q}_\mu = \text{rank}Q_\mu = n$, 且

$$\hat{b}_1, \hat{A}\hat{b}_1, \cdots, \hat{A}^{\mu_1-1}\hat{b}_1, \hat{b}_2, \hat{A}\hat{b}_2, \cdots, \hat{A}^{\mu_2-1}\hat{b}_2, \cdots, \hat{b}_r, \hat{A}\hat{b}_r, \cdots, \hat{A}^{\mu_r-1}\hat{b}_r$$

为 $\hat{Q}_\mu$ 的 n 个线性无关列. 上述推导说明, 能控性指数和能控性指数集在非奇异变换下保持不变.

2.3 能控性分解

本节我们将讨论不完全能控的系统, 对于这一类系统, 可以通过结构分解, 将其结构以明显的形式区分为能控部分和不能控部分. 研究系统的结构分解, 有助于更深刻地了解系统的结构特性, 也有助于更深入地揭示状态空间描述和输入输出描述间的本质差别.

1. 能控性在非奇异线性变换下的属性

对系统进行结构分解是通过引入适当的线性非奇异变换来实现的. 因此, 有必要首先对系统的能控性在线性非奇异变换下的属性进行讨论.

定理 2.11 线性定常系统 (A, B) 的能控性在线性非奇异变换下不变.

证明 系统的状态空间描述为

$$\dot{x} = Ax + Bu.$$

引入非奇异线性变换 $x = P\bar{x}, P$ 为非奇异矩阵, 则与其代数等价的状态空间描述为

$$\dot{\bar{x}} = \bar{A}\bar{x} + \bar{B}u,$$

其中, $\bar{A} = P^{-1}AP, \bar{B} = P^{-1}B$. 考察 $(\bar{A}, \bar{B})$ 的能控性矩阵

$$\bar{Q}_C = [\bar{B} \quad \bar{A}\bar{B} \quad \cdots \quad \bar{A}^{n-1}\bar{B}] = [P^{-1}B \quad P^{-1}AB \quad \cdots \quad P^{-1}A^{n-1}B] = P^{-1}Q_C.$$

于是

$$\text{rank}Q_C = \text{rank}\bar{Q}_C.$$

定理结论得证.

事实上, 在定理 2.8 的充分性证明中, 我们已经证明和利用了

$$\text{rank}[sI - A \quad B] = \text{rank}[sI - \bar{A} \quad \bar{B}],$$

这也说明 (A, B) 的能控性在非奇异线性变换下的不变性.

2. 按能控性结构分解

考虑不完全能控的线性定常系统

$$\dot{x} = Ax + Bu, \tag{2.3.1}$$

其中 x 为 n 维状态向量, u 为 p 维控制向量, A, B 分别为 $n \times n, n \times p$ 的实常阵.

$$\text{rank}Q_C = \text{rank}[B \quad AB \quad \cdots \quad A^{n-1}B] = k < n,$$

任选 Q_C 中 k 个线性无关的列, 记为 $t_1, t_2, \cdots, t_k$, 记

$$T_1 = [t_1 \quad t_2 \quad \cdots \quad t_k],$$

则由定理 2.4 知, T_1 的列构成 X_C 的基底.

再任选 $n-k$ 个与 T_1 各列线性无关的列向量 $t_{k+1}, t_{k+2}, \cdots, t_n$, 记

$$T_2 = [t_{k+1} \quad t_{k+2} \quad \cdots \quad t_n].$$

令

$$T = [T_1 \quad T_2], \tag{2.3.2}$$

显然 T 非奇异, 记 $T^{-1} = \begin{bmatrix} F_1^{\mathrm{T}} \\ F_2^{\mathrm{T}} \end{bmatrix}\begin{matrix} k\ 行 \\ n-k\ 行 \end{matrix}$, 则由 $T^{-1}T = I$, 推得

$$F_2^{\mathrm{T}} T_1 = 0. \tag{2.3.3}$$

这说明 F_2 各列属于 X_{NC}. 又由推论 2.1, X_C 是 A 的不变子空间, 故有

$$F_2^{\mathrm{T}} A T_1 = 0,$$

B 各列属于 X_C, 故

$$F_2^{\mathrm{T}} B = 0.$$

对系统 (2.3.1) 作非奇异线性变换 $x = T\hat{x}$, 则系统 (2.3.1) 可等价地转化为

$$\dot{\hat{x}} = \hat{A}\hat{x} + \hat{B}u, \tag{2.3.4}$$

其中

$$\hat{A} = T^{-1}AT = \begin{bmatrix} F_1^{\mathrm{T}} \\ F_2^{\mathrm{T}} \end{bmatrix} A[T_1 \quad T_2] = \begin{bmatrix} F_1^{\mathrm{T}} A T_1 & F_1^{\mathrm{T}} A T_2 \\ 0 & F_2^{\mathrm{T}} A T_2 \end{bmatrix} = \begin{bmatrix} A_{11} & A_{12} \\ 0 & A_{22} \end{bmatrix},$$

$$\hat{B} = T^{-1}B = \begin{bmatrix} F_1^{\mathrm{T}} \\ F_2^{\mathrm{T}} \end{bmatrix} B = \begin{bmatrix} F_1^{\mathrm{T}} B \\ 0 \end{bmatrix} = \begin{bmatrix} B_1 \\ 0 \end{bmatrix}. \tag{2.3.5}$$

显然, 由

$$k = \mathrm{rank} Q_C = \mathrm{rank}[\hat{B} \quad \hat{A}\hat{B} \quad \cdots \quad \hat{A}^{n-1}\hat{B}]$$

$$= \operatorname{rank}\begin{bmatrix} B_1 & A_{11}B_1 & \cdots & A_{11}^{n-1}B_1 \\ 0 & 0 & \cdots & 0 \end{bmatrix} \tag{2.3.6}$$

可得

$$\operatorname{rank}[B_1 \quad A_{11}B_1 \quad \cdots \quad A_{11}^{n-1}B_1] = k.$$

又由

$$\operatorname{rank}[B_1 \quad A_{11}B_1 \quad \cdots \quad A_{11}^{k-1}B_1] = \operatorname{rank}[B_1 \quad A_{11}B_1 \quad \cdots \quad A_{11}^{n-1}B_1] = k \tag{2.3.7}$$

知 (A_{11}, B_1) 能控.

综合上面的推导, 我们有下面的结论.

定理 2.12 对于不完全能控系统 (2.3.1), 存在非奇异线性变换 $x = T\hat{x}$, 使系统结构按能控性分解为下述规范形式:

$$\begin{bmatrix} \dot{x}_1 \\ \dot{x}_2 \end{bmatrix} = \begin{bmatrix} A_{11} & A_{12} \\ 0 & A_{22} \end{bmatrix} \begin{bmatrix} x_1 \\ x_2 \end{bmatrix} + \begin{bmatrix} B_1 \\ 0 \end{bmatrix} u, \tag{2.3.8}$$

其中, x_1 为 k 维能控分状态向量, x_2 为 $n-k$ 维不能控分状态向量, $k = \operatorname{rank}Q_C$.

按定义 2.2 及定义 2.3, (2.3.8) 的 $n-k$ 维子系统

$$\dot{x}_2 = A_{22}x_2 \tag{2.3.9}$$

是完全不能控的, 而 k 维子系统

$$\dot{x}_1 = A_{11}x_1 + A_{12}x_2 + B_1u \tag{2.3.10}$$

则是完全能控的.

事实上, 因为 (A_{11}, B_1) 能控, 故能控 Gram 矩阵

$$\bar{W}_C[0,T] = \int_0^T e^{-A_{11}t}B_1(e^{-A_{11}t}B_1)^{\mathrm{T}}dt$$

为非奇异, 取控制 $u(t)$ 为

$$u(t) = -B_1^{\mathrm{T}}e^{-A_{11}^{\mathrm{T}}t}\bar{W}_C^{-1}[0,T]\left(x_1(0) + \int_0^T e^{-A_{11}t}A_{12}e^{A_{22}t}x_2(0)dt\right),$$

则系统 (2.3.10) 在时刻 T 的状态为

$x_1(T)$

$$
\begin{aligned}
&= e^{A_{11}T}x_1(0) + \int_0^T e^{A_{11}(T-t)}A_{12}e^{A_{22}t}x_2(0)dt \\
&\quad - \int_0^T e^{A_{11}(T-t)}B_1B_1^{\mathrm{T}}e^{-A_{11}^{\mathrm{T}}t}\bar{W}_C^{-1}[0,T]\left(x_1(0) + \int_0^T e^{-A_{11}t}A_{12}e^{A_{22}t}x_2(0)dt\right)dt \\
&= e^{A_{11}T}x_1(0) + \int_0^T e^{A_{11}(T-t)}A_{12}e^{A_{22}t}x_2(0)dt \\
&\quad - e^{A_{11}T}\int_0^T e^{-A_{11}t}B_1B_1^{\mathrm{T}}e^{-A_{11}^{\mathrm{T}}t}dt \\
&\quad \cdot \bar{W}_C^{-1}[0,T]\left(x_1(0) + \int_0^T e^{-A_{11}t}A_{12}e^{A_{22}t}x_2(0)dt\right) \\
&= e^{A_{11}T}x_1(0) + \int_0^T e^{A_{11}(T-t)}A_{12}e^{A_{22}t}x_2(0)dt \\
&\quad - e^{A_{11}T}\bar{W}_C[0,T]\bar{W}_C^{-1}[0,T]\left(x_1(0) + \int_0^T e^{-A_{11}t}A_{12}e^{A_{22}t}x_2(0)dt\right) \\
&= 0.
\end{aligned}
$$

这说明对任意初始状态 $x_1(0)$, 存在控制 $u(t)$, 使得 $x_1(T) = 0$, 故系统 (2.3.10) 为完全能控.

考虑到

$$
\begin{aligned}
\det(sI - A) = \det(sI - \hat{A}) &= \det \begin{bmatrix} sI - A_{11} & -A_{12} \\ 0 & sI - A_{22} \end{bmatrix} \\
&= \det(sI - A_{11})\det(sI - A_{22}),
\end{aligned}
$$

故系统 (2.3.1) 的特征值由两部分构成. 一部分为 A_{11} 的特征值, 称为系统的能控振型; 另一部分为 A_{22} 的特征值, 称为系统的不能控振型. 可以看出, 控制 u 的引入, 只能改变能控振型的位置, 而不能改变不能控振型的位置.

能控性结构分解中, 变换矩阵 T 的选取并不是唯一的, T 的选取不同, (2.3.8) 中各个块矩阵的值亦不同.

例 2.3.1　给定线性定常系统

$$
\dot{x} = \begin{bmatrix} -1 & 1 \\ 0 & 0 \end{bmatrix} x + \begin{bmatrix} 1 \\ 1 \end{bmatrix} u.
$$

因为 $\text{rank}\begin{bmatrix} B & AB \end{bmatrix} = \text{rank}\begin{bmatrix} 1 & 0 \\ 1 & 0 \end{bmatrix} = 1 < 2$, 故系统不完全能控, 取

$$T = \begin{bmatrix} T_1 & T_2 \end{bmatrix} = \begin{bmatrix} 1 & 0 \\ 1 & 1 \end{bmatrix}, \quad T^{-1} = \begin{bmatrix} 1 & 0 \\ -1 & 1 \end{bmatrix},$$

则

$$\hat{A} = T^{-1}AT = \begin{bmatrix} 0 & 1 \\ 0 & -1 \end{bmatrix}, \quad \hat{B} = T^{-1}B = \begin{bmatrix} 1 \\ 0 \end{bmatrix},$$

即系统按能控性分解为

$$\begin{bmatrix} \dot{x}_1 \\ \dot{x}_2 \end{bmatrix} = \begin{bmatrix} 0 & 1 \\ 0 & -1 \end{bmatrix}\begin{bmatrix} x_1 \\ x_2 \end{bmatrix} + \begin{bmatrix} 1 \\ 0 \end{bmatrix}u.$$

2.4 单输入—单输出系统的能控规范型

对于完全能控的线性定常系统, 如果从能控这个基本属性出发来构造一个非奇异的变换矩阵, 则可在新的坐标系下将系统的状态空间描述表为一个结构十分简单的标准形式, 称之为能控规范型.

考虑完全能控的单输入—单输出线性定常系统

$$\begin{aligned} \dot{x} &= Ax + bu, \\ y &= cx, \end{aligned} \tag{2.4.1}$$

其中 A 为 $n \times n$ 常阵, b 和 c 分别为 $n \times 1, 1 \times n$ 常阵. 由于系统完全能控, 故有

$$\text{rank}\begin{bmatrix} b & Ab & \cdots & A^{n-1}b \end{bmatrix} = n. \tag{2.4.2}$$

令系统的特征多项式为

$$\det(sI - A) = \alpha(s) = s^n + a_{n-1}s^{n-1} + \cdots + a_1 s + a_0. \tag{2.4.3}$$

构造变换矩阵

$$P = \begin{bmatrix} e_1 & e_2 & \cdots & e_n \end{bmatrix} = \begin{bmatrix} A^{n-1}b & \cdots & Ab & b \end{bmatrix}\begin{bmatrix} 1 & & & \\ a_{n-1} & \ddots & & \\ \vdots & \ddots & \ddots & \\ a_1 & \cdots & a_{n-1} & 1 \end{bmatrix}. \tag{2.4.4}$$

显然, P 在系统能控条件下为非奇异. 定义 n 个常数

$$\begin{aligned}
&\beta_{n-1} = cb, \\
&\beta_{n-2} = cAb + a_{n-1}cb, \\
&\quad \cdots\cdots \\
&\beta_1 = cA^{n-2}b + a_{n-1}cA^{n-3}b + \cdots + a_2cb, \\
&\beta_0 = cA^{n-1}b + a_{n-1}cA^{n-2}b + \cdots + a_1cb.
\end{aligned} \tag{2.4.5}$$

于是, 在此基础上, 可导出系统能控规范型的基本结论.

定理 2.13　对于完全能控的单输入—单输出系统 (2.4.1), 引入线性非奇异变换 $x = P\bar{x}$, 即可导出其能控规范型为

$$\begin{aligned}
\dot{\bar{x}} &= A_c\bar{x} + b_cu, \\
y &= c_c\bar{x},
\end{aligned} \tag{2.4.6}$$

其中

$$A_c = P^{-1}AP = \begin{bmatrix} 0 & 1 & & \\ \vdots & & \ddots & \\ 0 & & & 1 \\ -a_0 & -a_1 & \cdots & -a_{n-1} \end{bmatrix}, \quad b_c = P^{-1}b = \begin{bmatrix} 0 \\ \vdots \\ 0 \\ 1 \end{bmatrix},$$

$$c_c = cP = [\beta_0 \ \ \beta_1 \ \ \cdots \ \ \beta_{n-1}]. \tag{2.4.7}$$

证明　(1) 推导 A_c. 利用 $A_c = P^{-1}AP$, 可导出

$$\begin{aligned}
PA_c = AP &= [Ae_1 \quad Ae_2 \quad \cdots \quad Ae_n] \\
&= [A^nb \quad \cdots \quad A^2b \quad Ab] \begin{bmatrix} 1 & & & \\ a_{n-1} & \ddots & & \\ \vdots & \ddots & \ddots & \\ a_1 & \cdots & a_{n-1} & 1 \end{bmatrix}.
\end{aligned} \tag{2.4.8}$$

利用 Cayley-Hamilton 定理, $\alpha(A) = 0$ 和 (2.4.4) 可进一步得到

$$
\begin{aligned}
&Ae_1 = (A^n b + a_{n-1}A^{n-1}b + \cdots + a_1 Ab + a_0 b) - a_0 b = -a_0 e_n,\\
&Ae_2 = (A^{n-1} b + a_{n-1}A^{n-2}b + \cdots + a_2 Ab + a_1 b) - a_1 b = e_1 - a_1 e_n,\\
&\quad \cdots\cdots \\
&Ae_{n-1} = (A^2 b + a_{n-1}Ab + a_{n-2}b) - a_{n-2}b = e_{n-2} - a_{n-2}e_n,\\
&Ae_n = (Ab + a_{n-1}b) - a_{n-1}b = e_{n-1} - a_{n-1}e_n,
\end{aligned}
\tag{2.4.9}
$$

将 (2.4.9) 代入 (2.4.8), 可得

$$
\begin{aligned}
PA_c &= [-a_0 e_n \quad e_1 - a_1 e_n \quad \cdots \quad e_{n-2} - a_{n-2}e_n \quad e_{n-1} - a_{n-1}e_n]\\
&= [e_1 \quad e_2 \quad \cdots \quad e_n]\begin{bmatrix} 0 & 1 & & \\ \vdots & & \ddots & \\ 0 & & & 1 \\ -a_0 & -a_1 & \cdots & -a_{n-1} \end{bmatrix}.
\end{aligned}
\tag{2.4.10}
$$

因为 $[e_1 \quad e_2 \quad \cdots \quad e_n] = P$, 将上式左乘 P^{-1}, 即可得 A_c 的表达式.

(2) 推导 b_c. 利用 $b_c = P^{-1}b$ 和 (2.4.4), 可导出

$$
Pb_c = b = e_n = [e_1 \quad e_2 \quad \cdots \quad e_n]\begin{bmatrix} 0 \\ 0 \\ \vdots \\ 1 \end{bmatrix} = P\begin{bmatrix} 0 \\ 0 \\ \vdots \\ 1 \end{bmatrix},
\tag{2.4.11}
$$

将上式左乘 P^{-1}, 即可得到 b_c 的表达式.

(3) 推导 c_c. 由 $c_c = cP$ 和 (2.4.4), (2.4.5), 可得

$$
\begin{aligned}
c_c = cP &= c\left[A^{n-1}b \quad \cdots \quad Ab \quad b\right]\begin{bmatrix} 1 & & & \\ a_{n-1} & \ddots & & \\ \vdots & \ddots & \ddots & \\ a_1 & \cdots & a_{n-1} & 1 \end{bmatrix}\\
&= [\beta_0 \quad \beta_1 \quad \cdots \quad \beta_{n-1}].
\end{aligned}
\tag{2.4.12}
$$

综合 (1)~(3), 定理结论得证.

例 2.4.1　给定能控的单输入—单输出线性定常系统

$$\dot{x}=\begin{bmatrix}1&0&2\\2&1&1\\1&0&-2\end{bmatrix}x+\begin{bmatrix}1\\2\\1\end{bmatrix}u,$$
$$y=[0\quad 1\quad 1],$$

按定理 2.13 算得

$$\alpha(s)=\det(sI-A)=s^3-5s+4,$$
$$\beta_2=cb=3,\qquad \beta_1=cAb+a_2cb=4,$$
$$\beta_0=cA^2b+a_2cAb+a_1cb=0,$$

故系统的能控规范型为

$$\dot{\bar{x}}=\begin{bmatrix}0&1&0\\0&0&1\\-4&5&0\end{bmatrix}\bar{x}+\begin{bmatrix}0\\0\\1\end{bmatrix}u,\quad y=[0\quad 4\quad 3]\bar{x},$$

并且, 由 (2.4.4) 可求得变换阵

$$P=\begin{bmatrix}A^2b & Ab & b\end{bmatrix}\begin{bmatrix}1&0&0\\a_2&1&0\\a_1&a_2&1\end{bmatrix}=\begin{bmatrix}-4&3&1\\0&5&2\\0&-1&1\end{bmatrix}.$$

(2.4.7) 指出, 系统的能控规范型 (A_c,b_c) 与反映系统结构特性的特征多项式有着直接的联系, 这对于系统的状态反馈综合将带来很大的方便, 在下一章即可看到这一事实.

容易证明, 代数等价的完全能控系统具有相同的能控规范型.

2.5　线性定常离散系统的能控性

1. 能控性与能达性

线性定常离散系统的能控性概念, 本质上和线性定常连续系统的能控性概念没有差别. 考虑线性定常离散系统

$$x(k+1)=Gx(k)+Hu(k),\quad x(0)=x_0, \tag{2.5.1}$$

其中, $x(k)$ 为 n 维状态向量, $u(k)$ 为 p 维输入向量, G, H 分别为 $n \times n, n \times p$ 常阵.

定义 2.4 对于系统 (2.5.1), 给定非零初始状态 x_0, 若存在 $u(k), k = 0, 1, \cdots, n-1$, 使得 $x(n) = 0$, 则称 x_0 为能控状态. 若状态空间中所有非零状态都是能控状态, 则称系统 (2.5.1)(或系统 (G, H)) 是 (完全) 能控的. 若存在一个或一些非零状态是不能控的, 则称系统 (G, H) 是不完全能控的. 若所有非零状态都是不能控的, 则称系统 (G, H) 是完全不能控的.

定义 2.5 对于离散系统 (2.5.1), 给定非零状态 x_n, 若存在 $u(k), k = 0, 1, \cdots, n-1$, 使得 $x_0 = 0$ 时, 有 $x(n) = x_n$, 则称 x_n 为能达状态. 若所有非零状态都是能达状态, 则称系统是 (完全) 能达的. 若存在一个或一些非零状态是不能达的, 则称系统是不完全能达的. 若所有非零状态均是不能达的, 则称系统是完全不能达的.

对于线性定常离散系统, 其能控性与能达性并不是等价的.

定理 2.14 对任一输入矩阵 H, 线性定常离散系统 (2.5.1) 状态完全能控即状态完全能达的充要条件为系统矩阵 G 非奇异.

证明 先考虑能控性. 若系统 (2.5.1) 完全能控, 则存在 $u(k), k = 0, 1, \cdots, n-1$, 使成立

$$0 = x(n) = G^n x(0) + \sum_{i=0}^{n-1} G^{n-i-1} H u(i), \tag{2.5.2}$$

从而可得

$$G^n x(0) = -\sum_{i=0}^{n-1} G^{n-i-1} H u(i). \tag{2.5.3}$$

由 (2.5.3) 不难看出, 系统 (2.5.1) 完全能控的充要条件为

$$\operatorname{span}\begin{bmatrix} H & GH & \cdots & G^{n-1}H \end{bmatrix} = \operatorname{span}\begin{bmatrix} H & GH & \cdots & G^{n-1}H & G^n \end{bmatrix}. \tag{2.5.4}$$

再考虑能达性. 若系统 (2.5.1) 完全能达, 则存在控制 $u(k), k = 0, 1, \cdots, n-1$, 使成立

$$x(n) = \sum_{i=0}^{n-1} G^{n-i-1} H u(i). \tag{2.5.5}$$

由 (2.5.5) 亦不难看出, 系统 (2.5.1) 完全能达的充要条件为

$$\operatorname{span}\begin{bmatrix} H & GH & \cdots & G^{n-1}H \end{bmatrix} = \mathbb{R}^n. \tag{2.5.6}$$

比较 (2.5.4) 和 (2.5.6) 得到, 系统 (2.5.1) 完全能达必完全能控, 反之则不然. 对任一 H, 系统 (2.5.1) 完全能控即完全能达的充要条件为 G 非奇异. 定理结论得证.

若系统 (2.5.1) 是相应连续系统的离散化模型, T 为采样周期, 则 $G = e^{AT}$ 为非奇异, 故有如下结论.

推论 2.4　线性定常连续系统的以 T 为周期的离散化系统的能控性与能达性等价.

2. 能控子空间

考察离散系统 (2.5.1), 若 x_0 为能控状态, 则根据能控性定义, 知 (2.5.2) 成立, 从而可得 (2.5.3), 即

$$G^n x_0 = -[H \quad GH \quad \cdots \quad G^{n-1}H]\begin{bmatrix} u(n-1) \\ u(n-2) \\ \vdots \\ u(0) \end{bmatrix}. \tag{2.5.7}$$

容易验证, 系统 (2.5.1) 能控状态的全体再添上零向量构成欧氏空间 $\mathbb{R}^n$ 中的一线性子空间, 称为能控性子空间, 记为 X_C.

下面, 分 G 非奇异、G 奇异两种情况对 X_C 进行讨论.

(1) G 非奇异情形.

若 G 非奇异, 则由 (2.5.7) 可导出

$$x_0 = -[G^{-n}H \quad G^{-(n-1)}H \quad \cdots \quad G^{-1}H]\begin{bmatrix} u(n-1) \\ u(n-2) \\ \vdots \\ u(0) \end{bmatrix}. \tag{2.5.8}$$

于是, 我们有下面结论.

定理 2.15　若 G 非奇异, 则系统 (2.5.1) 的能控子空间 X_C 为

$$X_C = \mathrm{span}\,[G^{-n}H \quad G^{-(n-1)}H \quad \cdots \quad G^{-1}H]. \tag{2.5.9}$$

证明　由 (2.5.8), 显然

$$X_C \subseteq \mathrm{span}\,[G^{-n}H \quad G^{-(n-1)}H \quad \cdots \quad G^{-1}H]. \tag{2.5.10}$$

反之, 若

$$x_0 \in \operatorname{span}\,[G^{-n}H \quad G^{-(n-1)}H \quad \cdots \quad G^{-1}H],$$

则可写

$$x_0 = [G^{-n}H \quad G^{-(n-1)}H \quad \cdots \quad G^{-1}H]\begin{bmatrix} \xi_1 \\ \xi_2 \\ \vdots \\ \xi_{np} \end{bmatrix}, \tag{2.5.11}$$

式中 $\xi_i, i = 1, 2, \cdots, np$ 为标量. 记

$$\begin{bmatrix} \xi_1 \\ \xi_2 \\ \vdots \\ \xi_p \end{bmatrix} = -u(n-1), \quad \cdots, \quad \begin{bmatrix} \xi_{(n-1)p+1} \\ \vdots \\ \vdots \\ \xi_{np} \end{bmatrix} = -u(0), \tag{2.5.12}$$

即得

$$x_0 = -[G^{-n}H \quad G^{-(n-1)}H \quad \cdots \quad G^{-1}H]\begin{bmatrix} u(n-1) \\ u(n-2) \\ \vdots \\ u(0) \end{bmatrix}. \tag{2.5.13}$$

这说明 $x_0 \in X_C$, 故有

$$\operatorname{span}[G^{-n}H \quad G^{-(n-1)}H \quad \cdots \quad G^{-1}H] \subseteq X_C. \tag{2.5.14}$$

由 (2.5.10), (2.5.14) 可得定理结论成立.

利用 Cayley-Hamilton 定理, 容易验证下面结论成立:

$$\operatorname{span}\,[G^{-n}H \quad G^{-(n-1)}H \quad \cdots \quad G^{-1}H] = \operatorname{span}\,[H \quad GH \quad \cdots \quad G^{n-1}H]. \tag{2.5.15}$$

根据定理 2.15, 又可得如下定理.

定理 2.16 若 G 非奇异, 则离散系统 (2.5.1) 的能控子空间 X_C 为

$$X_C = \operatorname{span}\,[H \quad GH \quad \cdots \quad G^{n-1}H]. \tag{2.5.16}$$

进一步有如下推论.

推论 2.5 若 G 非奇异, 则离散系统 (2.5.1) 的能控子空间 X_C 为 G 的不变子空间.

(2) G 奇异情形.

若 G 为奇异阵, 由能控状态 x_0 满足 (2.5.7), 我们有下面结论.

定理 2.17 若 G 奇异, 则系统 (2.5.1) 的能控子空间 X_C 为

$$X_C = \left\{ x_0 | G^n x_0 \in \operatorname{span} [H \quad GH \quad \cdots \quad G^{n-1}H] \right\}. \tag{2.5.17}$$

证明 由 (2.5.7), 显然

$$X_C \subseteq \left\{ x_0 | G^n x_0 \in \operatorname{span} [H \quad GH \quad \cdots \quad G^{n-1}H] \right\}. \tag{2.5.18}$$

反之, 若 x_0 满足

$$G^n x_0 \in \operatorname{span} [H \quad GH \quad \cdots \quad G^{n-1}H],$$

则有

$$G^n x_0 = [H \quad GH \quad \cdots \quad G^{n-1}H] \begin{bmatrix} \xi_1 \\ \xi_2 \\ \vdots \\ \xi_{np} \end{bmatrix}, \tag{2.5.19}$$

式中 $\xi_i, i = 1, 2, \cdots, np$ 为标量. 记

$$\begin{bmatrix} \xi_1 \\ \xi_2 \\ \vdots \\ \xi_p \end{bmatrix} = -u(n-1), \quad \cdots, \quad \begin{bmatrix} \xi_{(n-1)p+1} \\ \vdots \\ \vdots \\ \xi_{np} \end{bmatrix} = -u(0), \tag{2.5.20}$$

即得

$$G^n x_0 = -[H \quad GH \quad \cdots \quad G^{n-1}H] \begin{bmatrix} u(n-1) \\ u(n-2) \\ \vdots \\ u(0) \end{bmatrix}. \tag{2.5.21}$$

这说明 $x_0 \in X_C$, 故有

$$\left\{x_0|G^n x_0 \in \operatorname{span}\left[H \quad GH \quad \cdots \quad G^{n-1}H\right]\right\} \subseteq X_C. \tag{2.5.22}$$

由 (2.5.18), (2.5.22) 可得定理结论成立.

进一步有如下推论.

推论 2.6 若 G 奇异, 则系统 (2.5.1) 的能控子空间 X_C 为 G 的不变子空间.

3. 能控性判据

考察离散系统 (2.5.1) 的能控性. 由定理 2.16 直接可得如下定理.

定理 2.18 若 G 非奇异, 则离散系统 (2.5.1) 完全能控的充要条件是

$$\operatorname{rank}\left[H \quad GH \quad \cdots \quad G^{n-1}H\right] = n. \tag{2.5.23}$$

记

$$W_C(n) = \left[G^{-n}H \quad G^{-(n-1)}H \quad \cdots \quad G^{-1}H\right]\left[G^{-n}H \quad G^{-(n-1)}H \quad \cdots \quad G^{-1}H\right]^{\mathrm{T}}, \tag{2.5.24}$$

称 $W_C(n)$ 为系统 (2.5.1) 的能控 Gram 矩阵. 由定理 2.15 容易证明下面定理.

定理 2.19 若 G 非奇异, 则离散系统 (2.5.1) 完全能控的充要条件是 $W_C(n)$ 非奇异.

另外, 若 G 非奇异, 我们还有类似于线性定常连续系统的 PBH 秩判据.

定理 2.20 若 G 非奇异, 则离散系统 (2.5.1) 完全能控的充要条件为

$$\operatorname{rank}\left[sI - G \quad H\right] = n, \quad \forall s \in \mathbb{C}. \tag{2.5.25}$$

对于 G 奇异的情形, 由定理 2.17 可得到下面的定理.

定理 2.21 若 G 奇异, 则离散系统 (2.5.1) 完全能控的充要条件为

$$\operatorname{rank}\left[H \quad GH \quad \cdots \quad G^{n-1}H \quad G^n\right] = \operatorname{rank}\left[H \quad GH \quad \cdots \quad G^{n-1}H\right]. \tag{2.5.26}$$

显然, G 奇异时以下秩条件

$$\operatorname{rank}[H \quad GH \quad \cdots \quad G^{n-1}H] = n$$

只是系统 (2.5.1) 完全能控的充分条件, 而非必要条件.

4. 线性定常连续系统时间离散化后的能控性

考虑线性定常连续系统

$$\dot{x} = Ax + Bu. \tag{2.5.27}$$

以 T 为采样周期的时间离散化系统为

$$x(k+1) = Gx(k) + Hu(k), \tag{2.5.28}$$

其中, $G = e^{AT}$ 和 $H = \int_0^T e^{At}dt \cdot B$.

下面讨论系统 (A,B) 的能控性与系统 (G,H) 的能控性之间的关系. 首先, 若 (G,H) 能控, (A,B) 是否能控呢? 事实上, 若 (G,H) 能控, 则存在控制 $\{u(0), u(1), \cdots, u(n-1)\}$ 将 $x(0)$ 导引到原点 $x(n) = 0$, 则对于系统 (A,B) 来说, 在区间 $[0, nT)$ 上, 存在控制

$$u(t) = \begin{cases} u(0), & t \in [0, T), \\ u(1), & t \in [T, 2T), \\ \cdots\cdots & \\ u(n-1), & t \in [(n-1)T, nT) \end{cases} \tag{2.5.29}$$

将 $x(0)$ 导引到原点 $x(nT) = 0$. 这说明, 若 (G,H) 能控, 则 (A,B) 在 $[0, nT]$ 中状态完全能控, 而系统 (A,B) 的能控性与控制区间的选择无关, 故 (A,B) 能控. 于是, 我们有如下定理.

定理 2.22 若离散系统 (G,H) 能控, 则连续系统 (A,B) 能控.

证明 若 (G,H) 能控, 则

$$\operatorname{rank}\,[H \quad GH \quad \cdots \quad G^{n-1}H] = n,$$

故只要

$$\operatorname{span}\,[H \quad GH \quad \cdots \quad G^{n-1}H] \subseteq \operatorname{span}\,[B \quad AB \quad \cdots \quad A^{n-1}B] \tag{2.5.30}$$

即可得到

$$\operatorname{rank}\,[B \quad AB \quad \cdots \quad A^{n-1}B] = n,$$

从而 (A,B) 能控.

下面证 (2.5.30) 成立. 由 Cayley-Hamilton 定理, 可得

$$G = e^{AT} = \sum_{i=0}^{\infty} \frac{(AT)^i}{i!} = \sum_{j=0}^{n-1} \alpha_j(T) A^j, \tag{2.5.31}$$

$$H=\int_0^T e^{At}dt\cdot B=\int_0^T\sum_{j=0}^{n-1}\alpha_j(t)A^j dt\cdot B$$

$$=\sum_{j=0}^{n-1}A^jB\int_0^T\alpha_j(t)dt=\sum_{j=0}^{n-1}A^jBr_j(T), \tag{2.5.32}$$

其中 $\alpha_j(T),r_j(T)$ 为标量, (2.5.32) 说明

$$\text{span}H\subseteq\text{span}\begin{bmatrix}B & AB & \cdots & A^{n-1}B\end{bmatrix}. \tag{2.5.33}$$

由 (2.5.31), (2.5.32), 可导出

$$GH=\sum_{j=0}^{n-1}\alpha_j(T)A^jH,\quad A^kH=\sum_{j=0}^{n-1}r_j(T)A^{j+k}B, \tag{2.5.34}$$

故

$$\text{span}A^kH\subseteq\text{span}\begin{bmatrix}B & AB & \cdots & A^{n-1}B\end{bmatrix},$$

从而

$$\text{span}GH\subseteq\text{span}\begin{bmatrix}B & AB & \cdots & A^{n-1}B\end{bmatrix}. \tag{2.5.35}$$

以此类推, 可得

$$\text{span}G^{n-1}H\subseteq\text{span}\begin{bmatrix}B & AB & \cdots & A^{n-1}B\end{bmatrix}. \tag{2.5.36}$$

综合 (2.5.33), (2.5.35), (2.5.36), 即可得 (2.5.30) 成立, 定理结论得证.

定理 2.22 指出, 若连续系统 (A,B) 经采样周期 T 离散化得到的离散系统 (G,H) 是 n 步能控的, 则连续系统 (A,B) 一定是能控的. 反之, 若连续系统 (A,B) 能控, 是否一定有 (G,H) 能控呢? 答案是否定的, 这与采样周期 T 的选择有关.

定理 2.23 令 $\lambda_1,\lambda_2,\cdots,\lambda_\sigma$ 为 A 的全部特征值, 且当 $i\neq j$ 时, $\lambda_i\neq\lambda_j$. 若 (A,B) 能控, 则离散系统 (G,H) 能控的一个充分条件是: 对一切满足

$$\text{Re}(\lambda_i-\lambda_j)=0,\quad i,j=1,2,\cdots,\sigma \tag{2.5.37}$$

的特征值, 采样周期 T 应成立

$$T\neq\frac{2l\pi}{\text{Im}(\lambda_i-\lambda_j)},\quad l=\pm1,\pm2,\cdots. \tag{2.5.38}$$

证明　利用 Jordan 标准型证明. 对系统 (A, B) 作非奇异线性变换 $x = P\hat{x}$, P 为非奇异, 且使得

$$P^{-1}AP = J, \quad P^{-1}B = \hat{B}, \tag{2.5.39}$$

其中, J 为 Jordan 标准型,

$$J = \begin{bmatrix} J_1 & & \\ & \ddots & \\ & & J_\sigma \end{bmatrix}_{n\times n}, \quad J_j = \begin{bmatrix} J_{j1} & & \\ & \ddots & \\ & & J_{j\alpha_j} \end{bmatrix}_{n_j\times n_j},$$

$$J_{jk} = \begin{bmatrix} \lambda_j & 1 & & \\ & \ddots & \ddots & \\ & & \ddots & 1 \\ & & & \lambda_j \end{bmatrix}_{n_{jk}\times n_{jk}}, \quad \hat{B} = \begin{bmatrix} B_1 \\ \vdots \\ B_\sigma \end{bmatrix}_{n\times p},$$

$$B_j = \begin{bmatrix} B_{j1} \\ \vdots \\ B_{j\alpha_j} \end{bmatrix}_{n_j\times p}, \quad B_{jk} = \begin{bmatrix} b_{jk,1} \\ \vdots \\ b_{jk,n_{jk}} \end{bmatrix}_{n_{jk}\times p}. \tag{2.5.40}$$

此时, 有

$$\begin{aligned} \hat{G} &= P^{-1}GP = P^{-1}e^{AT}P = e^{(P^{-1}AP)T} = e^{JT}, \\ \hat{H} &= P^{-1}H = P^{-1}\int_0^T e^{At}dt \cdot B \\ &= P^{-1}\int_0^T e^{At}Pdt \cdot P^{-1}B = \int_0^T e^{Jt}dt \cdot \hat{B}. \end{aligned} \tag{2.5.41}$$

显然要证 (G, H) 能控, 只要证 $(\hat{G}, \hat{H})$ 能控即可.

首先证明, 若 (2.5.38) 成立, 则 A 的互异特征值 $\lambda_1, \lambda_2, \cdots, \lambda_\sigma$ 对应的 $\hat{G}$ 的 σ 个特征值互异. 由 (2.5.40), (2.5.41) 可推得

$$e^{Jt} = \begin{bmatrix} e^{J_1 t} & & \\ & \ddots & \\ & & e^{J_\sigma t} \end{bmatrix}, \quad e^{J_j t} = \begin{bmatrix} e^{J_{j1} t} & & \\ & \ddots & \\ & & e^{J_{j\alpha_j} t} \end{bmatrix},$$

$$e^{J_{jk}t}=\begin{bmatrix} e^{\lambda_j t} & te^{\lambda_j t} & \cdots & \dfrac{t^{n_{jk}-1}}{(n_{jk}-1)!}e^{\lambda_j t} \\ & \ddots & \ddots & \vdots \\ & & \ddots & te^{\lambda_j t} \\ & & & e^{\lambda_j t} \end{bmatrix}, \tag{2.5.42}$$

故 $\hat{G}$ 的特征值为 $e^{\lambda_1 T}, e^{\lambda_2 T}, \cdots, e^{\lambda_\sigma T}$, 也即 G 的特征值. 令

$$\lambda_j=\alpha_j+i\beta_j,\quad j=1,2,\cdots,\sigma,\quad i^2=-1, \tag{2.5.43}$$

则由

$$e^{\lambda_j T}=e^{\alpha_j T}(\cos\beta_j T+i\sin\beta_j T) \tag{2.5.44}$$

知, 若 λ_j, λ_h 为 A 的特征值, 实部不同, 则一定有 $e^{\lambda_j T}\neq e^{\lambda_h T}$, 若 λ_j, λ_h 的实部相同, 虚部不同, 则由 (2.5.44) 及

$$\lambda_h=\alpha_h+i\beta_h,\quad e^{\lambda_h T}=e^{\alpha_h T}(\cos\beta_h T+i\sin\beta_h T),\quad \alpha_j=\alpha_h \tag{2.5.45}$$

可得 $e^{\alpha_j T}=e^{\alpha_h T}$, 因为 T 满足 (2.5.38), 故可推得

$$(\cos\beta_j T+i\sin\beta_j T)\neq(\cos\beta_h T+i\sin\beta_h T),$$

从而 $e^{\lambda_j T}\neq e^{\lambda_h T}$. 综合上面的结论, 即知当 (2.5.38) 成立时, $\lambda_1, \lambda_2, \cdots, \lambda_\sigma$ 互异, 则 $e^{\lambda_1 T}, e^{\lambda_2 T}, \cdots, e^{\lambda_\sigma T}$ 互异.

然后证明若 (2.5.38) 成立, 则 $e^{\lambda_j T}-1\neq 0$. 假设 $e^{\lambda_j T}-1=0$, 则 $e^{\lambda_j T}=1$. 令 $\lambda_j=\alpha_j+i\beta_j$, 则由 $|e^{\lambda_j T}|=1=e^{\alpha_j T}$, 推得 $\alpha_j=0$, 故 λ_j 为纯虚数, 从而由

$$e^{\lambda_j T}=e^{i\beta_j T}=\cos\beta_j T+i\sin\beta_j T=1$$

推得

$$\beta_j T=2k\pi,\quad k=\pm1,\pm2,\cdots,$$

从而

$$T=\frac{2k\pi}{\beta_j}=\frac{4k\pi}{2\beta_j}. \tag{2.5.46}$$

又因为 $\lambda_j=i\beta_j$ 是 A 的特征值, 故 $\lambda_h=-i\beta_j$ 也是 A 的特征值, 则由 (2.5.46) 推得

$$T=\frac{4k\pi}{2\beta_j}=\frac{4k\pi}{\mathrm{Im}(\lambda_j-\lambda_h)},\quad k=\pm1,\pm2,\cdots,$$

与 (2.5.38) 矛盾, 说明假设不成立. 故 $e^{\lambda_j T} \neq 1$.

下面计算 $\hat{H}$, 由 (2.5.40), (2.5.41) 得

$$\hat{H} = \int_0^T e^{Jt}dt \cdot \hat{B} = \begin{bmatrix} \int_0^T e^{J_1 t}dt & & \\ & \ddots & \\ & & \int_0^T e^{J_\sigma t}dt \end{bmatrix} \begin{bmatrix} B_1 \\ \vdots \\ B_\sigma \end{bmatrix}$$

$$= \begin{bmatrix} \int_0^T e^{J_1 t}dt \cdot B_1 \\ \vdots \\ \int_0^T e^{J_\sigma t}dt \cdot B_\sigma \end{bmatrix} = \begin{bmatrix} H_1 \\ \vdots \\ H_\sigma \end{bmatrix},$$

$$H_j = \int_0^T e^{J_j t}dt \cdot B_j = \begin{bmatrix} \int_0^T e^{J_{j1} t}dt \cdot B_{j1} \\ \vdots \\ \int_0^T e^{J_{j\alpha_j} t}dt \cdot B_{j\alpha_j} \end{bmatrix} = \begin{bmatrix} H_{j1} \\ \vdots \\ H_{j\alpha_j} \end{bmatrix},$$

$$H_{jk} = \int_0^T e^{J_{jk} t}dt \cdot B_{jk} = \int_0^T \begin{bmatrix} e^{\lambda_j t} & te^{\lambda_j t} & \cdots & \dfrac{t^{n_{jk}-1}}{(n_{jk}-1)!}e^{\lambda_j t} \\ & \ddots & \ddots & \vdots \\ & & \ddots & te^{\lambda_j t} \\ & & & e^{\lambda_j t} \end{bmatrix} dt \cdot \begin{bmatrix} b_{jk,1} \\ \vdots \\ b_{jk,n_{jk}} \end{bmatrix}$$

$$= \begin{bmatrix} h_{jk,1} \\ \vdots \\ h_{jk,n_{jk}} \end{bmatrix}, \tag{2.5.47}$$

其中

$$h_{jk,n_{jk}} = \int_0^T e^{\lambda_j t}dt \cdot b_{jk,n_{jk}}, \tag{2.5.48}$$

而

$$\int_0^T e^{\lambda_j t}dt = \begin{cases} \dfrac{1}{\lambda_j}(e^{\lambda_j T} - 1), & \lambda_j \neq 0, \\ T, & \lambda_j = 0, \end{cases}$$

因为 (2.5.38) 成立, 故 $e^{\lambda_j T}-1\neq 0$, 从而可得

$$\int_0^T e^{\lambda_j t}dt\neq 0. \tag{2.5.49}$$

最后证明 $(\hat{G},\hat{H})$ 的能控性. 因为 (A,B) 能控, 所以 $(J,\hat{B})$ 能控, 故

$$\operatorname{rank}\begin{bmatrix} b_{j1,n_{j1}} \\ b_{j2,n_{j2}} \\ \vdots \\ b_{j\alpha_j,n_{j\alpha_j}} \end{bmatrix}=\alpha_j,\quad j=1,2,\cdots,\sigma, \tag{2.5.50}$$

从而由 (2.5.49) 得

$$\operatorname{rank}\begin{bmatrix} h_{j1,n_{j1}} \\ h_{j2,n_{j2}} \\ \vdots \\ h_{j\alpha_j,n_{j\alpha_j}} \end{bmatrix}=\operatorname{rank}\int_0^T e^{\lambda_j t}dt\cdot\begin{bmatrix} b_{j1,n_{j1}} \\ b_{j2,n_{j2}} \\ \vdots \\ b_{j\alpha_j,n_{j\alpha_j}} \end{bmatrix}=\alpha_j,\quad j=1,2,\cdots,\sigma. \tag{2.5.51}$$

考察

$$\operatorname{rank}\,[\,sI-\hat{G}\quad \hat{H}\,]=\operatorname{rank}\begin{bmatrix} sI-e^{J_1T} & & & H_1 \\ & \ddots & & \vdots \\ & & sI-e^{J_\sigma T} & H_\sigma \end{bmatrix}. \tag{2.5.52}$$

令 $s=e^{\lambda_1 T}$, 则由 $e^{\lambda_i T}$ 互异, $i=1,2,\cdots\sigma$, 得

$$\begin{aligned}\operatorname{rank}\,[\,e^{\lambda_1 T}I-\hat{G}\quad \hat{H}\,]&=\operatorname{rank}\begin{bmatrix} e^{\lambda_1 T}I-e^{J_1T} & & & H_1 \\ & \ddots & & \vdots \\ & & e^{\lambda_1 T}I-e^{J_\sigma T} & H_\sigma \end{bmatrix}\\ &=\operatorname{rank}\begin{bmatrix} e^{\lambda_1 T}I-e^{J_1T} & & & H_1 \\ & \ddots & & \vdots \\ & & e^{\lambda_1 T}I-e^{J_\sigma T} & 0 \end{bmatrix}\\ &=\operatorname{rank}\,[\,e^{\lambda_1 T}I-e^{J_1T}\quad H_1\,]+n_2+\cdots+n_\sigma.\end{aligned} \tag{2.5.53}$$

考察 $[e^{\lambda_1 T}I - e^{J_1 T}\quad H_1]$ 的秩, 根据 (2.5.51), 可得

$$
\begin{aligned}
&\operatorname{rank}\,[e^{\lambda_1 T}I - e^{J_1 T}\quad H_1]\\
=\ &\operatorname{rank}\begin{bmatrix} e^{\lambda_1 T}I - e^{J_{11}T} & & & H_{11} \\ & \ddots & & \vdots \\ & & e^{\lambda_1 T}I - e^{J_{1\alpha_1}T} & H_{1\alpha_1} \end{bmatrix}\\
=\ &\operatorname{rank}\begin{bmatrix}
\begin{matrix} 0 & -Te^{\lambda_1 T} & & * \\ & \ddots & \ddots & \\ & & \ddots & -Te^{\lambda_1 T} \\ & & & 0 \end{matrix} & & & \begin{matrix} * \\ h_{11,n_{11}} \end{matrix} \\
& \ddots & & \vdots \\
& & \begin{matrix} 0 & -Te^{\lambda_1 T} & & * \\ & \ddots & \ddots & \\ & & \ddots & -Te^{\lambda_1 T} \\ & & & 0 \end{matrix} & \begin{matrix} * \\ h_{1\alpha_1,n_{1\alpha_1}} \end{matrix}
\end{bmatrix}\\
=\ &n_1 - \alpha_1 + \operatorname{rank}\begin{bmatrix} h_{11,n_{11}} \\ \vdots \\ h_{1\alpha_1,n_{1\alpha_1}} \end{bmatrix} = n_1 - \alpha_1 + \alpha_1 = n_1.
\end{aligned}
\tag{2.5.54}
$$

联合 (2.5.52)~(2.5.54), 可得当 $s = e^{\lambda_1 T}$ 时,

$$
\operatorname{rank}\,[sI - \hat{G}\quad \hat{H}] = n. \tag{2.5.55}
$$

同理可证当 $s = e^{\lambda_i T}, i = 1, 2, \cdots, \sigma$ 时, (2.5.55) 成立. 而当 $s \neq e^{\lambda_i T}$ 时, (2.5.55) 显然成立, 故 (2.5.55) 对任意 $s \in \mathbb{C}$ 都成立. 故 $(\hat{G}, \hat{H})$ 能控, 从而 (G, H) 能控. 定理结论得证.

例 2.5.1　线性定常连续系统为

$$
\dot{x} = \begin{bmatrix} 0 & 1 \\ -1 & 0 \end{bmatrix} x + \begin{bmatrix} 1 \\ 0 \end{bmatrix} u.
$$

易知, 系统能控, 其特征值 $\lambda_1 = i, \lambda_2 = -i$, 由定理 2.22 的结论知

$$
T \neq \frac{2l\pi}{\operatorname{Im}(\lambda_1 - \lambda_2)} = \frac{2l\pi}{2} = l\pi, \quad l = 1, 2, \cdots
$$

时, 其时间离散系统为

$$x(k+1) = \begin{bmatrix} \cos T & \sin T \\ -\sin T & \cos T \end{bmatrix} x(k) + \begin{bmatrix} \sin T \\ \cos T - 1 \end{bmatrix} u(k)$$

必为能控的.

习 题 2

1. 试证明: 线性定常系统 (A,B) 的不能控子空间 X_{NC} 是 A^{T} 的不变子空间, 能控子空间 X_C 是 A 的不变子空间.

2. 系统 (A,B) 的能控 Gram 矩阵

$$W_C[0,T] = \int_0^T e^{-At}B(e^{-At}B)^{\mathrm{T}}dt.$$

试证明: 能控子空间 $X_C = \mathrm{span}W_C[0,T]$.

3. 设 $x_0 \in X_C$, 证明: 在任意控制 $u(t)$ 作用下, 自 x_0 出发的轨线 $x(t)$ 上任一点均属于 X_C.

4. 线性定常系统为 $\dot{x} = Ax + Bu, x(0) = x_0$, x_0 为能控状态, 则由定理 2.5, $x_0 = W_C[0,T]z_0$, 试证明:

$$u^*(t) = -(e^{-At}B)^{\mathrm{T}}z_0$$

是所有将 x_0 导引到原点的控制中, 使得

$$I = \int_0^T u^{\mathrm{T}}(t)u(t)dt$$

最小者, 称为极小能量控制.

5. 考察下列电路: $t=0$ 时, 电容 C 两端电压为 V_0 (图 2.2).

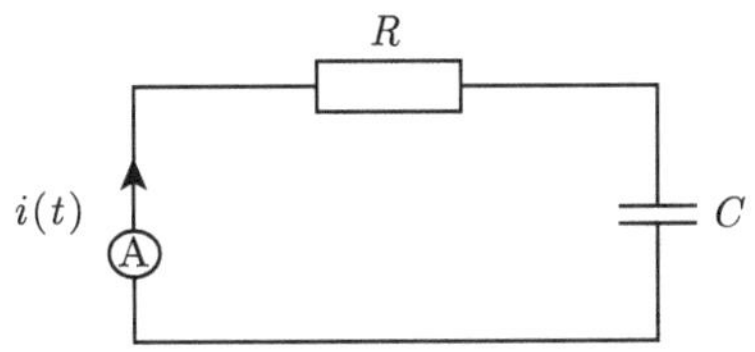

图 2.2

(1) 求输入电流 $i^*(t)$, 使 $t=T$ 时, 电容两端电压为 0;

(2) 求另一个达到上述要求的输入电流 $i^o(t)$;

(3) 求 $i^*(t)$ 和 $i^o(t)$ 在电阻 R 上的能耗 $I = R\int_0^T i^2(t)dt$;

(4) 要使 $I^* \leqslant L$, 求控制区间 $[0,T]$ 的长度.

6. 证明: $\mathrm{rank}[B \quad AB \quad \cdots \quad A^{n-1}B] = \mathrm{rank}[B \quad AB \quad \cdots \quad A^{n-1}B \quad A^nB]$, 其中, A, B 分别为 $n\times n, n\times p$ 常阵.

7. 确定使下列系统完全能控时, 待定参数的取值范围.

(1) $\dot{x} = \begin{bmatrix} -2 & 0 & 0 \\ 0 & -2 & 0 \\ 0 & 0 & -2 \end{bmatrix} x + \begin{bmatrix} a & 1 \\ 2 & 4 \\ b & 1 \end{bmatrix} u;$

(2) $\dot{x} = \begin{bmatrix} -2 & 1 & 0 \\ 0 & -2 & 0 \\ 0 & 0 & -2 \end{bmatrix} x + \begin{bmatrix} a & 1 \\ 2 & 4 \\ b & 1 \end{bmatrix} u;$

(3) $\dot{x} = \begin{bmatrix} 0 & a \\ b & c \end{bmatrix} x + \begin{bmatrix} 1 \\ 0 \end{bmatrix} u.$

8. 设系统为 $\dot{x} = Ax + Bu$, 其中

(1) $A = \begin{bmatrix} 20 & -1 & 0 \\ 4 & 16 & 0 \\ 22 & -6 & 18 \end{bmatrix}, \ b = \begin{bmatrix} b_1 \\ b_2 \\ b_3 \end{bmatrix};$

(2) $A = \begin{bmatrix} 20 & -1 & 0 \\ 4 & 16 & 0 \\ 12 & -6 & 18 \end{bmatrix}, \ b = \begin{bmatrix} b_1 \\ b_2 \\ b_3 \end{bmatrix}.$

试证明:

(a) 对于 (1), 可适当选择 b, 使 (A, b) 单输入能控, 并找出 b;

(b) 对于 (2), 找不到 b 使 (A, b) 单输入能控.

9. 设单输入系统 (A, b), $A = \begin{bmatrix} A_1 & \\ & A_2 \end{bmatrix}, \ b = \begin{bmatrix} b_1 \\ b_2 \end{bmatrix}, \ A_i \in \mathbb{R}^{n_i \times n_i}, b_i \in \mathbb{R}^{n_i}, i = 1, 2,$ 试证明 (A, b) 能控的充要条件为下列两条同时成立:

(1) (A_i, b_i) 能控;

(2) A_1, A_2 无公共特征根.

10. $A = \begin{bmatrix} 0 & 1 & & & \\ 0 & 0 & & & \\ & & 0 & 1 & 0 \\ & & 0 & 0 & 1 \\ & & 1 & 0 & 0 \end{bmatrix}$, 问能否找到 $b = \begin{bmatrix} b_1 \\ b_2 \\ b_3 \\ b_4 \\ b_5 \end{bmatrix}$, 使得 (A, b) 成为单输入能控, 若能, 试写出使 (A, b) 单输入能控的各分量 b_1, b_2, b_3, b_4, b_5 应满足的关系.

11. 试证: 系统 (A, B) 能控的必要条件是: 若 $AX = XA$, $XB = 0$, 则必有 $X = 0$.

12. 系统 $\dot{x} = Ax + Bu$, $A = \begin{bmatrix} 1 & 1 & -1 \\ 2 & 2 & -1 \\ 4 & 2 & -1 \end{bmatrix}, \ B = \begin{bmatrix} 0 \\ 1 \\ 1 \end{bmatrix}$, 求控制 u, 使得在 u 的

作用下, 以单位时间将初值 $\begin{bmatrix} 0 \\ 2 \\ 2 \end{bmatrix}$ 引导到原点, 即 $x(1) = \begin{bmatrix} 0 \\ 0 \\ 0 \end{bmatrix}$.

13. 试证明: 若系统 (A, B) 能控, 则矩阵 $[A \quad B]$ 必定行满秩.

14. 试证明系统 $\left(\begin{bmatrix} A & 0 \\ C & 0 \end{bmatrix}, \begin{bmatrix} B \\ 0 \end{bmatrix}\right)$ 能控的充要条件是: (A, B) 能控且 $\begin{bmatrix} A & B \\ C & 0 \end{bmatrix}$ 行满秩.

15. 试证明: 若 (A, B) 能控, 则系统

$$\dot{x} = Ax + Bu + f$$

能控, f 为已知函数.

16. 证明: 系统 (A, B) 的能控 Gram 矩阵 $W_C[0, T]$ 的秩在非奇异变换下不变.

17. 判断下列系统是否为完全能控. 若不完全能控, 对其进行能控性分解.

(1) $\dot{x} = \begin{bmatrix} 0 & 1 & 0 \\ 0 & 0 & 1 \\ -2 & -4 & -3 \end{bmatrix} x + \begin{bmatrix} 1 & 0 \\ 0 & 1 \\ -1 & 1 \end{bmatrix} u;$

(2) $\dot{x} = \begin{bmatrix} 2 & 0 & 0 & 0 \\ 0 & 3 & 0 & 0 \\ 0 & 0 & 4 & 1 \\ 0 & 0 & 0 & 4 \end{bmatrix} x + \begin{bmatrix} 2 & 0 \\ 4 & 1 \\ 0 & 0 \\ 1 & 0 \end{bmatrix} u;$

(3) $\dot{x} = \begin{bmatrix} 1 & 2 & -1 \\ 0 & 1 & 0 \\ 1 & -4 & -3 \end{bmatrix} x + \begin{bmatrix} 1 \\ -1 \\ 1 \end{bmatrix} u.$

18. 对 (A, B) 进行能控性分解, 试证明: (A, B) 能控部分及不能控部分的特征值与变换矩阵的选取无关.

19. 系统 (A, B) 的能控性分解为

$$\hat{A} = \begin{bmatrix} A_{11} & A_{12} \\ 0 & A_{22} \end{bmatrix}, \quad \hat{B} = \begin{bmatrix} B_1 \\ 0 \end{bmatrix},$$

A_{11}, A_{22} 分别为 $n_1 \times n_1, n_2 \times n_2$ 矩阵, (A_{11}, B_1) 完全能控, 试证明

$$X_{C[\hat{A},\hat{B}]} = \operatorname{span} \begin{bmatrix} I_{n_1} \\ 0 \end{bmatrix}, \quad X_{NC[\hat{A},\hat{B}]} = \operatorname{span} \begin{bmatrix} 0 \\ I_{n_2} \end{bmatrix}.$$

20. 设系统 $\dot{x} = Ax + Bu$ 为不完全能控, 取 $T = [T_1, T_2]$ 非奇异, T_1 的列构成 $X_{C[A,B]}$ 的基底, $\hat{A} = T^{-1}AT, \hat{B} = T^{-1}B$.

(1) 试证明: $x = T\hat{x}$ 变换将 $X_{C[A,B]}$ 映照到 $X_{C[\hat{A},\hat{B}]}$.

(2) 举例说明: 此变换 $x = T\hat{x}$ 不将 $X_{NC[A,B]}$ 映照到 $X_{NC[\hat{A},\hat{B}]}$.

(3) 若 $T = [T_1, T_2]$, T_1 各列构成 $X_{C[A,B]}$ 的基底, T_2 的列构成 $X_{NC[A,B]}$ 的基底, 试证明 $x = T\hat{x}$ 将 $X_{NC[A,B]}$ 映照到 $X_{NC[\hat{A},\hat{B}]}$.

21. 已知系统系数矩阵

(1) $A = \begin{bmatrix} -2 & 2 & -1 \\ 0 & -2 & 0 \\ 1 & -4 & 0 \end{bmatrix}, b = \begin{bmatrix} 0 \\ 0 \\ 1 \end{bmatrix}, c = [1 \quad -1 \quad 1]$;

(2) $A = \begin{bmatrix} 2 & 0 & 0 \\ 0 & 4 & 1 \\ 0 & 0 & 4 \end{bmatrix}, b = \begin{bmatrix} 1 \\ 0 \\ 1 \end{bmatrix}, c = [1 \quad 1 \quad 0]$.

试判断能控性. 如果完全能控, 则将其化为能控规范型; 若不完全能控, 找出它的能控子系统.

22. 求出下列单输入系统的能控规范型及变换阵

$$\dot{x} = \begin{bmatrix} -1 & -2 & -2 \\ 0 & -1 & 1 \\ 1 & 0 & 1 \end{bmatrix} x + \begin{bmatrix} 2 \\ 0 \\ 1 \end{bmatrix} u, \quad y = [0 \quad 1 \quad 1]x.$$

23. 线性定常离散系统为

$$x(k+1) = Gx(k) + Hu(k),$$

能控 Gram 阵 $W_C(n)$ 如 (2.5.24).

(1) 试证明: $X_C = \mathrm{span} W_C(n)$.

(2) 设控制过程中耗散能量

$$V = \sum_{i=0}^{n-1} \|u(i)\|^2,$$

x_0 为能控状态, 则 $x_0 = W_C(n) z_0$. 试证明:

$$\begin{bmatrix} u^*(n-1) \\ \vdots \\ u^*(0) \end{bmatrix} = -[\, G^{-n}H \quad \cdots \quad G^{-1}H \,]^{\mathrm{T}} z_0$$

是将 x_0 导引到原点的 n 步控制序列中的耗散能量最小者, 为极小能量控制.

24. 试证明线性定常离散系统 (G, H) 的能控子空间 X_C 为 G 的不变子空间.

第 2 章部分习题答案

第 2 章部分习题讲解视频

第 3 章　状态反馈与闭环极点配置

3.1　状 态 反 馈

1. 状态反馈的构成形式

考虑线性定常系统

$$\dot{x} = Ax + Bu, \quad y = Cx, \tag{3.1.1}$$

其中, x 为 n 维状态向量, u 为 p 维控制向量, y 为 q 维输出向量, A, B, C 分别是 $n \times n, n \times p, q \times n$ 常阵.

当将系统的控制 u 取为状态 x 的线性函数

$$u = Kx + v \tag{3.1.2}$$

时, 称其为线性的直接状态反馈, 简称为状态反馈. 其中 K 为 $p \times n$ 常阵, 称为状态反馈矩阵, v 为参考输入向量.

将 (3.1.2) 代入 (3.1.1) 所导出的闭环结构的控制系统 (简称闭环系统)

$$\dot{x} = (A + BK)x + Bv, \quad y = Cx \tag{3.1.3}$$

称为状态反馈系统, 闭环系统的传递函数为

$$G_c(s) = C(sI - A - BK)^{-1}B. \tag{3.1.4}$$

状态反馈的构成形式如图 3.1.

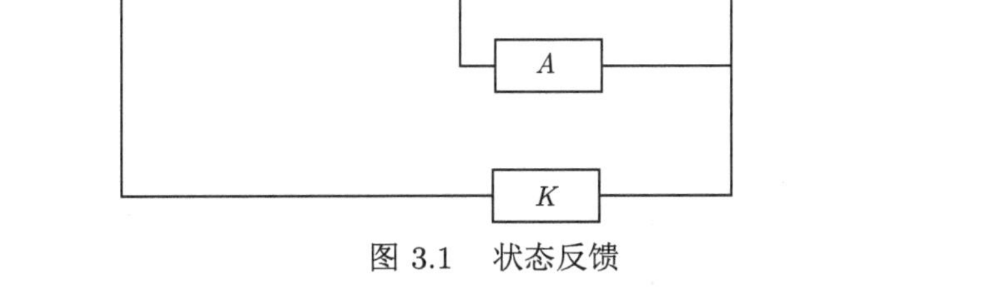

图 3.1　状态反馈

2. 状态反馈系统的能控性

从 (3.1.3) 可以看出, 状态反馈可以改变系统矩阵, 那么状态反馈的引入, 对系统的能控性会有什么影响呢? 对此, 有如下结论.

定理 3.1　状态反馈的引入不改变系统的能控性. 即系统 $(A+BK,B)$ 能控的充分必要条件是系统 (A,B) 能控.

证明　因为

$$[sI-A-BK \quad B]=[sI-A \quad B]\begin{bmatrix} I & 0 \\ -K & I \end{bmatrix},$$

故可推得

$$\operatorname{rank}\,[sI-A-BK \quad B]=\operatorname{rank}\,[sI-A \quad B],\quad \forall s\in\mathbb{C}.$$

由 PBH 秩判据知定理结论成立.

3.2　闭环极点配置问题

1. 问题的描述

给定线性定常系统

$$\dot{x}=Ax+Bu, \tag{3.2.1}$$

其中, x 为 n 维状态向量, u 为 p 维控制向量, A, B 分别是 $n\times n, n\times p$ 常阵. 再给定 n 个所期望的闭环系统的极点

$$\alpha_1,\alpha_2,\cdots,\alpha_n, \tag{3.2.2}$$

其中复数共轭出现.

所谓状态反馈闭环极点配置问题, 就是对于给定的受控系统 (3.2.1), 确定状态反馈 $u=Kx+v$, v 为参考输入, 使得所导出的闭环系统

$$\dot{x}=(A+BK)x+Bv \tag{3.2.3}$$

的极点 (特征值) 为 $\{\alpha_1,\alpha_2,\cdots,\alpha_n\}$. 简单地说, 就是确定状态反馈矩阵 K, 使得 $A+BK$ 的特征值为 $\{\alpha_1,\alpha_2,\cdots,\alpha_n\}$.

系统 (A,B) 满足什么条件矩阵 K 才存在, 使得 $A+BK$ 有任意指定的特征值呢? 如何去求 K 呢? 这是我们需要解决的问题.

2. 单输入系统的极点配置

考虑单输入系统 (A,b), 其中 A,b 分别为 $n\times n, n\times 1$ 的常阵.

定理 3.2 若单输入系统 (A,b) 能控, 则对于任意给定的 n 个数 $\alpha_1,\alpha_2,\cdots,\alpha_n$ (复数共轭出现), 必存在矩阵 K, 使得经状态反馈 $u=Kx+v$ 构成的闭环系统 $(A+bK,b)$ 以此 n 个数为极点.

证明 若 (A,b) 单输入能控, 则一定存在非奇异矩阵 T,

$$T=[\,A^{n-1}b\quad\cdots\quad Ab\quad b\,]\begin{bmatrix}1&&&\\a_{n-1}&\ddots&&\\\vdots&\ddots&\ddots&\\a_1&\cdots&a_{n-1}&1\end{bmatrix},\tag{3.2.4}$$

使得

$$\hat{A}=T^{-1}AT=\begin{bmatrix}0&1&&\\\vdots&&\ddots&\\0&&&1\\-a_0&-a_1&\cdots&-a_{n-1}\end{bmatrix},\quad \hat{b}=T^{-1}b=\begin{bmatrix}0\\\vdots\\0\\1\end{bmatrix}\tag{3.2.5}$$

为能控规范型, 其中 $a_0,a_1,\cdots,a_{n-1}$ 为 A 的特征多项式

$$\det(sI-A)=s^n+a_{n-1}s^{n-1}+\cdots+a_1s+a_0\tag{3.2.6}$$

的系数. 令

$$\hat{K}=KT=[k_0\quad k_1\quad\cdots\quad k_{n-1}],\tag{3.2.7}$$

则由

$$\hat{A}+\hat{b}\hat{K}=T^{-1}AT+T^{-1}bKT=T^{-1}(A+bK)T$$

知 $\hat{A}+\hat{b}\hat{K}$ 与 $A+bK$ 有相同的特征值. 由 (3.2.5), (3.2.7) 得

$$\hat{A}+\hat{b}\hat{K}=\begin{bmatrix}0&&&\\\vdots&&I_{n-1}&\\0&&&\\-(a_0-k_0)&-(a_1-k_1)&\cdots&-(a_{n-1}-k_{n-1})\end{bmatrix}.\tag{3.2.8}$$

$\hat{A}+\hat{b}\hat{K}$ 的特征多项式为

$$\det(sI-\hat{A}-\hat{b}\hat{K})=s^n+(a_{n-1}-k_{n-1})s^{n-1}+\cdots+(a_1-k_1)s+(a_0-k_0). \tag{3.2.9}$$

又 $\hat{A}+\hat{b}\hat{K}$ 的特征值为 $\alpha_1,\alpha_2,\cdots,\alpha_n$, 令

$$\alpha(s)=(s-\alpha_1)(s-\alpha_2)\cdots(s-\alpha_n)=s^n+\bar{a}_{n-1}s^{n-1}+\cdots+\bar{a}_1s+\bar{a}_0, \tag{3.2.10}$$

故由 $\det(sI-\hat{A}-\hat{b}\hat{K})=\alpha(s)$ 可得

$$a_{n-1}-k_{n-1}=\bar{a}_{n-1},\quad \cdots,\quad a_1-k_1=\bar{a}_1,\quad a_0-k_0=\bar{a}_0. \tag{3.2.11}$$

于是推得

$$k_{n-1}=a_{n-1}-\bar{a}_{n-1},\quad \cdots,\quad k_1=a_1-\bar{a}_1,\quad k_0=a_0-\bar{a}_0, \tag{3.2.12}$$

从而可得

$$\hat{K}=[a_0-\bar{a}_0\quad a_1-\bar{a}_1\quad \cdots\quad a_{n-1}-\bar{a}_{n-1}]. \tag{3.2.13}$$

由上述推导知 (3.2.13) 给出的 $\hat{K}$ 使得 $\hat{A}+\hat{b}\hat{K}$ 的特征值为 $\alpha_1,\alpha_2,\cdots,\alpha_n$, 令

$$K=\hat{K}T^{-1}=[a_0-\bar{a}_0\quad a_1-\bar{a}_1\quad \cdots\quad a_{n-1}-\bar{a}_{n-1}]T^{-1}, \tag{3.2.14}$$

则 $A+bK$ 的特征值为 $\alpha_1,\alpha_2,\cdots,\alpha_n$. 故 K 存在. 定理结论得证.

定理 3.2 说明, 单输入能控系统可通过状态反馈任意配置闭环系统的极点. 同时, 定理 3.2 也给出了单输入系统极点配置问题的算法:

(1) 求 A 的特征多项式, 即 (3.2.6);

(2) 计算 $\alpha(s)$, 即 (3.2.10);

(3) 由 (3.2.13) 计算 $\hat{K}$;

(4) 由 (3.2.4) 计算变换矩阵 T, 并求出 T^{-1};

(5) 由 (3.2.14), 计算状态反馈矩阵 K.

例 3.2.1　给定单输入线性定常系统为

$$\dot{x}=\begin{bmatrix}0&0&0\\1&-6&0\\0&1&-12\end{bmatrix}x+\begin{bmatrix}1\\0\\0\end{bmatrix}u,$$

闭环特征值为

$$\alpha_1=-2,\quad \alpha_{2,3}=-1\pm j,$$

易知系统能控. 计算系统的特征多项式

$$\det(sI - A) = s^3 + 18s^2 + 72s,$$

求得

$$\alpha(s) = (s+2)(s+1-j)(s+1+j) = s^3 + 4s^2 + 6s + 4.$$

于是, 可推得

$$\hat{K} = [-4 \quad 66 \quad 14].$$

再计算变换阵

$$T = [A^2b \quad Ab \quad b]\begin{bmatrix} 1 & & \\ a_2 & 1 & \\ a_1 & a_2 & 1 \end{bmatrix} = \begin{bmatrix} 0 & 0 & 1 \\ -6 & 1 & 0 \\ 1 & 0 & 0 \end{bmatrix}\begin{bmatrix} 1 & 0 & 0 \\ 18 & 1 & 0 \\ 72 & 18 & 1 \end{bmatrix}$$

$$= \begin{bmatrix} 72 & 18 & 1 \\ 12 & 1 & 0 \\ 1 & 0 & 0 \end{bmatrix}.$$

求其逆

$$T^{-1} = \begin{bmatrix} 0 & 0 & 1 \\ 0 & 1 & -12 \\ 1 & -18 & 144 \end{bmatrix},$$

确定反馈增益阵 K 为

$$K = \hat{K}T^{-1} = [-4 \quad 66 \quad 14]\begin{bmatrix} 0 & 0 & 1 \\ 0 & 1 & -12 \\ 1 & -18 & 144 \end{bmatrix} = [14 \quad -186 \quad 1220],$$

则 $A + BK$ 的特征值为 -2, $-1 \pm j$.

3. 多输入系统的极点配置

对于多输入系统, 情形要比单输入系统复杂得多, 下面我们分两种情形进行讨论.

考虑多输入系统 (A, B), 其中 A 为 $n \times n$ 常阵, B 为 $n \times p$ 常阵, (A, B) 能控.

(1) A 为循环矩阵.

引理 3.1 若 (A, B) 能控, A 为循环矩阵, 则必有向量 $\alpha \in \mathbb{R}^{p\times 1}$, 使得 $(A, B\alpha)$ 单输入能控.

证明 因为 A 为循环矩阵, 故 A 的互异特征根各自对应一个 Jordan 块. 设 $\lambda_1, \lambda_2, \cdots, \lambda_\sigma$ 为 A 的互异特征值, 对 (A, B) 进行非奇异线性变换, 令

$$J = T^{-1}AT, \quad \hat{B} = T^{-1}B, \tag{3.2.15}$$

其中, T 为 $n \times n$ 非奇异矩阵, J 为 Jordan 标准型.

$$J = \begin{bmatrix} J_1 & & \\ & \ddots & \\ & & J_\sigma \end{bmatrix}, \quad J_j = \begin{bmatrix} \lambda_j & 1 & & \\ & \ddots & \ddots & \\ & & \ddots & 1 \\ & & & \lambda_j \end{bmatrix}_{n_j \times n_j},$$

$$\hat{B} = \begin{bmatrix} B_1 \\ \vdots \\ B_\sigma \end{bmatrix}, \quad B_j = \begin{bmatrix} b_{j1} \\ \vdots \\ b_{jn_j} \end{bmatrix}_{n_j \times p}, \tag{3.2.16}$$

$\sum\limits_{j=1}^{\sigma} n_j = n$. 因为 (A, B) 能控, 故 $(J, \hat{B})$ 能控, 由定理 2.10 可得: $b_{jn_j} \neq 0, j = 1, 2, \cdots, \sigma$. 从而存在 $\alpha \in \mathbb{R}^{p\times 1}$ 使得

$$b_{jn_j}\alpha \neq 0, \quad j = 1, 2, \cdots, \sigma. \tag{3.2.17}$$

同样由定理 2.10 知, 此等价于 $(J,\ \hat{B}\alpha)$ 能控. 又由 (3.2.15) 可得

$$J = T^{-1}AT, \quad \hat{B}\alpha = T^{-1}B\alpha,$$

故 $(A, B\alpha)$ 能控. 结论得证.

事实上, 因为使得

$$b_{jn_j}\alpha = 0, \quad j = 1, 2, \cdots, \sigma$$

的实向量 α 属于 $\mathbb{R}^p$ 的有限维子空间, 故对几乎任意的 $p \times 1$ 实向量 α, 引理 3.1 都是成立的.

引理 3.1 将多输入能控系统 (A, B) 的闭环极点配置问题转化成单输入能控系统 $(A, B\alpha)$ 的闭环极点配置问题. 直接由定理 3.2, 若 $(A, B\alpha)$ 能控, 则一定存在矩阵 K_0 使得 $A + B\alpha K_0$ 以任意指定的 n 个数 $\alpha_1, \alpha_2, \cdots, \alpha_n$ 为特征值. 记 $K = \alpha K_0$, 从而 $A + BK$ 以 $\alpha_1, \alpha_2, \cdots, \alpha_n$ 为特征值. 于是, 我们有下面的结论.

定理 3.3 若多输入系统 (A, B) 能控, A 为循环矩阵, 则必存在状态反馈矩阵 K, 使得 $A+BK$ 有任意指定的特征值.

下面考察多输入系统的一般情形.

(2) A 不是循环矩阵.

此种情形较为复杂, 我们不加证明地给出下面的引理.

引理 3.2 若 (A, B) 能控, A 不是循环矩阵, 则存在矩阵 $K \in \mathbb{R}^{p\times n}$, 使得 $A+BK$ 为循环矩阵.

事实上, 对几乎任意 $p\times n$ 矩阵 K, 引理 3.2 的结论都成立. 再由定理 3.3, 可得下面的结论.

定理 3.4 若多输入系统 (A, B) 能控, 则必存在反馈矩阵 K, 使得 $A+BK$ 有任意指定的特征值.

通过上面的讨论可以看到, 对于多输入系统 (A, B), 不管 A 是不是循环矩阵, 只要 (A, B) 能控, 就一定存在状态反馈 $u = Kx + v$, 使得闭环系统 $(A+BK, B)$ 有任意指定的极点. 再联系到单输入系统情形, 我们可得到下面的结论: 能控系统可通过状态反馈任意配置闭环极点. 反之, 也是成立的. 于是, 我们还有如下重要的结论.

定理 3.5 系统 (A, B) 能控的充要条件是存在反馈矩阵 K, 使得 $A+BK$ 有任意指定的特征值.

证明 必要性. 即定理 3.4.

充分性. 用反证法. 设 (A, B) 不完全能控, 则对其进行能控性分解

$$\hat{A} = T^{-1}AT = \begin{bmatrix} A_{11} & A_{12} \\ 0 & A_{22} \end{bmatrix}, \quad \hat{B} = T^{-1}B = \begin{bmatrix} B_1 \\ 0 \end{bmatrix}, \tag{3.2.18}$$

其中 (A_{11}, B_1) 为完全能控. 则对任一状态反馈矩阵 K, 令 $\hat{K} = KT = [K_1 \quad K_2]$, 有

$$\begin{aligned} \det(sI - A - BK) &= \det(sI - \hat{A} - \hat{B}\hat{K}) \\ &= \det\begin{bmatrix} sI - A_{11} - B_1K_1 & -A_{12} - B_1K_2 \\ 0 & sI - A_{22} \end{bmatrix} \\ &= \det(sI - A_{11} - B_1K_1)\det(sI - A_{22}). \end{aligned} \tag{3.2.19}$$

这表明状态反馈不能改变系统不能控部分的特征值, 故不能任意配置系统的特征值, 此与已知前提矛盾, 故反证法假设不成立, 即 (A, B) 能控. 充分性得证.

4. 状态反馈对传递函数零点的影响

若系统 (A, B) 能控, 则通过引入状态反馈, 可以任意配置闭环系统的特征值, 或者等价地说可以任意配置闭环系统传递函数矩阵的极点. 与此同时, 一个有待进一步研究的问题是, 状态反馈在改变系统的极点的同时, 是否也对系统的传递函数的零点有影响. 下面我们将对此问题做出具体的分析.

首先讨论单输入系统的情形. 给定能控线性定常系统

$$\dot{x} = Ax + bu, \quad y = Cx, \tag{3.2.20}$$

其中, x 为 n 维状态向量, u 为 1 维输入向量, y 为 q 维输出向量, A, b, C 分别为 $n \times n, n \times 1, q \times n$ 常阵. 其传递函数矩阵为

$$G_o(s) = C(sI - A)^{-1}b. \tag{3.2.21}$$

对系统 (3.2.20) 作状态反馈

$$u = Kx + v, \tag{3.2.22}$$

其中, K 为 $1 \times n$ 反馈增益阵, v 为参考输入, 则闭环系统为

$$\dot{x} = (A + bK)x + bv, \quad y = Cx. \tag{3.2.23}$$

闭环系统的传递函数为

$$G_c(s) = C(sI - (A + bK))^{-1}b. \tag{3.2.24}$$

对于传递函数 $G_o(s)$ 和 $G_c(s)$ 的零点, 有下面的结论.

定理 3.6 若单输入系统 (A, b, C) 能控, 则状态反馈不改变传递函数的零点.

证明 因为 (A, b) 能控, 对系统 (3.2.20) 引进非奇异线性变换 $x = T\hat{x}$, 其中

$$T = [\, A^{n-1}b \quad \cdots \quad Ab \quad b \,] \begin{bmatrix} 1 & & & \\ a_{n-1} & \ddots & & \\ \vdots & \ddots & \ddots & \\ a_1 & \cdots & a_{n-1} & 1 \end{bmatrix}, \tag{3.2.25}$$

则系统 (3.2.20) 化成能控规范型

$$\begin{aligned} \dot{\hat{x}} &= \hat{A}\hat{x} + \hat{b}u, \\ y &= \hat{C}\hat{x}, \end{aligned} \tag{3.2.26}$$

其中

$$\hat{A} = T^{-1}AT = \begin{bmatrix} 0 & 1 & & & \\ \vdots & & \ddots & & \\ \vdots & & & \ddots & \\ 0 & & & & 1 \\ -a_0 & -a_1 & \cdots & & -a_{n-1} \end{bmatrix}, \tag{3.2.27}$$

$$\hat{b} = T^{-1}b = \begin{bmatrix} 0 \\ \vdots \\ 0 \\ 1 \end{bmatrix}, \quad \hat{C} = CT = [\,C_0 \quad C_1 \quad \cdots \quad C_{n-1}\,],$$

$a_0, a_1, \cdots, a_{n-1}$ 为 A 的特征多项式

$$\det(sI - A) = s^n + a_{n-1}s^{n-1} + \cdots + a_1 s + a_0 \tag{3.2.28}$$

的系数. 令

$$\hat{K} = KT = [k_0 \quad k_1 \quad \cdots \quad k_{n-1}], \tag{3.2.29}$$

下面分别计算 $G_o(s)$ 和 $G_c(s)$. 为此, 先计算 $(sI - \hat{A})^{-1}\hat{b}$. 考虑

$$(sI - \hat{A})(sI - \hat{A})^{-1} = I,$$

即

$$\begin{bmatrix} s & -1 & & & \\ & \ddots & \ddots & & \\ & & \ddots & \ddots & \\ & & & s & -1 \\ a_0 & a_1 & \cdots & a_{n-2} & s + a_{n-1} \end{bmatrix} \begin{bmatrix} & z_1 \\ & z_2 \\ * & \vdots \\ & z_n \end{bmatrix} = \begin{bmatrix} 1 & & & \\ & \ddots & & \\ & & \ddots & \\ & & & 1 \end{bmatrix}, \tag{3.2.30}$$

其中 $z_1, z_2, \cdots, z_n$ 为 $(sI - \hat{A})^{-1}$ 的最后一列元素. 由上式得

$$\begin{aligned} sz_1 - z_2 &= 0, \\ sz_2 - z_3 &= 0, \\ &\cdots\cdots \\ sz_{n-1} - z_n &= 0 \end{aligned} \tag{3.2.31}$$

及

$$a_0z_1 + a_1z_2 + \cdots + a_{n-2}z_{n-1} + (s + a_{n-1})z_n = 1. \tag{3.2.32}$$

由 (3.2.31) 可得

$$\begin{aligned} z_2 &= sz_1, \\ z_3 &= sz_2 = s^2z_1, \\ &\cdots\cdots \\ z_n &= sz_{n-1} = s^{n-1}z_1, \end{aligned} \tag{3.2.33}$$

代入 (3.2.32) 得

$$a_0z_1 + a_1sz_1 + \cdots + a_{n-2}s^{n-2}z_1 + a_{n-1}s^{n-1}z_1 + s^nz_1 = 1, \tag{3.2.34}$$

于是

$$z_1 = \frac{1}{s^n + a_{n-1}s^{n-1} + \cdots + a_1s + a_0} = \frac{1}{\det(sI - A)}. \tag{3.2.35}$$

由 (3.2.33), (3.2.35), 得

$$(sI - \hat{A})^{-1}\hat{b} = \begin{bmatrix} & z_1 \\ & z_2 \\ * & \vdots \\ & z_n \end{bmatrix} \begin{bmatrix} 0 \\ \vdots \\ 0 \\ 1 \end{bmatrix} = \begin{bmatrix} z_1 \\ z_2 \\ \vdots \\ z_n \end{bmatrix} = \frac{1}{\det(sI - A)} \begin{bmatrix} 1 \\ s \\ \vdots \\ s^{n-1} \end{bmatrix}, \tag{3.2.36}$$

从而可得开环传递函数

$$\begin{aligned} G_o(s) = \hat{C}(sI - \hat{A})^{-1}\hat{b} &= [C_0 \quad C_1 \quad \cdots \quad C_{n-1}] \begin{bmatrix} 1 \\ s \\ \vdots \\ s^{n-1} \end{bmatrix} \frac{1}{\det(sI - A)} \\ &= \frac{1}{\det(sI - A)}(C_{n-1}s^{n-1} + \cdots + C_1s + C_0). \end{aligned} \tag{3.2.37}$$

同理可得闭环传递函数

$$G_c(s) = \hat{C}(sI - (\hat{A} + \hat{b}\hat{K}))^{-1}\hat{b}$$

$$= \frac{C_{n-1}s^{n-1} + \cdots + C_1 s + C_0}{s^n + (a_{n-1} - k_{n-1})s^{n-1} + \cdots + (a_1 - k_1)s + (a_0 - k_0)}$$

$$= \frac{1}{\det(sI - (A + bK))}(C_{n-1}s^{n-1} + \cdots + C_1 s + C_0). \tag{3.2.38}$$

显然 $G_o(s)$ 和 $G_c(s)$ 有相同的分子矩阵, 故 $G_o(s)$ 和 $G_c(s)$ 有相同的零点. 定理结论得证.

定理 3.6 说明对于单输入系统 (A, b, C), 若 (A, b) 能控, 则经状态反馈后的闭环系统的传递函数具有开环传递函数的零点, 此定理称作传递函数的零点不变定理.

对于一般的多输入系统 $(A, B, C), A, B, C$ 分别是 $n \times n, n \times p, q \times n$ 常阵. 若 (A, B) 能控, 也有同样的结果, 即状态反馈的引入不影响传递函数 $G(s) = C(sI - A)^{-1}B$ 的零点. 但是, 这并不意味着 $G(s)$ 的每个元的分子不受状态反馈的影响. 对于多输入系统, $G(s)$ 的每一个元的零点是受状态反馈的影响的, 此与单输入系统不同.

3.3 线性定常系统的镇定问题

考虑线性定常系统

$$\dot{x} = Ax + Bu, \tag{3.3.1}$$

其中, x 为 n 维状态向量, u 为 p 维控制向量, A, B 分别是 $n \times n, n \times p$ 常阵.

定义 3.1 称线性定常系统 (A, B) 是能稳的, 若存在状态反馈矩阵 K 使得 $A + BK$ 的特征值全在左半平面.

显然, 若 (A, B) 能控, 则存在状态反馈矩阵 K, 使得 $A + BK$ 的特征值任意配置, 当然包含了 $A + BK$ 的特征值全部落在左半平面的情形, 故 (A, B) 能控必能稳. 当 (A, B) 不完全能控时, 对 (A, B) 进行能控性分解

$$\hat{A} = T^{-1}AT = \begin{bmatrix} A_{11} & A_{12} \\ 0 & A_{22} \end{bmatrix}, \quad \hat{B} = T^{-1}B = \begin{bmatrix} B_1 \\ 0 \end{bmatrix},$$

其中 (A_{11}, B_1) 完全能控, 对任一状态反馈增益阵 K, 令 $\hat{K} = KT = [K_1 \quad K_2]$, 则有

$$\det(sI - A - BK) = \det(sI - \hat{A} - \hat{B}\hat{K})$$

$$= \det \begin{bmatrix} sI - A_{11} - B_1K_1 & -A_{12} - B_1K_2 \\ 0 & sI - A_{22} \end{bmatrix}$$

$$= \det(sI - A_{11} - B_1K_1)\det(sI - A_{22}), \tag{3.3.2}$$

$A+BK$ 的特征值由 $A_{11}+B_1K_1$ 的特征值和 A_{22} 的特征值构成, $A+BK$ 的特征值全在左半平面等价于 $A_{11}+B_1K_1$ 和 A_{22} 的特征值全在左半平面. 因为 (A_{11}, B_1) 能控, 故存在 K_1 使得 $A_{11}+B_1K_1$ 的特征值全在左半平面, 只要 A_{22} 的特征根全在左半平面, 总存在 $K = [K_1 \quad K_2]T^{-1}$ 使得 $A+BK$ 的特征值全部落在左半平面.

于是, 有下面的结论.

定理 3.7 (A, B) 能稳的充要条件是不能控部分的特征值全部落在左半平面.

再由

$$\begin{aligned}
\operatorname{rank}\,[\,sI - A \quad B\,] &= \operatorname{rank}\,[\,sI - \hat{A} \quad \hat{B}\,] \\
&= \operatorname{rank}\begin{bmatrix} sI - A_{11} & -A_{12} & B_1 \\ 0 & sI - A_{22} & 0 \end{bmatrix} \\
&= \operatorname{rank}\begin{bmatrix} sI - A_{11} & B_1 & -A_{12} \\ 0 & 0 & sI - A_{22} \end{bmatrix}
\end{aligned} \tag{3.3.3}$$

可得下面的结论.

定理 3.8 (A, B) 能稳的充要条件是

$$\operatorname{rank}\,[\,sI - A \quad B\,] = n, \quad \forall s \in \mathbb{C}, \quad \operatorname{Re}s \geqslant 0. \tag{3.3.4}$$

下面考虑系统 (3.3.1) 的状态反馈镇定问题. 若可以找到状态反馈控制律

$$u = Kx + v \tag{3.3.5}$$

使得通过状态反馈构成的闭环系统

$$\dot{x} = (A + BK)x + Bv \tag{3.3.6}$$

是稳定的, 即其特征值全部落在左半平面, 则称系统 (3.3.1) 实现了状态反馈镇定, 或者说系统 (3.3.1) 是通过状态反馈可镇定的.

由上面对 (A, B) 能稳的讨论知, 若 (A, B) 能稳, 则系统 (3.3.1) 通过状态反馈可镇定. 反之亦然. 故有下面的结论.

定理 3.9 系统 (3.3.1) 是通过状态反馈可镇定的, 当且仅当 (A, B) 是能稳的.

习 题 3

1. X_C 为能控子空间, 试证明:

$$X_{C[A,B]} = X_{C[A+BK,B]}.$$

2. 判断下列系统能否用状态反馈任意地配置极点:

(1) $\dot{x}=\begin{bmatrix}1 & 2\\ 3 & 1\end{bmatrix}x+\begin{bmatrix}1\\ 0\end{bmatrix}u;$

(2) $\dot{x}=\begin{bmatrix}1 & 0 & 0\\ 0 & -2 & 1\\ 0 & 0 & -2\end{bmatrix}x+\begin{bmatrix}1 & 0\\ 0 & 1\\ 0 & 0\end{bmatrix}u;$

(3) $\dot{x}=\begin{bmatrix}0 & 1 & 0 & 0\\ 0 & 0 & 1 & 0\\ 0 & 0 & 0 & 1\\ -2 & -4 & -3 & -5\end{bmatrix}x+\begin{bmatrix}0 & 0 & 0\\ 0 & 0 & 1\\ 0 & 1 & 0\\ 1 & 0 & 0\end{bmatrix}u.$

3. 给定系统为

$$\dot{x}=\begin{bmatrix}1 & 2\\ 3 & 1\end{bmatrix}x+\begin{bmatrix}1\\ 0\end{bmatrix}u,$$

试确定状态反馈阵 K, 使闭环极点为 $\lambda_1=-2+j,\lambda_2=-2-j$.

4. 给定系统的传递函数为

$$g_o(s)=\frac{1}{s(s+4)(s+8)},$$

试确定一个状态反馈矩阵 K, 使闭环极点为 $\lambda_1=-2,\lambda_2=-4,\lambda_3=-7$.

5. 设有不稳定线性定常系统 (A,b), 其中

$$A=\begin{bmatrix}1 & 2 & 0\\ 3 & -1 & 1\\ 0 & 2 & 0\end{bmatrix},\quad b=\begin{bmatrix}0\\ 0\\ 1\end{bmatrix},$$

能否通过状态反馈把系统的闭环极点配置在 -10 及 $-1\pm\sqrt{3}j$? 若可能, 试求 K.

6. 设开环系统 (A,b), 其中

$$A=\begin{bmatrix}0 & 1 & 0 & 0\\ 3 & 0 & 0 & 2\\ 0 & 0 & 0 & 1\\ 0 & -2 & 0 & 0\end{bmatrix},\quad b=\begin{bmatrix}0\\ 0\\ 0\\ 1\end{bmatrix}.$$

(1) 试证明系统完全能控.

(2) 找状态反馈阵 K, 使得闭环系统有特征值 -1, -1, $-2\pm j$.

7. 给定系统传递函数为

$$G_o(s)=\frac{10(s+1)}{s(s+1)(s+2)}.$$

试求状态反馈将闭环极点配置为 $-2,\ -1\pm j$.

8. 给定系统为

$$\dot{x}=\begin{bmatrix}2&1&0&0\\0&2&0&0\\0&0&-2&0\\0&0&0&-2\end{bmatrix}x+\begin{bmatrix}0\\1\\1\\1\end{bmatrix}u,$$

能否找到一个状态反馈阵 K, 使得闭环极点为

(1) $\lambda_1=-3,\lambda_2=\lambda_3=\lambda_4=-2$;

(2) $\lambda_1=\lambda_2=\lambda_3=-3,\lambda_4=-2$;

(3) $\lambda_1=\lambda_2=\lambda_3=\lambda_4=-3$.

9. 给定系统为

$$\dot{x}=\begin{bmatrix}1&1&0\\0&1&0\\0&0&2\end{bmatrix}x+\begin{bmatrix}0&0\\1&0\\0&-1\end{bmatrix}u,$$

试确定两个不同的状态反馈阵 K_1 和 K_2 使闭环极点为

$$\lambda_1=-2,\quad \lambda_2=-1+2j,\quad \lambda_3=-1-2j.$$

10. 设系统 (A,B) 为

$$A=\begin{bmatrix}0&1&0&0\\0&0&1&0\\0&0&1&0\\0&0&0&1\end{bmatrix},\quad B=\begin{bmatrix}0&0\\0&0\\1&0\\0&1\end{bmatrix},$$

试求状态反馈阵 K, 使闭环有特征值 $-2,\ -2,\ -1\pm j$.

11. 判断第 2 题中的各系统能否用状态反馈实现镇定.

12. 设系统的传递函数为

$$g_o(s)=\frac{(s+2)(s+3)}{(s+1)(s-2)(s+4)},$$

试问是否存在状态反馈阵 K, 使得闭环传递函数为

$$g_c(s)=\frac{(s+3)}{(s+2)(s+4)}.$$

若存在, 求出 K.

13. 给定系统为

$$\dot{x}=\begin{bmatrix}2&1&0\\0&1&0\\1&0&1\end{bmatrix}x+\begin{bmatrix}0\\1\\0\end{bmatrix}u,$$

试求一个状态反馈阵 K, 使得 $A+bK$ 相似于

$$F=\begin{bmatrix} -3 & 0 & 0 \\ 0 & -2 & 0 \\ 0 & 0 & -1 \end{bmatrix}.$$

第 3 章部分习题答案

第 3 章部分习题讲解视频

第 4 章　线性定常系统的能观性

在线性定常系统的定性分析中, 除了第 2 章讨论的能控性外, 还有就是系统的能观性分析, 它是系统的一个基本结构属性. 本章将对线性定常系统的能观性定义、能观性判据、规范型、结构分解及其与能控性的关系进行讨论.

4.1　能观性定义

1. 问题的提出

一个系统的状态空间描述给定后, 在输入给定的条件下, 系统的运动特性完全取决于系统的初始状态. 而状态变量是系统的一个内部变量, 能否通过系统输入、输出这一对外部变量来确定系统的初始状态呢? 这就是系统的能观性问题所研究的内容. 如果系统所有状态变量的任意运动形式均可由输出完全反映出来, 则称系统为完全能观的. 否则, 就称系统为不完全能观的或不能观的.

例 4.1.1　给定系统的状态空间描述为

$$\begin{bmatrix} \dot{x}_1 \\ \dot{x}_2 \end{bmatrix} = \begin{bmatrix} 4 & 0 \\ 0 & -5 \end{bmatrix} \begin{bmatrix} x_1 \\ x_2 \end{bmatrix} + \begin{bmatrix} 1 \\ 2 \end{bmatrix} u,$$

$$y = [0 \quad -6] \begin{bmatrix} x_1 \\ x_2 \end{bmatrix}.$$

输出 y 只能反映状态变量 x_2, 不能反映 x_1, 故系统是不完全能观的.

例 4.1.2　如图 4.1 所示的电路, 系统的状态变量为电容端电压 x, 输入为电压源 $u(t)$, 输出为电压 y. 若 $u(t)=0$, 则不论电容的初始端电压 $x(t_0)=x_0$ 为多少, 对所有 $t \geqslant t_0$, 恒有 $y(t)=0$, 即 $x(t)$ 不能由 $y(t)$ 反映. 此电路是状态不能观的.

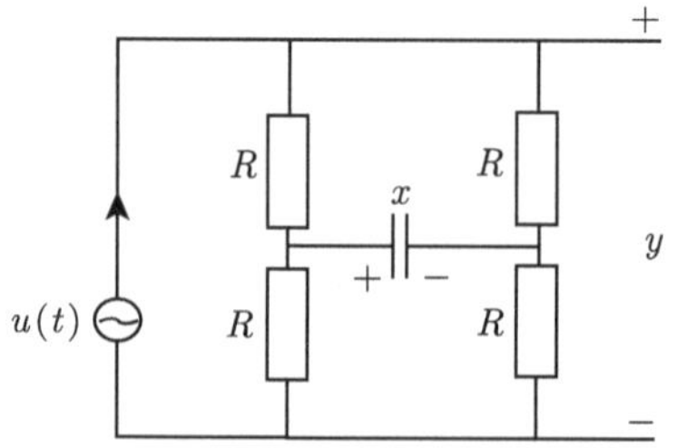

图 4.1

通过上述说明和例子, 我们对系统的能观性含义有了一个直观简单的了解, 为了揭示能观性的本质属性, 下面给出能观性的严格定义.

2. 能观性定义

考虑线性定常系统

$$\begin{aligned} &\dot{x} = Ax + Bu, \quad x(t_0) = x_0, \\ &y = Cx + Du, \end{aligned} \tag{4.1.1}$$

其中, x 为 n 维状态向量, u 为 p 维控制向量, y 为 q 维输出向量, A, B, C, D 分别是 $n \times n, n \times p, q \times n, q \times p$ 实常阵. 则由第 1 章知, 系统 (4.1.1) 状态方程的解的表达式为

$$x(t) = e^{A(t-t_0)}x(t_0) + \int_{t_0}^{t} e^{A(t-\tau)}Bu(\tau)d\tau. \tag{4.1.2}$$

将 (4.1.2) 代入 (4.1.1), 得输出响应为

$$y(t) = C\left[e^{A(t-t_0)}x(t_0) + \int_{t_0}^{t} e^{A(t-\tau)}Bu(\tau)d\tau\right] + Du(t). \tag{4.1.3}$$

在研究能观性问题时, 输出 y 和输入 u 都假定为已知, 只有初始状态 x_0 是未知的, 故定义

$$\tilde{y}(t) = y(t) - C\int_{t_0}^{t} e^{A(t-\tau)}Bu(\tau)d\tau - Du(t), \tag{4.1.4}$$

则有

$$\tilde{y}(t) = Ce^{A(t-t_0)}x(t_0). \tag{4.1.5}$$

这表明, 所谓能观性即是研究 x_0 可由 $\tilde{y}$ 唯一确定的特性. 又 (4.1.5) 指出, $\tilde{y}$ 即零输入系统

$$\begin{cases} \dot{x} = Ax, \quad x(t_0) = x_0, \\ y = Cx \end{cases} \tag{4.1.6}$$

的输出, 因此研究由 $\tilde{y}$ 唯一确定 x_0 的问题, 即成为研究由 (4.1.6) 的输出 y 唯一确定 x_0 的问题. 下面由 (4.1.6) 出发, 给出系统能观性有关定义.

定义 4.1 对于系统 (4.1.6), 若给定非零初始状态 x_0, 任意给定有限时刻 $T > t_0$, 自 x_0 出发的系统轨线 $x(t)$ 在 $[t_0, T]$ 上的输出恒为 0, 则称 x_0 为不能观状态.

定义 4.2　对于系统 (4.1.6), 若状态空间中所有非零状态都不是不能观状态, 则称系统 (4.1.6)(或 (A,C)) 是 (完全) 能观的.

定义 4.3　对于系统 (4.1.6), 若状态空间中存在一个或一些非零状态是不能观的, 则称系统 (4.1.6)(或 (A,C)) 是不完全能观的.

3. 不能观子空间与能观子空间

由定义 4.1, 若 x_0 为不能观状态, 则有

$$y(t)=Ce^{A(t-t_0)}x_0\equiv 0,\quad t\in[t_0,\ T], \tag{4.1.7}$$

x_1 为不能观状态, 则有

$$y(t)=Ce^{A(t-t_0)}x_1\equiv 0,\quad t\in[t_0,\ T]. \tag{4.1.8}$$

因而有

$$Ce^{A(t-t_0)}(x_0+x_1)=Ce^{A(t-t_0)}x_0+Ce^{A(t-t_0)}x_1\equiv 0, \tag{4.1.9}$$
$$Ce^{A(t-t_0)}kx_0=kCe^{A(t-t_0)}x_0\equiv 0,\quad t\in[t_0,\ T].$$

由 (4.1.9) 可以看出, 系统 (4.1.6) 的不能观状态的全体再添上零向量构成 $\mathbb{R}^n$ 的子空间, 称为不能观子空间, 记为 X_{NO}. 不能观子空间的正交补空间称为能观子空间, 记为 X_O. 显然 $\mathbb{R}^n=X_{NO}\oplus X_O$.

对于不能观子空间 X_{NO} 与能观子空间 X_O, 我们有下面的结论.

定理 4.1　系统 (4.1.6) 的不能观子空间 X_{NO} 为

$$Ce^{A(t-t_0)}\alpha=0,\quad t\in[t_0,\ T] \tag{4.1.10}$$

的常解空间.

定理 4.2　系统 (4.1.6) 的不能观子空间 X_{NO} 为

$$\begin{bmatrix} C\\ CA\\ \vdots\\ CA^{n-1}\end{bmatrix}\alpha=0 \tag{4.1.11}$$

的解空间.

证明　设 $\alpha\in X_{NO}$, 由定理 4.1, α 为 (4.1.10) 的常解, 则有

$$Ce^{A(t-t_0)}\alpha\equiv 0,\quad t\in[t_0,\ T].$$

将上式求导直至 $n-1$ 次, 得

$$CAe^{A(t-t_0)}\alpha \equiv 0, \quad t \in [t_0,\ T],$$

$$\cdots\cdots$$

$$CA^{n-1}e^{A(t-t_0)}\alpha \equiv 0, \quad t \in [t_0,\ T].$$

令 $t=t_0$, 则可得到

$$C\alpha = 0, \quad CA\alpha = 0, \quad \cdots, \quad CA^{n-1}\alpha = 0,$$

故有

$$\begin{bmatrix} C \\ CA \\ \vdots \\ CA^{n-1} \end{bmatrix}\alpha = 0,$$

这说明 α 是 (4.1.11) 的解.

反之, 若 α 是 (4.1.11) 的解, 则有 $CA^j\alpha = 0$, $j=1,2,\cdots,n-1$. 由 Cayley-Hamilton 定理, $A^n, A^{n+1}, \cdots$ 是 $I, A, \cdots, A^{n-1}$ 的线性组合, 故

$$e^{A(t-t_0)} = \sum_{j=0}^{\infty} \frac{(t-t_0)^j}{j!}A^j = \sum_{j=0}^{n-1} \alpha_j(t)A^j,$$

其中 $\alpha_j(t)$ 是 t 的标量函数, 从而

$$Ce^{A(t-t_0)}\alpha = C\sum_{j=0}^{n-1}\alpha_j(t)A^j\alpha = \sum_{j=0}^{n-1}\alpha_j(t)CA^j\alpha = 0,$$

即 α 是 (4.1.10) 的解, 从而 $\alpha \in X_{NO}$. 定理结论成立.

定理 4.3 系统 (4.1.6) 的能观子空间 X_O 满足

$$X_O = \operatorname{span}[C^{\mathrm{T}} \quad (CA)^{\mathrm{T}} \quad \cdots \quad (CA^{n-1})^{\mathrm{T}}]. \tag{4.1.12}$$

证明 将 (4.1.11) 两端取转置得

$$\alpha^{\mathrm{T}}[C^{\mathrm{T}} \quad (CA)^{\mathrm{T}} \quad \cdots \quad (CA^{n-1})^{\mathrm{T}}] = 0,$$

故 $C^{\mathrm{T}}, (CA)^{\mathrm{T}}, \cdots, (CA^{n-1})^{\mathrm{T}}$ 的各列与任一不能观状态正交, 所以

$$\mathrm{span}[C^{\mathrm{T}} \quad (CA)^{\mathrm{T}} \quad \cdots \quad (CA^{n-1})^{\mathrm{T}}] \subset X_O. \tag{4.1.13}$$

因为

$$\begin{aligned}\dim(\mathrm{span}[C^{\mathrm{T}} \quad (CA)^{\mathrm{T}} \quad \cdots \quad (CA^{n-1})^{\mathrm{T}}]) &= \mathrm{rank}[C^{\mathrm{T}} \quad (CA)^{\mathrm{T}} \quad \cdots \quad (CA^{n-1})^{\mathrm{T}}] \\ &= \mathrm{rank}\begin{bmatrix} C \\ CA \\ \vdots \\ CA^{n-1} \end{bmatrix},\end{aligned}$$

又因为 X_{NO} 是 (4.1.11) 的解空间, 故

$$\dim X_{NO} = n - \mathrm{rank}\begin{bmatrix} C \\ CA \\ \vdots \\ CA^{n-1} \end{bmatrix}.$$

而由 $X_{NO} \oplus X_O = \mathbb{R}^n$ 得

$$\dim X_{NO} + \dim X_O = n,$$

故

$$\begin{aligned}\dim X_O = n - \dim X_{NO} &= \mathrm{rank}\begin{bmatrix} C \\ CA \\ \vdots \\ CA^{n-1} \end{bmatrix} \\ &= \dim(\mathrm{span}[C^{\mathrm{T}} \quad (CA)^{\mathrm{T}} \quad \cdots \quad (CA^{n-1})^{\mathrm{T}}]).\end{aligned} \tag{4.1.14}$$

由 (4.1.13) 和 (4.1.14) 得定理结论成立.

由定理 4.2, 定理 4.3 可以看到, 系统 (4.1.6) 的能观子空间 X_O 与不能观子空间 X_{NO} 只与系统的结构参数 A, C 有关, 而与测量区间 $[t_0, T]$ 无关, 故不妨可直接设 $t_0 = 0$. 定理 4.2 说明系统 (4.1.6) 的不能观子空间即为 $\begin{bmatrix} C \\ CA \\ \vdots \\ CA^{n-1} \end{bmatrix}$ 的核

空间, 即

$$X_{NO} = \ker \begin{bmatrix} C \\ CA \\ \vdots \\ CA^{n-1} \end{bmatrix}.$$

另外由定理 4.2, 定理 4.3, 还可以得到如下结论.

推论 4.1 不能观子空间 X_{NO} 是 A 的不变子空间, 能观子空间 X_O 是 A^{T} 的不变子空间.

4.2 能观性判据

1. 能观性判据

考虑线性定常系统

$$\begin{aligned} &\dot{x} = Ax, \quad x(0) = x_0, \quad t \geqslant 0, \\ &y = Cx, \end{aligned} \tag{4.2.1}$$

其中 x 为 n 维状态变量, y 为 q 维输出变量, A, C 分别为 $n \times n$, $q \times n$ 常阵.

定理 4.4 (Gram 矩阵判据) 线性定常系统 (4.2.1) 完全能观的充分必要条件是对任意给定的有限时刻 $T > 0$, 能观 Gram 矩阵

$$W_O[0,T] = \int_0^T e^{A^{\mathrm{T}}t} C^{\mathrm{T}} C e^{At} dt \tag{4.2.2}$$

非奇异.

证明 充分性. 已知 $W_O[0,T]$ 非奇异, 证系统 (4.2.1) 完全能观. 采用构造法证明. 对 $[0,\ T]$ 上已知的输出 $y(t)$, 有

$$\begin{aligned} W_O^{-1}[0,T] \int_0^T e^{A^{\mathrm{T}}t} C^{\mathrm{T}} y(t) dt &= W_O^{-1}[0,T] \int_0^T e^{A^{\mathrm{T}}t} C^{\mathrm{T}} C e^{At} dt \cdot x_0 \\ &= W_O^{-1}[0,T] W_O[0,T] x_0 = x_0. \end{aligned}$$

这表明, 在 $W_O[0,T]$ 非奇异的条件下, 总可以根据 $[0,\ T]$ 上的输出 $y(t)$ 来构造任意的非零状态 x_0. 故系统为完全能观的, 充分性得证.

必要性. 已知系统完全能观, 证 $W_O[0,T]$ 非奇异. 反证法, 设 $W_O[0,T]$ 奇异, 则存在某个非零 $\bar{x}_0 \in \mathbb{R}^n$, 使得

$$0 = \bar{x}_0^{\mathrm{T}} W_O[0,T]\bar{x}_0 = \int_0^T \bar{x}_0^{\mathrm{T}} e^{A^{\mathrm{T}}t} C^{\mathrm{T}} C e^{At}\bar{x}_0 dt = \int_0^T \left\| C e^{At}\bar{x}_0 \right\|^2 dt,$$

故

$$Ce^{At}\bar{x}_0 \equiv 0, \quad t \in [0,T].$$

由定义 4.1 知 $\bar{x}_0$ 为不能观状态. 此与系统完全能观矛盾, 故反证法假设不成立, 必要性得证.

推论 4.2　不能观子空间 X_{NO} 为 $W_O[0,T]\alpha = 0$ 的解空间; 能观子空间 $X_O = \mathrm{span} W_O[0,T]$.

由定理 4.2, 定理 4.3, 对于系统 (4.2.1) 的能观性, 可直接有如下定理.

定理 4.5 (秩判据)　线性定常系统 (4.2.1) 完全能观的充分必要条件为

$$\mathrm{rank}\begin{bmatrix} C \\ CA \\ \vdots \\ CA^{n-1} \end{bmatrix} = n, \tag{4.2.3}$$

其中 $Q_O = \begin{bmatrix} C \\ CA \\ \vdots \\ CA^{n-1} \end{bmatrix}$ 称为系统的能观性矩阵.

例 4.2.1　给出系统的状态空间表达式为

$$\begin{bmatrix} \dot{x}_1 \\ \dot{x}_2 \\ \dot{x}_3 \end{bmatrix} = \begin{bmatrix} 0 & 1 & 0 \\ 0 & 0 & 1 \\ -6 & -11 & -6 \end{bmatrix}\begin{bmatrix} x_1 \\ x_2 \\ x_3 \end{bmatrix} + \begin{bmatrix} 0 \\ 0 \\ 1 \end{bmatrix} u,$$

$$y = [4 \quad 5 \quad 1]\begin{bmatrix} x_1 \\ x_2 \\ x_3 \end{bmatrix},$$

试判断其能观性.

解

$$C = [4 \quad 5 \quad 1],$$

$$CA=[4\quad 5\quad 1]\begin{bmatrix}0&1&0\\0&0&1\\-6&-11&-6\end{bmatrix}=[-6\quad -7\quad -1],$$

$$CA^2=CA\cdot A=[-6\quad -7\quad -1]\begin{bmatrix}0&1&0\\0&0&1\\-6&-11&-6\end{bmatrix}=[6\quad 5\quad -1],$$

则

$$\operatorname{rank}\begin{bmatrix}C\\CA\\CA^2\end{bmatrix}=\operatorname{rank}\begin{bmatrix}4&5&1\\-6&-7&-1\\6&5&-1\end{bmatrix}=2<3.$$

故由定理 4.5 知系统是状态不能观的.

定理 4.6 (PBH 秩判据) 线性定常系统 (4.2.1) 完全能观的充分必要条件是, 对矩阵 A 的所有特征值 $\lambda_i(i=1,2,\cdots,n)$ 均成立

$$\operatorname{rank}\begin{bmatrix}C\\\lambda_i I-A\end{bmatrix}=n,\quad i=1,2,\cdots,n,\tag{4.2.4}$$

或等价地,

$$\operatorname{rank}\begin{bmatrix}C\\sI-A\end{bmatrix}=n,\quad \forall s\in\mathbb{C}.\tag{4.2.5}$$

定理 4.7 (PBH 特征向量判据) 系统 (4.2.1) 为完全能观的充分必要条件是, 矩阵 A 的所有非零右特征向量都不与矩阵 C 的各行正交, 即不存在非零列向量 q, 同时满足

$$Aq=\lambda_i q,\quad Cq=0,\tag{4.2.6}$$

其中 $\lambda_i(i=1,2,\cdots,n)$ 为 A 的特征值.

当 (A,C) 具有 Jordan 规范型的形式时, 即

$$A=\begin{bmatrix}J_1&&&\\&J_2&&\\&&\ddots&\\&&&J_l\end{bmatrix}_{n\times n},\quad J_i=\begin{bmatrix}J_{i1}&&&\\&J_{i2}&&\\&&\ddots&\\&&&J_{i\alpha_i}\end{bmatrix}_{\sigma_i\times\sigma_i},$$

$$J_{ik}=\begin{bmatrix}\lambda_i & 1 & & & \\ & \lambda_i & 1 & & \\ & & \ddots & \ddots & \\ & & & \ddots & 1 \\ & & & & \lambda_i\end{bmatrix}_{r_{ik}\times r_{ik}},\quad C=[C_1\quad C_2\quad\cdots\quad C_l]_{q\times n},$$

$$C_i=[C_{i1}\quad C_{i2}\quad\cdots\quad C_{i\alpha_i}]_{q\times\sigma_i},\quad C_{ik}=[c_{ik,1}\quad c_{ik,2}\quad\cdots\quad c_{ik,r_{ik}}]_{q\times r_{ik}},$$

其中 σ_i 与 α_i 分别为特征值 λ_i 的代数重数与几何重数, $n=\sum_{i=1}^{l}\sigma_i$, λ_i 互异, 而 $r_{i1}+r_{i2}+\cdots+r_{i\alpha_i}=\sigma_i$.

定理 4.8 具有 Jordan 规范型的线性系统 (4.2.1) 为完全能观的充分必要条件是由 $C_{ik}(k=1,2,\cdots,\alpha_i)$ 的第一列组成的矩阵对 $i=1,2,\cdots,l$ 均列满秩. 即

$$\operatorname{rank}[c_{i1,1}\quad c_{i2,1}\quad\cdots\quad c_{i\alpha_i,1}]=\alpha_i,\quad i=1,2,\cdots,l. \tag{4.2.7}$$

例 4.2.2 给定具有 Jordan 规范型的动态系统

$$\dot{x}=\begin{bmatrix}-2 & 1 & & & & & \\ 0 & -2 & & & & & \\ & & -2 & & & & \\ & & & -2 & & & \\ & & & & 3 & 1 & \\ & & & & 0 & 3 & \\ & & & & & & 3\end{bmatrix}x,$$

$$y=\begin{bmatrix}4 & 0 & 0 & 0 & 3 & 0 & 0\\ 0 & 0 & 3 & 0 & 1 & 0 & 1\\ 0 & 0 & 0 & 5 & 2 & 0 & 0\end{bmatrix}x.$$

容易写出

$$[c_{11,1}\quad c_{12,1}\quad c_{13,1}]=\begin{bmatrix}4 & 0 & 0\\ 0 & 3 & 0\\ 0 & 0 & 5\end{bmatrix},\quad [c_{21,1}\quad c_{22,1}]=\begin{bmatrix}3 & 0\\ 1 & 1\\ 2 & 0\end{bmatrix}$$

均为列满秩, 因此系统是完全能观的.

另外, 由定理 4.8, 还可以得到下面的结论.

推论 4.3 (最小输出数定理) 线性定常系统 (A, C) 能观的必要条件为: $q \geqslant \max\{\alpha_i, i = 1, 2, \cdots, l\}$.

推论 4.4 单输出线性系统 (A, c) 能观的必要条件为: A 为非减次 (循环) 矩阵.

定理 4.9 线性系统 (4.2.1) 完全能观的充分必要条件是: 存在矩阵 G, 使 $A - GC$ 的特征值可以任意配置.

证明 系统 (4.2.1) 能观即 (A, C) 能观, 等价于

$$\operatorname{rank}\begin{bmatrix} sI - A \\ C \end{bmatrix} = n, \quad \forall s \in \mathbb{C}.$$

这说明 (A, C) 能观, 等价于 $(A^{\mathrm{T}}, C^{\mathrm{T}})$ 能控, 从而由 $(A^{\mathrm{T}}, C^{\mathrm{T}})$ 能控的充要条件是存在矩阵 G^{T} 使

$$A^{\mathrm{T}} - C^{\mathrm{T}}G^{\mathrm{T}} = (A - GC)^{\mathrm{T}}$$

的特征值可以任意配置, 可得定理结论.

2. 能观测性指数

考虑完全能观的系统 (4.2.1), A, C 分别为 $n \times n$ 和 $q \times n$ 常阵, 定义

$$Q_k = \begin{bmatrix} C \\ CA \\ \vdots \\ CA^{k-1} \end{bmatrix} \tag{4.2.8}$$

为 $kq \times n$ 常阵, 其中 k 为正整数. 显然 $Q_n = Q_O$, 且 $\operatorname{rank}Q_n = n$. 依次将 k 由 1 增加, 直到 $k = \nu$, 使得 $\operatorname{rank}Q_\nu = n$, 即

$$\operatorname{rank}Q_1 < \operatorname{rank}Q_2 < \cdots < \operatorname{rank}Q_{\nu-1} < \operatorname{rank}Q_\nu = \operatorname{rank}Q_{\nu+1} = \cdots = \operatorname{rank}Q_O, \tag{4.2.9}$$

则称 ν 为系统 (A, C) 的能观测性指数. 若 $\operatorname{rank}C = m$, 则必成立

$$\frac{n}{q} \leqslant \nu \leqslant n - m + 1. \tag{4.2.10}$$

若令 l 为矩阵 A 的最小多项式的次数, 则 (4.2.10) 还可以表示为

$$\frac{n}{q} \leqslant \nu \leqslant \min\{l, n - m + 1\}. \tag{4.2.11}$$

若再把 Q_ν 表示为

$$Q_\nu = \begin{bmatrix} c_1 \\ c_2 \\ \vdots \\ c_q \\ c_1 A \\ c_2 A \\ \vdots \\ c_q A \\ \vdots \\ c_1 A^{\nu-1} \\ c_2 A^{\nu-1} \\ \vdots \\ c_q A^{\nu-1} \end{bmatrix}, \tag{4.2.12}$$

不妨设 $c_1, c_2, \cdots, c_m$ 线性无关, 并且从上至下搜索 Q_ν 中的 n 个线性无关的行, 并将这 n 个线性无关的行重新排列后为

$$\begin{array}{l} c_1 \\ c_1 A \\ \vdots \\ c_1 A^{\nu_1-1} \\ c_2 \\ c_2 A \\ \vdots \\ c_2 A^{\nu_2-1} \\ \vdots \\ c_m \\ c_m A \\ \vdots \\ c_m A^{\nu_m-1} \end{array} \tag{4.2.13}$$

则称 $\{\nu_1, \nu_2, \cdots, \nu_m\}$ 为系统 (A, C) 的能观测性指数集, 并且

$$\nu_1+\nu_2+\cdots+\nu_m=n, \tag{4.2.14}$$

$$\nu=\max\{\nu_1,\nu_2,\cdots,\nu_m\}. \tag{4.2.15}$$

显然, 由 (4.2.10) 知, 若 (A,c) 为单输出系统, 即 $q=1$ 时, $\nu=n$.

利用能观测性指数, 可将能观性秩判据简化为:

若 $\mathrm{rank}C=m$, 则系统 (A,C) 能观的充分必要条件为

$$\mathrm{rank}Q_{n-m+1}=\mathrm{rank}\begin{bmatrix} C \\ CA \\ \vdots \\ CA^{n-m} \end{bmatrix}=n. \tag{4.2.16}$$

最后给出能观测性指数集在非奇异线性变换下的特性.

定理 4.10 线性系统 (A,C) 的能观测性指数及能观测性指数集在非奇异变换下保持不变.

4.3 能观性分解

在这一节里, 讨论不完全能观的系统. 对这类系统, 可以通过结构分解, 将其结构以明显的形式区分为能观和不能观的部分.

1. 能观性在非奇异线性变换下的属性

引理 4.1 系统 (A,C) 的能观性在非奇异线性变换下保持不变.

证明 系统的状态空间描述为

$$\dot{x}=Ax,\quad y=Cx.$$

引入非奇异线性变换 $x=P\bar{x}$, P 为非奇异阵, 则与其代数等价的状态空间描述为

$$\dot{\bar{x}}=\bar{A}\bar{x},\quad y=\bar{C}\bar{x},$$

其中 $\bar{A}=P^{-1}AP,\bar{C}=CP$. 考察 $(\bar{A},\bar{C})$ 的能观性矩阵, 则有

$$\bar{Q}_O=\begin{bmatrix} \bar{C} \\ \bar{C}\,\bar{A} \\ \vdots \\ \bar{C}\,\bar{A}^{n-1} \end{bmatrix}=\begin{bmatrix} CP \\ CAP \\ \vdots \\ CA^{n-1}P \end{bmatrix}=\begin{bmatrix} C \\ CA \\ \vdots \\ CA^{n-1} \end{bmatrix}P=Q_OP.$$

P 非奇异, 故

$$\mathrm{rank}\bar{Q}_O = \mathrm{rank}Q_O,$$

此即说明系统的能观性在非奇异线性变换下保持不变. 引理得证.

2. 按能观性结构分解

考虑不完全能观测的线性定常系统

$$\begin{aligned} \dot{x} &= Ax + Bu, \\ y &= Cx, \end{aligned} \tag{4.3.1}$$

其中, x 为 n 维状态向量, u 为 p 维输入向量, y 为 q 维输出向量, A, B, C 分别为 $n \times n, n \times p, q \times n$ 实常阵.

$$\mathrm{rank}Q_O = \mathrm{rank}\begin{bmatrix} C \\ CA \\ \vdots \\ CA^{n-1} \end{bmatrix} = m < n,$$

任选 Q_O 的 m 个线性无关的行 $h_1, h_2, \cdots, h_m$, 记

$$H_1 = \begin{bmatrix} h_1 \\ h_2 \\ \vdots \\ h_m \end{bmatrix},$$

由定理 4.3, H_1^{T} 的列构成 X_O 的基底.

再任取 $n-m$ 个与 H_1 各行线性无关的行向量 $h_{m+1}, \cdots, h_n$, 记

$$H_2 = \begin{bmatrix} h_{m+1} \\ \vdots \\ h_n \end{bmatrix},$$

令

$$T = \begin{bmatrix} H_1 \\ H_2 \end{bmatrix}, \tag{4.3.2}$$

显然, T 为非奇异. 记 $T^{-1}=[T_1 \quad T_2]$, 则由 $TT^{-1}=I$, 推得

$$H_1T_2=0.$$

这说明 T_2 的各列属于 X_{NO}, 又由推论 4.1, X_{NO} 是 A 的不变子空间, 故有 $H_1AT_2=0$, 又 C^{T} 各列属于 X_O, 故 $CT_2=0$. 对系统 (4.3.1) 作非奇异线性变换 $x=T^{-1}\hat{x}$, 则系统 (4.3.1) 等价地化为

$$\begin{aligned}\dot{\hat{x}}&=\hat{A}\hat{x}+\hat{B}u,\\ y&=\hat{C}\hat{x},\end{aligned}$$

其中

$$\hat{A}=TAT^{-1}=\begin{bmatrix}H_1\\H_2\end{bmatrix}A\,[T_1 \quad T_2]=\begin{bmatrix}H_1AT_1 & 0\\ H_2AT_1 & H_2AT_2\end{bmatrix},$$

$$\hat{B}=TB=\begin{bmatrix}H_1B\\H_2B\end{bmatrix},\quad \hat{C}=CT^{-1}=[CT_1 \quad CT_2]=[CT_1 \quad 0].$$

综合上面的推导有下面的结论.

定理 4.11 对于不完全能观系统 (4.3.1), 存在非奇异线性变换 $x=T^{-1}\hat{x}$, 使系统结构按能观性分解为下列规范形式:

$$\begin{bmatrix}\dot{x}_1\\ \dot{x}_2\end{bmatrix}=\begin{bmatrix}A_{11} & 0\\ A_{21} & A_{22}\end{bmatrix}\begin{bmatrix}x_1\\x_2\end{bmatrix}+\begin{bmatrix}B_1\\B_2\end{bmatrix}u,$$

$$y=[C_1 \quad 0]\begin{bmatrix}x_1\\x_2\end{bmatrix}, \tag{4.3.3}$$

其中, x_1 为 m 维能观分状态, x_2 为 $n-m$ 维不能观分状态, $m=\mathrm{rank}Q_O$.

证明 取 T 如 (4.3.2), 即有系统 (4.3.1) 的结构分解为 (4.3.3). 考察 (A_{11},C_1) 的能观性. 由

$$m=\mathrm{rank}\begin{bmatrix}C\\CA\\ \vdots\\ CA^{n-1}\end{bmatrix}=\mathrm{rank}\begin{bmatrix}\hat{C}\\ \hat{C}\hat{A}\\ \vdots\\ \hat{C}\hat{A}^{n-1}\end{bmatrix}=\mathrm{rank}\begin{bmatrix}C_1 & 0\\ C_1A_{11} & 0\\ \vdots & \vdots\\ C_1A_{11}^{n-1} & 0\end{bmatrix},$$

得

$$\operatorname{rank}\begin{bmatrix} C_1 \\ C_1A_{11} \\ \vdots \\ C_1A_{11}^{n-1} \end{bmatrix} = m.$$

又由

$$\operatorname{rank}\begin{bmatrix} C_1 \\ C_1A_{11} \\ \vdots \\ C_1A_{11}^{m-1} \end{bmatrix} = \operatorname{rank}\begin{bmatrix} C_1 \\ C_1A_{11} \\ \vdots \\ C_1A_{11}^{n-1} \end{bmatrix} = m,$$

知 (A_{11}, C_1) 能观, 故 x_1 为能观分状态. 证毕.

利用定理 4.11 知, m 维子系统

$$\begin{aligned} \dot{x}_1 &= A_{11}x_1 + B_1u, \\ y_1 &= C_1x_1 \end{aligned}$$

是完全能观的, $n-m$ 维子系统

$$\begin{aligned} \dot{x}_2 &= A_{21}x_1 + A_{22}x_2 + B_2u, \\ y_2 &= 0 \end{aligned}$$

是完全不能观的, 其中 $y_1 = y$.

4.4 单输入—单输出系统的能观规范型

考虑完全能观的单输入—单输出线性定常系统

$$\begin{aligned} \dot{x} &= Ax + bu, \\ y &= cx, \end{aligned} \tag{4.4.1}$$

其中 A 为 $n \times n$ 常阵, b 为 $n \times 1$ 常阵, c 为 $1 \times n$ 常阵. 其特征多项式表示为

$$\det(sI - A) = \alpha(s) = s^n + \alpha_{n-1}s^{n-1} + \cdots + \alpha_1 s + \alpha_0. \tag{4.4.2}$$

定义 n 个常数

$$\begin{aligned}
&\beta_{n-1}=cb,\\
&\beta_{n-2}=cAb+\alpha_{n-1}cb,\\
&\qquad\cdots\cdots\\
&\beta_1=cA^{n-2}b+\alpha_{n-1}cA^{n-3}b+\cdots+\alpha_2 cb,\\
&\beta_0=cA^{n-1}b+\alpha_{n-1}cA^{n-2}b+\cdots+\alpha_1 cb.
\end{aligned}\tag{4.4.3}$$

又因为系统 (4.4.1) 完全能观, 故有

$$\operatorname{rank}\begin{bmatrix} c\\ cA\\ \vdots\\ cA^{n-1}\end{bmatrix}=n.\tag{4.4.4}$$

构造变换矩阵

$$Q=\begin{bmatrix} e_1\\ e_2\\ \vdots\\ e_n\end{bmatrix}=\begin{bmatrix} 1 & \alpha_{n-1} & \cdots & \alpha_1\\ & \ddots & \ddots & \vdots\\ & & \ddots & \alpha_{n-1}\\ & & & 1\end{bmatrix}\begin{bmatrix} cA^{n-1}\\ cA^{n-2}\\ \vdots\\ c\end{bmatrix}.\tag{4.4.5}$$

显然当且仅当系统完全能观时, Q 非奇异.

定理 4.12 对完全能观的单输入—单输出系统 (4.4.1), 引入线性非奇异变换 $\hat{x}=Qx$, 则可导出其能观规范型为

$$\begin{aligned}
\dot{\hat{x}}&=A_o\hat{x}+b_o u,\\
y&=c_o\hat{x},
\end{aligned}\tag{4.4.6}$$

其中

$$A_o=QAQ^{-1}=\begin{bmatrix} 0 & \cdots & 0 & -\alpha_0\\ 1 & & & -\alpha_1\\ & \ddots & & \vdots\\ & & 1 & -\alpha_{n-1}\end{bmatrix},\quad b_o=Qb=\begin{bmatrix}\beta_0\\ \beta_1\\ \vdots\\ \beta_{n-1}\end{bmatrix},$$

$$c_o=cQ^{-1}=[0\quad\cdots\quad 0\quad 1].\tag{4.4.7}$$

证明　(1) 推导 A_o, 由 $A_o = QAQ^{-1}$ 推得

$$A_oQ = QA = \begin{bmatrix} e_1A \\ e_2A \\ \vdots \\ e_nA \end{bmatrix} = \begin{bmatrix} 1 & \alpha_{n-1} & \cdots & \alpha_1 \\ & \ddots & \ddots & \vdots \\ & & \ddots & \alpha_{n-1} \\ & & & 1 \end{bmatrix} \begin{bmatrix} cA^n \\ cA^{n-1} \\ \vdots \\ cA \end{bmatrix}. \tag{4.4.8}$$

利用 Cayley-Hamilton 定理 $\alpha(A) = 0$ 和 (4.4.5) 推得

$$\begin{aligned} &e_1A = cA^n + \alpha_{n-1}cA^{n-1} + \cdots + \alpha_1 cA = c\alpha(A) - c\alpha_0 = -\alpha_0 e_n, \\ &e_2A = cA^{n-1} + \alpha_{n-1}cA^{n-2} + \cdots + \alpha_2 cA + \alpha_1 c - \alpha_1 c = e_1 - \alpha_1 e_n, \\ &\quad\cdots\cdots \\ &e_{n-1}A = cA^2 + \alpha_{n-1}cA + \cdots + \alpha_{n-2}c - \alpha_{n-2}c = e_{n-2} - \alpha_{n-2}e_n, \\ &e_nA = cA + \alpha_{n-1}c - \alpha_{n-1}c = e_{n-1} - \alpha_{n-1}e_n. \end{aligned} \tag{4.4.9}$$

代入 (4.4.8), 于是有

$$A_oQ = \begin{bmatrix} -\alpha_0 e_n \\ e_1 - \alpha_1 e_n \\ \vdots \\ e_{n-1} - \alpha_{n-1}e_n \end{bmatrix} = \begin{bmatrix} 0 & \cdots & 0 & -\alpha_0 \\ 1 & & & -\alpha_1 \\ & \ddots & & \vdots \\ & & 1 & -\alpha_{n-1} \end{bmatrix} \begin{bmatrix} e_1 \\ e_2 \\ \vdots \\ e_n \end{bmatrix}.$$

由 $Q = \begin{bmatrix} e_1 \\ e_2 \\ \vdots \\ e_n \end{bmatrix}$ 非奇异, 上式两边右乘 Q^{-1}, 即得 A_o.

(2) 推导 b_o. 由 (4.4.3), 直接计算

$$b_o = Qb = \begin{bmatrix} 1 & \alpha_{n-1} & \cdots & \alpha_1 \\ & \ddots & \ddots & \vdots \\ & & \ddots & \alpha_{n-1} \\ & & & 1 \end{bmatrix} \begin{bmatrix} cA^{n-1} \\ cA^{n-2} \\ \vdots \\ c \end{bmatrix} b = \begin{bmatrix} \beta_0 \\ \beta_1 \\ \vdots \\ \beta_{n-1} \end{bmatrix}.$$

(3) 推导 c_o. 由

$$c_oQ = c = e_n = \begin{bmatrix} 0 & \cdots & 0 & 1 \end{bmatrix} \begin{bmatrix} e_1 \\ e_2 \\ \vdots \\ e_n \end{bmatrix},$$

上式两边右乘 Q^{-1}, 即可得 c_o.

对于能观规范型, 作如下说明:

对于代数等价的完全能观系统, 具有相同的能观规范型.

例 4.4.1 给定能观单输入—单输出系统

$$\dot{x} = \begin{bmatrix} 1 & 0 & 2 \\ 2 & 1 & 1 \\ 1 & 0 & -2 \end{bmatrix} x + \begin{bmatrix} 1 \\ 2 \\ 1 \end{bmatrix} u,$$

$$y = \begin{bmatrix} 0 & 1 & 1 \end{bmatrix} x.$$

求其能观规范型及变换矩阵.

解 其特征多项式 $\alpha(s) = \det(sI - A) = s^2 - 5s + 4$. 求常数

$$\beta_2 = cb = 3,$$

$$\beta_1 = cAb + \alpha_2 cb = 4,$$

$$\beta_0 = cA^2b + \alpha_2 cAb + \alpha_1 cb = 0.$$

利用 (4.4.6), (4.4.7) 直接可得系统的能观规范型为

$$\dot{\hat{x}} = \begin{bmatrix} 0 & 0 & -4 \\ 1 & 0 & 5 \\ 0 & 1 & 0 \end{bmatrix} \hat{x} + \begin{bmatrix} 0 \\ 4 \\ 3 \end{bmatrix} u,$$

$$y = \begin{bmatrix} 0 & 0 & 1 \end{bmatrix} \hat{x},$$

其中 $\hat{x} = Qx$, 由 (4.4.5) 可求得变换阵

$$Q = \begin{bmatrix} 1 & \alpha_2 & \alpha_1 \\ 0 & 1 & \alpha_2 \\ 0 & 0 & 1 \end{bmatrix} \begin{bmatrix} cA^2 \\ cA \\ c \end{bmatrix} = \begin{bmatrix} 4 & -4 & 4 \\ 3 & 1 & -1 \\ 0 & 1 & 1 \end{bmatrix}.$$

4.5　对偶性原理

从前面对能控性和能观性的讨论可以看到, 二者无论是概念上还是判据形式上都是很相似的. 这种现象不是偶然的, 而是由系统的对偶性原理所决定的.

对偶性原理不但揭示了控制系统的两个基本特性间的对偶关系, 而且指明了系统的控制问题和估计问题之间的内在联系.

1. 对偶系统

给定两个 n 维线性定常连续系统 $\Sigma_1=(A_1,B_1,C_1)$ 和 $\Sigma_2=(A_2,B_2,C_2)$, 若有 $A_1^{\mathrm{T}}=-A_2, B_1^{\mathrm{T}}=C_2, C_1^{\mathrm{T}}=B_2$, 则称这两个系统是互为对偶的系统.

若记系统 Σ_1 为

$$\begin{cases}\dot{x}=A_1x+B_1u,\\ y=C_1x,\end{cases}\tag{4.5.1}$$

其中 x 为 n 维状态向量, u 为 p 维输入向量, y 为 q 维输出向量, A_1,B_1,C_1 分别为 $n\times n,n\times p,q\times n$ 常阵. 则系统 Σ_2 应为

$$\begin{cases}\dot{z}=-A_1^{\mathrm{T}}z+C_1^{\mathrm{T}}v,\\ w=B_1^{\mathrm{T}}z,\end{cases}\tag{4.5.2}$$

其中 z 为 n 维状态向量, v 为 q 维输入向量, w 为 p 维输出向量.

互为对偶系统的关系如图 4.2 所示.

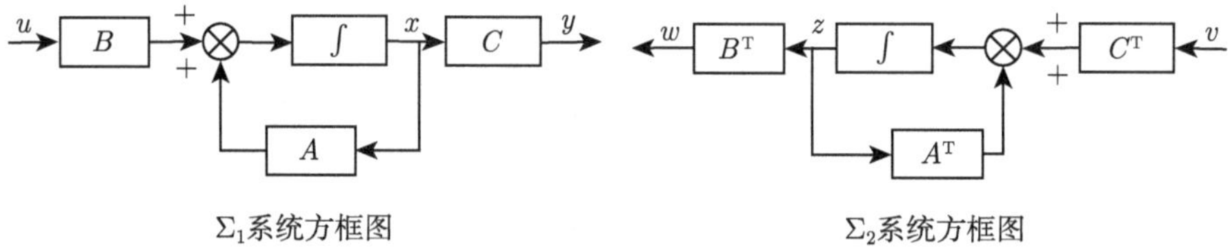

图 4.2　对偶系统方框图

2. 对偶性原理

定理 4.13　设 n 维线性定常连续系统 $\Sigma_1=(A_1,B_1,C_1)$ 与 $\Sigma_2=(A_2,B_2,C_2)$ 是互为对偶的两个系统, 则必有

(1) 系统 Σ_1 状态完全能控等价于系统 Σ_2 状态完全能观;

(2) 系统 Σ_1 状态完全能观等价于系统 Σ_2 状态完全能控.

证明 显然, 只要证明定理的第一部分, 第二部分相似地可以证明. 已知系统 Σ_1 完全能控, 则由秩判据, 能控性矩阵 $[B_1 \quad A_1B_1 \quad \cdots \quad A_1^{n-1}B_1]$ 行满秩. 由 Σ_1 和 Σ_2 对偶知 $A_1=-A_2^{\mathrm{T}}, B_1=C_2^{\mathrm{T}}$, 则有

$$[C_2^{\mathrm{T}} \quad -A_2^{\mathrm{T}}C_2^{\mathrm{T}} \quad \cdots \quad (-A_2^{\mathrm{T}})^{n-1}C_2^{\mathrm{T}}]=\begin{bmatrix} C_2 \\ -C_2A_2 \\ \vdots \\ C_2(-A_2)^{n-1} \end{bmatrix}^{\mathrm{T}} \tag{4.5.3}$$

行满秩. 根据定理 4.5, 即得系统 Σ_2 完全能观. 反之, 由系统 Σ_2 完全能观亦可得系统 Σ_1 完全能控. 定理得证.

对偶性定理说明 (A,C) 的能观性即是 $(A^{\mathrm{T}},C^{\mathrm{T}})$ 的能控性, 故关于能观性的判据都可以通过对偶原理得到.

事实上, 关于能观性分解、能观性规范型也都与能控性分解、能控性规范型对偶, 即满足对偶原理.

4.6 线性定常离散系统的能观性

1. 能观定义及判据

考虑线性定常离散系统

$$\begin{aligned} x(k+1)&=Gx(k), \quad k=0,1,2,\cdots, \\ y(k)&=Cx(k), \end{aligned} \tag{4.6.1}$$

其中 $x(k)$ 为 n 维状态变量, $y(k)$ 为 q 维输出变量, G,C 分别为 $n\times n, q\times n$ 常阵.

定义 4.4 对于系统 (4.6.1), 给定一非零初始值 $x(0)=x_0$, 若自 x_0 出发的系统轨线 $x(k)$ 的输出 $y(k), k=0,1,\cdots,n-1,\cdots$ 恒为零, 则称 x_0 为不能观状态. 若所有的非零状态都不是不能观状态, 则称系统 (4.6.1) 是完全能观的 (或能观的). 若存在一个或一些非零状态是不能观的, 则称系统是不完全能观的.

由定义 4.4 知, 若 x_0 是 (4.6.1) 的不能观状态, 则

$$\begin{aligned} &y(0)=Cx(0)=Cx_0=0, \\ &y(1)=CGx(0)=CGx_0=0, \\ &\qquad \cdots\cdots \\ &y(n-1)=CG^{n-1}x(0)=CG^{n-1}x_0=0, \\ &\qquad \cdots\cdots \end{aligned}$$

由 Cayley-Hamilton 定理, 当 $k \geqslant n$ 时, G^k 可由 $I, G, \cdots, G^{n-1}$ 线性表示, 故若 x_0 是不能观状态, 只要 $y(0) = y(1) = \cdots = y(n-1) = 0$ 即可. 此即

$$\begin{bmatrix} C \\ CG \\ \vdots \\ CG^{n-1} \end{bmatrix} x_0 = 0. \tag{4.6.2}$$

显然, 不能观状态的全体再添上零向量构成 $\mathbb{R}^n$ 中的子空间, 称为不能观子空间, 记为 X_{NO}. 不能观子空间的正交补空间, 称为能观子空间, 记为 X_O.

于是由 (4.6.2), 我们有如下结论.

定理 4.14 系统 (4.6.1) 的不能观子空间 X_{NO} 是 (4.6.2) 的解空间. 能观子空间 X_O 为

$$X_O = \operatorname{span}\,[C^{\mathrm{T}} \quad (CG)^{\mathrm{T}} \quad \cdots \quad (CG^{n-1})^{\mathrm{T}}].$$

定理 4.15 系统 (4.6.1) 完全能观的充要条件是

$$\operatorname{rank}\begin{bmatrix} C \\ CG \\ \vdots \\ CG^{n-1} \end{bmatrix} = n. \tag{4.6.3}$$

记

$$W_O(n) = \begin{bmatrix} C \\ CG \\ \vdots \\ CG^{n-1} \end{bmatrix}^{\mathrm{T}} \begin{bmatrix} C \\ CG \\ \vdots \\ CG^{n-1} \end{bmatrix} = \sum_{j=0}^{n-1} (CG^j)^{\mathrm{T}}(CG^j), \tag{4.6.4}$$

则对于系统 (4.6.1) 的能观性, 有如下定理.

定理 4.16 系统 (4.6.1) 完全能观的充要条件是 $W_O(n)$ 非奇异. $W_O(n)$ 称为系统 (4.6.1) 的能观 Gram 矩阵.

定理 4.17 系统 (4.6.1) 完全能观的充要条件为: 任一状态初值 x_0 能由 n 个输出值 $y(0), y(1), \cdots, y(n-1)$ 唯一确定.

证明 必要性. 假设系统完全能观, 则 $W_O(n)$ 非奇异, 于是

$$W_O^{-1}(n)\begin{bmatrix} C \\ CG \\ \vdots \\ CG^{n-1} \end{bmatrix}^{\mathrm{T}} \begin{bmatrix} y(0) \\ y(1) \\ \vdots \\ y(n-1) \end{bmatrix}$$

$$= W_O^{-1}(n)\begin{bmatrix} C \\ CG \\ \vdots \\ CG^{n-1} \end{bmatrix}^{\mathrm{T}} \begin{bmatrix} C \\ CG \\ \vdots \\ CG^{n-1} \end{bmatrix} x_0 = x_0,$$

x_0 可唯一确定.

充分性. 反证法, 假设系统不完全能观, 则不能观子空间维数大于零. 对任一 $x_0 \in \mathbb{R}^n$, 令 $x_0 = x_0^{(1)} + x_0^{(2)}$, $x_0^{(1)}$ 属于能观子空间 X_O, $x_0^{(2)}$ 属于不能观子空间 X_{NO}, 则有

$$\begin{bmatrix} y(0) \\ y(1) \\ \vdots \\ y(n-1) \end{bmatrix} = \begin{bmatrix} C \\ CG \\ \vdots \\ CG^{n-1} \end{bmatrix} x_0 = \begin{bmatrix} C \\ CG \\ \vdots \\ CG^{n-1} \end{bmatrix} \left[x_0^{(1)} + x_0^{(2)}\right] = \begin{bmatrix} C \\ CG \\ \vdots \\ CG^{n-1} \end{bmatrix} x_0^{(1)},$$

即 $y(0), y(1), \cdots, y(n-1)$ 既可看作是自 x_0 出发的轨线的输出, 也可看作是自 $x_0^{(1)}$ 出发的轨线的输出. 故由 $y(0), y(1), \cdots, y(n-1)$ 不能唯一确定 x_0, 与充分性假设矛盾. 结论得证.

2. 线性定常连续系统时间离散化后的能观性

考虑线性定常连续系统

$$\begin{aligned} \dot{x} &= Ax + Bu, \quad t \geqslant 0, \\ y &= Cx. \end{aligned} \tag{4.6.5}$$

以 T 为采样周期的时间离散化系统为

$$\begin{aligned} x(k+1) &= Gx(k) + Hu(k), \\ y(k) &= Cx(k), \end{aligned} \tag{4.6.6}$$

其中 $G=e^{AT}, H=\int_0^T e^{At}dtB$. 于是, 我们不加证明地给出下面的结论.

定理 4.18 若离散系统 (4.6.6) 是能观的, 则线性定常连续系统 (4.6.5) 能观.

定理 4.19 令 $\lambda_1,\lambda_2,\cdots,\lambda_\sigma$ 为 A 的全部特征值, 且当 $i\neq j$ 时, $\lambda_i\neq\lambda_j$, 若系统 (A,C) 能观, 则离散系统 (4.6.6) 能观的一个充分条件是: 对一切满足

$$\mathrm{Re}(\lambda_i-\lambda_j)=0,\quad i,j=1,2,\cdots,\sigma \tag{4.6.7}$$

的特征值, 采样周期 T 应成立

$$T\neq\frac{2l\pi}{\mathrm{Im}(\lambda_i-\lambda_j)},\quad l=\pm1,\pm2,\cdots. \tag{4.6.8}$$

习 题 4

1. 证明不能观子空间 X_{NO} 是 A 的不变子空间, 能观子空间 X_O 是 A^{T} 的不变子空间.

2. 设系统 (A,B,C), $A=\begin{bmatrix}0&0&0&0\\0&1&0&0\\0&0&1&0\\0&0&0&1\end{bmatrix}$, $B=\begin{bmatrix}0\\1\\1\\1\end{bmatrix}$, $C=\begin{bmatrix}0&0&1&1\\0&0&0&1\end{bmatrix}$, 求 X_C,X_{NC},X_O,X_{NO}.

3. 设系统 (A,C), 其中 $A=\begin{bmatrix}1&1\\0&1\end{bmatrix}$, $C=[0\quad 1]$, 初态 $x_0=\begin{bmatrix}1\\1\end{bmatrix}$, 求所有与 x_0 在区间上有同样输出的点的集合 (写出此集合中任一元素的表达式, 并在坐标平面上画出上述集合).

4. 证明推论 4.2 的结论.

5. 确定使下列系统为完全能观时待定参数的取值范围:

(1) $\dot{x}=\begin{bmatrix}a&b\\c&0\end{bmatrix}x,\qquad y=[1\quad 0]\,x;$

(2) $\dot{x}=\begin{bmatrix}-2&0&0\\1&-2&0\\0&0&-2\end{bmatrix}x,\qquad y=\begin{bmatrix}1&a&b\\4&0&4\end{bmatrix}x.$

6. 确定使下列系统同时为能控能观时待定参数的取值范围:

(1) $\dot{x}=\begin{bmatrix}-1&1&a\\0&-2&1\\0&0&-3\end{bmatrix}x+\begin{bmatrix}0\\0\\1\end{bmatrix}u,\qquad y=[0\quad 0\quad 1]\,x;$

(2) $\dot{x}=\begin{bmatrix}0&0&1\\0&1&0\\-2&-3&-5\end{bmatrix}x+\begin{bmatrix}0\\1\\a\end{bmatrix}u,\qquad y=[0\quad 1\quad b]\,x.$

7. 设 $A=\begin{bmatrix}0&1&0&0&0\\0&0&0&0&0\\0&0&0&1&0\\0&0&0&0&1\\0&0&1&0&0\end{bmatrix}$,

(1) 问能否构造一个单输出完全能观系统;

(2) 若能, 则哪几个状态分量必须量测 (也就是 C 阵哪几列必须为非零), C 必须满足什么条件?

8. 已知系统 $\begin{bmatrix}\dot{x}_1\\\dot{x}_2\end{bmatrix}=\begin{bmatrix}A_1&\\&A_2\end{bmatrix}\begin{bmatrix}x_1\\x_2\end{bmatrix}$, $y=[\,C_1\quad C_2\,]\begin{bmatrix}x_1\\x_2\end{bmatrix}$, 其中 A_1, A_2 分别为 $n_1\times n_1$, $n_2\times n_2$ 常阵, C_1, C_2 分别为 $1\times n_1$, $1\times n_2$ 向量, 证明上述系统完全能观的充要条件是下列两条同时成立:

(1) (A_i,C_i) 完全能观, $i=1,2$;

(2) A_1, A_2 无公共特征值.

9. 设 n 阶单输入—单输出系统 (A,b,c) 既能控又能观, 证明: 当 $n\geqslant 2$ 时, A 与 bc 不可交换.

10. n 阶单输入—单输出系统 (A,b,c), 已知

$$cA^{n-1}b=a\neq 0,\quad cA^kb=0,\quad k=0,1,\cdots,n-2.$$

证明: 该系统既能控又能观.

11. 证明定理 4.8 的结论.

12. 判断下列系统是否为完全能观. 若不完全能观, 对其进行能观性分解.

(1) $\dot{x}=\begin{bmatrix}0&1&0\\0&0&1\\-2&-4&-3\end{bmatrix}x,\qquad y=\begin{bmatrix}1&4&2\end{bmatrix}x;$

(2) $\dot{x}=\begin{bmatrix}-2&1&0\\0&-2&0\\0&0&-2\end{bmatrix}x,\qquad y=\begin{bmatrix}1&0&4\\2&0&8\end{bmatrix}x;$

(3) $\dot{x}=\begin{bmatrix}1&3&2\\1&4&6\\2&1&7\end{bmatrix}x,\qquad y=\begin{bmatrix}1&0&0\\2&1&0\end{bmatrix}x.$

13. 写出下列单输入—单输出系统的能观规范型和变换阵.

$$\dot{x}=\begin{bmatrix}-1&-2&-2\\0&-1&1\\1&0&1\end{bmatrix}x+\begin{bmatrix}2\\0\\1\end{bmatrix}u,\quad y=[1\quad 1\quad 0]\,x.$$

14. 设单输入—单输出系统

$$\dot{x}=Ax+bu,\quad y=cx,$$

已知 (A,b) 能控, 问是否存在 c 使得 (A,c) 能观.

15. 试证明定理 4.18, 定理 4.19 的结论.

16. 称 (A,C) 为能检测, 若 (A,C) 不能观部分的特征根的实部均小于 0. 试证明: (A,C) 能检测的充要条件为

$$\operatorname{rank}\begin{bmatrix} sI-A \\ C \end{bmatrix}=n, \quad \forall s\in\mathbb{C}, \quad \operatorname{Re}s\geqslant 0,$$

n 为 A 的阶数.

17. 线性定常系统为 $\dot{x}=Ax+Bu$, $y=Cx$, 当控制 u 取为 y 的线性函数

$$u=Fy+v,$$

称其为输出反馈. 闭环系统为

$$\dot{x}=(A+BFC)x+Bv, \quad y=Cx.$$

试证明: $(A+BFC,B,C)$ 能控能观的充要条件为 (A,B,C) 能控能观.

18. 开环系统 (A,B,C), $A=\begin{bmatrix} 0 & 1 \\ -1 & 0 \end{bmatrix}$, $B=\begin{bmatrix} 0 \\ 1 \end{bmatrix}$, $C=[1 \quad 0]$, 显然此系统能控能观. 证明: 找不到输出反馈阵 K, 使 $A+BKC$ 稳定 (特征根全在左半平面).

19. 设系统 (A,B,C), 其中 $A=\begin{bmatrix} 0 & 0 & 5 \\ 1 & 0 & -1 \\ 0 & 1 & -3 \end{bmatrix}$, $B=\begin{bmatrix} -2 & 0 \\ 1 & -2 \\ 0 & 1 \end{bmatrix}$, $C=[0 \quad 0 \quad 1]$, 判断其能控性、能观性及输出反馈可镇定性.

第 4 章部分习题答案

第 4 章部分习题讲解视频

第 5 章　能控性、能观性与传递函数

5.1　线性定常系统的规范分解

1. 不完全能控不完全能观系统的结构分解

考虑线性定常系统

$$\begin{aligned}\dot{x} &= Ax + Bu,\\ y &= Cx,\end{aligned} \tag{5.1.1}$$

其中 x 为 n 维状态向量, u 为 p 维输入向量, y 为 q 维输出向量, A, B, C 分别为 $n \times n, n \times p, q \times n$ 的实常阵.

在第 2 章与第 4 章我们分别讨论过 (A, B) 不完全能控, (A, C) 不完全能观时的结构分解, 可以通过引进非奇异线性变换, 分别将 (A, B) 的能控部分与不能控部分分离, (A, C) 的能观部分与不能观部分分离.

若 (A, B, C) 同时为不完全能控不完全能观的, 是否也可通过引进非奇异线性变换, 将其能控能观部分、不能控不能观部分、能控不能观部分、不能控能观部分同时分离呢? 答案是肯定的, 我们有下面的结论.

定理 5.1 (Kalman 规范分解定理)　对不完全能控不完全能观系统 (5.1.1), 通过非奇异线性变换可实现系统结构的规范分解, 其规范分解的表达式为

$$\begin{bmatrix}\dot{x}_1\\ \dot{x}_2\\ \dot{x}_3\\ \dot{x}_4\end{bmatrix} = \begin{bmatrix}A_{11} & A_{12} & A_{13} & A_{14}\\ 0 & A_{22} & 0 & A_{24}\\ 0 & 0 & A_{33} & A_{34}\\ 0 & 0 & 0 & A_{44}\end{bmatrix}\begin{bmatrix}x_1\\ x_2\\ x_3\\ x_4\end{bmatrix} + \begin{bmatrix}B_1\\ B_2\\ 0\\ 0\end{bmatrix}u,$$

$$y = [0\ C_2\ 0\ C_4]\begin{bmatrix}x_1\\ x_2\\ x_3\\ x_4\end{bmatrix}, \tag{5.1.2}$$

并且 (1) $\left(\begin{bmatrix}A_{11} & A_{12}\\ 0 & A_{22}\end{bmatrix}, \begin{bmatrix}B_1\\ B_2\end{bmatrix}\right)$ 能控;

(2) $\left(\begin{bmatrix} A_{22} & A_{24} \\ 0 & A_{44} \end{bmatrix},\ [C_2 \quad C_4]\right)$ 能观;

(3) $(A_{22},\ B_2,\ C_2)$ 能控能观.

证明　取 T_1 为 $n\times n_1$ 矩阵, 其列构成子空间 $X_C\cap X_{NO}$ 的基底; 取 T_2 为 $n\times n_2$ 矩阵, T_1 和 T_2 的列构成子空间 X_C 的基底; 取 T_3 为 $n\times n_3$ 矩阵, T_1 和 T_3 的列构成子空间 X_{NO} 的基底. 则 T_1, T_2, T_3 的各列线性无关且 $n_1+n_2+n_3\leqslant n$. 记 $n_4=n-(n_1+n_2+n_3)$, 取 T_4 为 $n\times n_4$, 且使 $[T_1 \quad T_2 \quad T_3 \quad T_4]$ 为非奇异矩阵的任意矩阵. 记

$$T=[T_1 \quad T_2 \quad T_3 \quad T_4], \tag{5.1.3}$$

$$T^{-1}=\begin{bmatrix} F_1^{\mathrm{T}} \\ F_2^{\mathrm{T}} \\ F_3^{\mathrm{T}} \\ F_4^{\mathrm{T}} \end{bmatrix}, \tag{5.1.4}$$

其中, F_1, F_2, F_3, F_4 分别为 $n\times n_1$, $n\times n_2$, $n\times n_3$, $n\times n_4$ 矩阵, 由 $T^{-1}T=I$ 推得

$$F_1^{\mathrm{T}}T_2=0,\quad F_1^{\mathrm{T}}T_3=0,\quad F_1^{\mathrm{T}}T_4=0, \tag{5.1.5a}$$

$$F_2^{\mathrm{T}}T_1=0,\quad F_2^{\mathrm{T}}T_3=0,\quad F_2^{\mathrm{T}}T_4=0, \tag{5.1.5b}$$

$$F_3^{\mathrm{T}}T_1=0,\quad F_3^{\mathrm{T}}T_2=0,\quad F_3^{\mathrm{T}}T_4=0, \tag{5.1.5c}$$

$$F_4^{\mathrm{T}}T_1=0,\quad F_4^{\mathrm{T}}T_2=0,\quad F_4^{\mathrm{T}}T_3=0. \tag{5.1.5d}$$

由 (5.1.5b), (5.1.5d), F_2, F_4 的各列与 X_{NO} 的基底正交, 故

$$F_2 \text{ 的各列} \in X_O,\quad F_4 \text{ 的各列} \in X_O. \tag{5.1.6}$$

又由 (5.1.5c), (5.1.5d), F_3, F_4 的各列与 X_C 的基底正交, 故

$$F_3 \text{ 的各列} \in X_{NC},\quad F_4 \text{ 的各列} \in X_{NC}. \tag{5.1.7}$$

对系统 (5.1.1) 作非奇异线性变换 $x=T\hat{x}$, 则由 X_C, X_{NO} 是 A 的不变子空间, AT_1, AT_2 各列仍属于 X_C, AT_1, AT_3 各列仍属于 X_{NO}, 以及 (5.1.6), (5.1.7) 推得

$$\hat{A}=T^{-1}AT=\begin{bmatrix} F_1^{\mathrm{T}}AT_1 & F_1^{\mathrm{T}}AT_2 & F_1^{\mathrm{T}}AT_3 & F_1^{\mathrm{T}}AT_4 \\ F_2^{\mathrm{T}}AT_1 & F_2^{\mathrm{T}}AT_2 & F_2^{\mathrm{T}}AT_3 & F_2^{\mathrm{T}}AT_4 \\ F_3^{\mathrm{T}}AT_1 & F_3^{\mathrm{T}}AT_2 & F_3^{\mathrm{T}}AT_3 & F_3^{\mathrm{T}}AT_4 \\ F_4^{\mathrm{T}}AT_1 & F_4^{\mathrm{T}}AT_2 & F_4^{\mathrm{T}}AT_3 & F_4^{\mathrm{T}}AT_4 \end{bmatrix}$$

$$
= \begin{bmatrix} A_{11} & A_{12} & A_{13} & A_{14} \\ 0 & A_{22} & 0 & A_{24} \\ 0 & 0 & A_{33} & A_{34} \\ 0 & 0 & 0 & A_{44} \end{bmatrix}. \tag{5.1.8}
$$

由 B 的各列属于 X_C 及 (5.1.7) 推得

$$
\hat{B} = T^{-1}B = \begin{bmatrix} F_1^{\mathrm{T}}B \\ F_2^{\mathrm{T}}B \\ F_3^{\mathrm{T}}B \\ F_4^{\mathrm{T}}B \end{bmatrix} = \begin{bmatrix} B_1 \\ B_2 \\ 0 \\ 0 \end{bmatrix}. \tag{5.1.9}
$$

由 C 的各列属于 X_O, 推得

$$
\hat{C} = CT = [CT_1 \quad CT_2 \quad CT_3 \quad CT_4] = [0 \quad C_2 \quad 0 \quad C_4]. \tag{5.1.10}
$$

再令 $\hat{x} = [x_1^{\mathrm{T}} \quad x_2^{\mathrm{T}} \quad x_3^{\mathrm{T}} \quad x_4^{\mathrm{T}}]^{\mathrm{T}}$, x_1, x_2, x_3, x_4 分别为 n_1, n_2, n_3, n_4 维分状态, 联合 (5.1.8)~(5.1.10), 即有系统 (5.1.1) 在非奇异线性变换 $x = T\hat{x}$ 下, 结构形式为 (5.1.2).

下面先证明 $\left(\begin{bmatrix} A_{11} & A_{12} \\ 0 & A_{22} \end{bmatrix}, \begin{bmatrix} B_1 \\ B_2 \end{bmatrix}\right)$ 能控. 因为

$$
n_1 + n_2 = \operatorname{rank}\left[B \quad AB \quad \cdots \quad A^{n-1}B\right] = \operatorname{rank}\left[\hat{B} \quad \hat{A}\hat{B} \quad \cdots \quad \hat{A}^{n-1}\hat{B}\right]
$$

$$
= \operatorname{rank}\begin{bmatrix} \begin{bmatrix} B_1 \\ B_2 \end{bmatrix} & \begin{bmatrix} A_{11} & A_{12} \\ 0 & A_{22} \end{bmatrix}\begin{bmatrix} B_1 \\ B_2 \end{bmatrix} & \cdots & \begin{bmatrix} A_{11} & A_{12} \\ 0 & A_{22} \end{bmatrix}^{n-1}\begin{bmatrix} B_1 \\ B_2 \end{bmatrix} \\ 0 & 0 & \cdots & 0 \end{bmatrix}, \tag{5.1.11}
$$

从而

$$
\begin{aligned}
& n_1 + n_2 \\
&= \operatorname{rank}\begin{bmatrix} \begin{bmatrix} B_1 \\ B_2 \end{bmatrix} & \begin{bmatrix} A_{11} & A_{12} \\ 0 & A_{22} \end{bmatrix}\begin{bmatrix} B_1 \\ B_2 \end{bmatrix} & \cdots & \begin{bmatrix} A_{11} & A_{12} \\ 0 & A_{13} \end{bmatrix}^{n-1}\begin{bmatrix} B_1 \\ B_2 \end{bmatrix} \end{bmatrix} \\
&= \operatorname{rank}\begin{bmatrix} \begin{bmatrix} B_1 \\ B_2 \end{bmatrix} & \begin{bmatrix} A_{11} & A_{12} \\ 0 & A_{22} \end{bmatrix}\begin{bmatrix} B_1 \\ B_2 \end{bmatrix} & \cdots & \begin{bmatrix} A_{11} & A_{12} \\ 0 & A_{13} \end{bmatrix}^{n_1+n_2-1}\begin{bmatrix} B_1 \\ B_2 \end{bmatrix} \end{bmatrix},
\end{aligned} \tag{5.1.12}
$$

故 $\left(\begin{bmatrix} A_{11} & A_{12} \\ 0 & A_{22} \end{bmatrix}, \begin{bmatrix} B_1 \\ B_2 \end{bmatrix}\right)$ 能控.

再证 $\left(\begin{bmatrix} A_{22} & A_{24} \\ 0 & A_{44} \end{bmatrix}, [C_2 \quad C_4]\right)$ 能观. 因为 T_1 与 T_3 各列构成 X_{NO} 的基底, 故 $\dim(X_{NO}) = n_1 + n_3$, 从而 $\dim(X_O) = n - (n_1 + n_3) = n_2 + n_4$, 故有

$$\operatorname{rank}\begin{bmatrix} C \\ CA \\ \vdots \\ CA^{n-1} \end{bmatrix} = \operatorname{rank}\begin{bmatrix} \hat{C} \\ \hat{C}\hat{A} \\ \vdots \\ \hat{C}\hat{A}^{n-1} \end{bmatrix} = n_2 + n_4. \tag{5.1.13}$$

考察 $\hat{C}, \hat{C}\hat{A}, \cdots, \hat{C}\hat{A}^{n-1}$.

$$\hat{C} = [0 \quad C_2 \quad 0 \quad C_4],$$

$$\hat{C}\hat{A} = [0 \quad C_2A_{22} \quad 0 \quad C_2A_{24} + C_4A_{44}],$$

$$[C_2A_{22} \quad C_2A_{24} + C_4A_{44}] = [C_2 \quad C_4]\begin{bmatrix} A_{22} & A_{24} \\ 0 & A_{44} \end{bmatrix},$$

$$\hat{C}\hat{A}^2 = \hat{C}\hat{A} \cdot \hat{A} = \left[0 \quad C_2A_{22}^2 \quad 0 \quad C_2A_{22}A_{24} + (C_2A_{24} + C_4A_{44})A_{44}\right],$$

$$\left[C_2A_{22}^2 \quad C_2A_{22}A_{24} + (C_2A_{24} + C_4A_{44})A_{44}\right] = [C_2 \quad C_4]\begin{bmatrix} A_{22} & A_{24} \\ 0 & A_{44} \end{bmatrix}^2,$$

令

$$\hat{C}\hat{A}^{n-2} = [0 \quad G_1 \quad 0 \quad G_2], \quad [G_1 \quad G_2] = [C_2 \quad C_4]\begin{bmatrix} A_{22} & A_{24} \\ 0 & A_{44} \end{bmatrix}^{n-2},$$

则

$$\hat{C}\hat{A}^{n-1} = \hat{C}\hat{A}^{n-2} \cdot \hat{A} = [0 \quad G_1A_{22} \quad 0 \quad G_1A_{24} + G_2A_{44}],$$
$$[G_1A_{22} \quad G_1A_{24}+G_2A_{44}] = [G_1 \ G_2]\begin{bmatrix} A_{22} & A_{24} \\ 0 & A_{44} \end{bmatrix} = [C_2 \quad C_4]\begin{bmatrix} A_{22} & A_{24} \\ 0 & A_{44} \end{bmatrix}^{n-1},$$

从而

$$\hat{C}\hat{A}^k = [0 \quad G_{k_1} \quad 0 \quad G_{k_2}], \quad [G_{k_1} \quad G_{k_2}] = [C_2 \quad C_4]\begin{bmatrix} A_{22} & A_{24} \\ 0 & A_{44} \end{bmatrix}^k, \tag{5.1.14}$$

对所有 $k=0,1,\cdots,n-1$ 成立. 根据 (5.1.13), (5.1.14) 可推得

$$n_2+n_4=\operatorname{rank}\begin{bmatrix} C_2 & C_4 \\ G_{11} & G_{12} \\ \vdots & \vdots \\ G_{n-1,1} & G_{n-1,2} \end{bmatrix}=\operatorname{rank}\begin{bmatrix} [C_2 \quad C_4] \\ [C_2 \quad C_4]\begin{bmatrix} A_{22} & A_{24} \\ 0 & A_{44} \end{bmatrix} \\ \vdots \\ [C_2 \quad C_4]\begin{bmatrix} A_{22} & A_{24} \\ 0 & A_{44} \end{bmatrix}^{n-1} \end{bmatrix}$$

$$=\operatorname{rank}\begin{bmatrix} [C_2 \quad C_4] \\ [C_2 \quad C_4]\begin{bmatrix} A_{22} & A_{24} \\ 0 & A_{44} \end{bmatrix} \\ \vdots \\ [C_2 \quad C_4]\begin{bmatrix} A_{22} & A_{24} \\ 0 & A_{44} \end{bmatrix}^{n_2+n_4-1} \end{bmatrix}, \tag{5.1.15}$$

故 $\left(\begin{bmatrix} A_{22} & A_{24} \\ 0 & A_{44} \end{bmatrix}, [C_2 \quad C_4]\right)$ 能观.

最后证明 (A_{22}, B_2, C_2) 能控能观. 根据

$$\operatorname{rank}\begin{bmatrix} sI_{n_1}-A_{11} & -A_{12} & B_1 \\ 0 & sI_{n_2}-A_{22} & B_2 \end{bmatrix}=n_1+n_2, \quad \forall s\in\mathbb{C},$$

得

$$\operatorname{rank}[sI_{n_2}-A_{22} \quad B_2]=n_2, \quad \forall s\in\mathbb{C},$$

故 (A_{22}, B_2) 能控. 又根据

$$\operatorname{rank}\begin{bmatrix} sI_{n_2}-A_{22} & -A_{24} \\ 0 & sI_{n_4}-A_{44} \\ C_2 & C_4 \end{bmatrix}=n_2+n_4, \quad \forall s\in\mathbb{C},$$

得

$$\operatorname{rank}\begin{bmatrix} sI_{n_2}-A_{22} \\ C_2 \end{bmatrix}=n_2, \quad \forall s\in\mathbb{C},$$

从而 (A_{22}, C_2) 能观. 联合上边的结论, 即有 (A_2, B_2, C_2) 能控能观. 定理得证.

系统 (5.1.1) 的规范分解 (5.1.2) 称为 Kalman 分解. 根据 (5.1.2) 可知, x_1 为 n_1 维能控不能观分状态, x_2 为 n_2 维能控能观分状态, x_3 为 n_3 维不能控不能观分状态, x_4 为 n_4 维能观不能控分状态, $n_1+n_2+n_3+n_4=n$.

2. 不完全能控不完全能观系统的传递函数

由系统结构的规范分解 (5.1.2) 知, 系统 (5.1.1) 的传递函数应与系统 (5.1.2) 的传递函数相同, 即

$$
\begin{aligned}
& C\,(sI-A)^{-1}\,B \\
&= [0 \quad C_2 \quad 0 \quad C_4]\begin{bmatrix} sI-A_{11} & -A_{12} & -A_{13} & -A_{14} \\ 0 & sI-A_{22} & 0 & -A_{24} \\ 0 & 0 & sI-A_{33} & -A_{34} \\ 0 & 0 & 0 & sI-A_{44} \end{bmatrix}^{-1}\begin{bmatrix} B_1 \\ B_2 \\ 0 \\ 0 \end{bmatrix} \\
&= [0\ C_2\ 0\ C_4]\begin{bmatrix} \begin{bmatrix} sI-A_{11} & -A_{12} \\ 0 & sI-A_{22} \end{bmatrix}^{-1} & * \\ 0 & \begin{bmatrix} sI-A_{33} & -A_{34} \\ 0 & sI-A_{44} \end{bmatrix}^{-1} \end{bmatrix}\begin{bmatrix} B_1 \\ B_2 \\ 0 \\ 0 \end{bmatrix} \\
&= [0 \quad C_2]\begin{bmatrix} sI-A_{11} & -A_{12} \\ 0 & sI-A_{22} \end{bmatrix}^{-1}\begin{bmatrix} B_1 \\ B_2 \end{bmatrix} \\
&= [0 \quad C_2]\begin{bmatrix} (sI-A_{11})^{-1} & * \\ 0 & (sI-A_{22})^{-1} \end{bmatrix}\begin{bmatrix} B_1 \\ B_2 \end{bmatrix} = C_2\,(sI-A_{22})^{-1}\,B_2.
\end{aligned}
$$

而 $C_2\,(sI-A_{22})^{-1}\,B_2$ 为系统 (5.1.1) 能控能观部分的传递函数, 于是我们有下面的结论.

定理 5.2 不完全能控不完全能观系统 (5.1.1) 的传递函数即是其能控能观部分的传递函数,

$$
G_{(A,B,C)}\,(s) = C\,(sI-A)^{-1}\,B = C_2\,(sI-A_{22})^{-1}\,B_2 = G_{(A_{22},B_2,C_2)}\,(s)\,. \tag{5.1.16}
$$

定理 5.2 说明, 系统的输入输出描述即传递函数, 只是对系统结构的一种不完全的描述, 只有对完全能控能观的系统, 传递函数才足以表征系统的结构, 描述才是完全的.

5.2 能控能观系统的传递函数

1. 传递函数矩阵的最小多项式表达式

考察线性定常系统

$$\begin{aligned}\dot{x} &= Ax + Bu,\\ y &= Cx,\end{aligned} \tag{5.2.1}$$

其中 x 为 n 维状态向量, u 为 p 维输入向量, y 为 q 维输出向量, A, B, C 为适当维数的实常阵. 其传递函数矩阵为

$$G(s) = C(sI - A)^{-1} B = C\frac{\operatorname{adj}(sI - A)}{\det(sI - A)}B, \tag{5.2.2}$$

其中 $\operatorname{adj}(sI - A)$ 表示特征矩阵 $(sI - A)$ 的伴随矩阵, $\det(sI - A)$ 表示 $(sI - A)$ 的行列式. 令

$$(sI - A)^{-1} = \frac{P(s)}{\varphi(s)}, \tag{5.2.3}$$

$\varphi(s)$ 为 A 的最小多项式, 即

$$\varphi(s) = s^l + a_{l-1}s^{l-1} + \cdots + a_1 s + a_0, \quad l \leqslant n. \tag{5.2.4}$$

$P(s)$ 为矩阵多项式,

$$P(s) = \sum_{j=0}^{l-1} s^j \sum_{i=j+1}^{l} a_i A^{i-j-1} = \sum_{j=0}^{l-1} A^j \sum_{i=j+1}^{l} a_i s^{i-j-1}, \quad l \leqslant n. \tag{5.2.5}$$

于是线性系统 (5.2.1) 的传递函数可表示为

$$G(s) = C(sI - A)^{-1} B = \frac{C\,P(s)\,B}{\varphi(s)}, \tag{5.2.6}$$

此即为传递函数 $G(s)$ 的最小多项式表示.

显然, 若 $d(s)$ 为 $\det(sI - A)$ 与 $\operatorname{adj}(sI - A)$ 的最大公因子, 则由 (5.2.2) 即知应有

$$\det(sI - A) = d(s)\varphi(s),$$

$$\operatorname{adj}(sI - A) = d(s)P(s).$$

对于传递函数的最小多项式表示 (5.2.6), 我们给出以下的性质:

(1) $\varphi(s)$ 为 A 的最小多项式, 必有 $\varphi(A)=0$.

(2) 矩阵多项式 $P(s)$ 在复平面上无根.

事实上, 若 $\exists\, s_0 \in \mathbb{C}$, 使 $P(s_0)=0$, 由 (5.2.5) 则有

$$0 = P(s_0) = \sum_{j=0}^{l-1} A^j \sum_{i=j+1}^{l} a_i s_0^{i-j-1} = \sum_{j=0}^{l-1} A^j \alpha_j,$$

这说明, 存在次数不超过 $l-1$ 的多项式 $\psi(s) = \sum\limits_{j=0}^{l-1} s^j \alpha_j$, 使得 $\psi(A)=0$, 此与 $\varphi(s)$ 为 A 的最小多项式矛盾.

(3) $P(s)$ 与 A 可交换, 即 $P(s)A = AP(s)$.

2. 能控能观系统的传递函数的不可简约性

定理 5.3　若 (A, B) 能控, 则 $P(s)B$ 在复平面无根.

证明　反证法. 若存在 $s_0 \in \mathbb{C}$, 使得 $P(s_0)B=0$, 则由 $P(s)A = AP(s)$ 可导出

$$\begin{aligned}
&P(s_0)B = 0,\\
&P(s_0)AB = AP(s_0)B = 0,\\
&\quad\cdots\cdots\\
&P(s_0)A^{n-1}B = A^{n-1}P(s_0)B = 0,
\end{aligned}$$

从而

$$P(s_0)\begin{bmatrix} B & AB & \cdots & A^{n-1}B \end{bmatrix} = 0.$$

又因为 $P(s)$ 在复平面上无根, 故 $P(s_0) \neq 0$, 从而推出 $\begin{bmatrix} B & AB & \cdots & A^{n-1}B \end{bmatrix}$ 行降秩, 与 (A, B) 能控矛盾. 故假设不成立, $P(s)B$ 在复平面无根.

定理 5.4　若 (A, C) 能观, 则 $CP(s)$ 在复平面无根.

若 (A, B, C) 能控能观, $CP(s)B$ 在复平面上是否也无根呢? 一般来说, 此结论是不成立的.

定理 5.5　若 (A, B, C) 能控能观, 系统 (5.2.1) 的传递函数的最小多项式表示为

$$C(sI-A)^{-1}B = \frac{CP(s)B}{\varphi(s)},$$

则 $CP(s)B$ 与 $\varphi(s)$ 无公共根.

证明　用反证法. 设 $CP(s)B$ 与 $\varphi(s)$ 有一公共根 $s = s_0$, 即

$$CP(s_0)B = 0, \quad \varphi(s_0) = 0. \tag{5.2.7}$$

由 $(sI-A)^{-1}=\dfrac{P(s)}{\varphi(s)}$, 推得

$$(sI-A)(sI-A)^{-1}=(sI-A)\frac{P(s)}{\varphi(s)}=I,$$

即

$$(sI-A)P(s)=\varphi(s)I,\quad \forall s\in\mathbb{C}. \tag{5.2.8}$$

由 $\varphi(s_0)$=0, 可推得

$$AP(s_0)=s_0P(s_0). \tag{5.2.9}$$

由 (5.2.7), (5.2.9) 可导出

$$\begin{aligned}&CP(s_0)B=0,\\&CAP(s_0)B=s_0CP(s_0)B=0,\\&\quad\cdots\cdots\\&CA^{n-1}P(s_0)B=s_0^{n-1}CP(s_0)B=0.\end{aligned} \tag{5.2.10}$$

(5.2.10) 还可表示为

$$\begin{bmatrix}C\\CA\\\vdots\\CA^{n-1}\end{bmatrix}P(s_0)B=0. \tag{5.2.11}$$

因为 (A,C) 能观, 故矩阵 $\begin{bmatrix}C\\CA\\\vdots\\CA^{n-1}\end{bmatrix}$ 列满秩, 从而推出

$$P(s_0)B=0.$$

此与定理 5.3 的结论矛盾, 故假设不成立. 即 $CP(s)B$ 与 $\varphi(s)$ 无公共根. 定理结论得证.

若传递函数 (5.2.6) 为不可简约 (既约) 的, $\varphi(s)=0$ 的根, 即 $\varphi(s)$ 的零点称为传递函数 (5.2.6) 的极点. 显然, $\varphi(s)$ 的零点, 一定是 $\det(sI-A)$ 的零点, 即 A 的特征根, 但是因为传递函数 (5.2.6) 往往是可简约的, 故 A 的特征根并不一定

是传递函数的极点. 定理 5.5 指出, 若 (A,B,C) 能控能观, 则传递函数 (5.2.6) 是不可简约的, 而 $\varphi(s)$ 的零点等同于 A 的特征根, 故此时传递函数的极点与 A 的特征根相同.

推论 5.1　若 (A,B) 能控, (A,C) 能观, 则传递函数 $G(s)=C(sI-A)^{-1}B$ 的极点即为 $\det(sI-A)=0$ 的根.

定理 5.5 说明, 若 (A,B,C) 能控能观, 则传递函数 (5.2.6) 一定是不可简约的. 反之, 则不成立. 即已知传递函数 (5.2.6) 是不可简约的, 并不能说明 (A,B,C) 能控能观. 但是, 对于单输入 (或单输出) 的系统, 我们却有下面的结论.

定理 5.6　若系统 (A,B,C) 为单输入 (或单输出), 则系统能控能观的充分必要条件为: 其传递函数表达式为分母次数等于状态维数的不可简约分式.

证明　必要性. 因为 (A,B,C) 为单输入 (或单输出) 能控能观, 故 A 为循环矩阵. 其最小多项式即为其特征多项式, 再由定理 5.5 即知传函矩阵

$$G(s)=\frac{C\mathrm{adj}(sI-A)B}{\det(sI-A)}$$

为既约, 且分母次数为系统的状态维数.

充分性. 反证法, 假设 (A,B,C) 不完全能控, 不完全能观, 则对其进行 Kalman 规范分解, 得一子系统 (A_{22},B_2,C_2) 能控能观, 维数低于原系统维数, 此时系统的传递函数

$$G(s)=C(sI-A)^{-1}B=C_2(sI-A_{22})^{-1}B_2=\frac{C_2\mathrm{adj}(sI-A_{22})B_2}{\det(sI-A_{22})} \tag{5.2.12}$$

为既约, 分母次数低于系统 (A,B,C) 的状态维数. 此与 $G(s)$ 表达式为分母次数等于状态维数的不可简约分式矛盾, 故假设不成立. 从而 (A,B,C) 能控能观. 定理得证.

5.3　最小实现

对于线性定常系统, 给定其传递函数矩阵 $G(s)$, 如果可以找到一个状态空间描述

$$\begin{aligned}\dot{x}&=Ax+Bu,\\ y&=Cx+Du\end{aligned} \tag{5.3.1}$$

使其满足关系式

$$C(sI-A)^{-1}B+D=G(s), \tag{5.3.2}$$

则称此状态空间描述或 (A,B,C,D) 为给定传递函数矩阵 $G(s)$ 的一个实现, A 的维数称为实现的维数.

那么, 对于给定的传递函数矩阵 $G(s)$, 它的实现是否一定存在呢? 若存在, 又有什么性质呢?

1. 传递函数的能控形实现, 能观形实现

考虑严格真传递函数矩阵 $G(s)$, 其有理分式矩阵形式描述为

$$G(s)=(g_{ij}(s)),\quad i=1,\cdots,q,\quad j=1,\cdots,p. \tag{5.3.3}$$

令 $d(s)$ 为 $g_{ij}(s)\,(i=1,\cdots,q,j=1,\cdots,p)$ 的最小公分母, 且

$$d(s)=s^n+a_{n-1}s^{n-1}+\cdots+a_1s+a_0, \tag{5.3.4}$$

则可将 $G(s)$ 表示为

$$G(s)=\frac{C(s)}{d(s)}=\frac{C_{n-1}s^{n-1}+\cdots+C_1s+C_0}{s^n+a_{n-1}s^{n-1}+\cdots+a_1s+a_0}, \tag{5.3.5}$$

其中 $C_i,i=0,1,\cdots,n-1$ 为 $q\times p$ 常阵.

定理 5.7 给定传递函数矩阵 $G(s)$ 如 (5.3.5) 所示. 则下述 (A,B,C)

$$A=\begin{bmatrix}0 & I_p & & \\ & \ddots & \ddots & \\ & & 0 & I_p\\ -a_0I_p & -a_1I_p & \cdots & -a_{n-1}I_p\end{bmatrix},\quad B=\begin{bmatrix}0\\0\\ \vdots\\ I_p\end{bmatrix},$$

$$C=[C_0\quad C_1\quad \cdots\quad C_{n-1}] \tag{5.3.6}$$

即为 $G(s)$ 的一个能控形实现.

证明 先证明 (A,B,C) 是 $G(s)$ 的一个实现. 令

$$V(s)=(sI-A)^{-1}B=\begin{bmatrix}V_1(s)\\ \vdots\\ V_n(s)\end{bmatrix}, \tag{5.3.7}$$

$V_i(s)\,(i=1,2,\cdots,n)$ 为 $p\times p$ 矩阵. 由此可导出

$$(sI-A)V(s)=B\quad 或\quad sV(s)=AV(s)+B. \tag{5.3.8}$$

将 (5.3.6) 中 A, B 代入 (5.3.8), 则由上式进而可推得

$$\begin{cases} V_2(s) = sV_1(s), \\ V_3(s) = sV_2(s) = s^2 V_1(s), \\ \qquad \cdots\cdots \\ V_n(s) = sV_{n-1}(s) = s^{n-1} V_1(s) \end{cases} \tag{5.3.9}$$

及

$$sV_n(s) = -a_0 V_1(s) - a_1 V_2(s) - \cdots - a_{n-1} V_n(s) + I_p. \tag{5.3.10}$$

将 (5.3.9) 代入 (5.3.10), 又可导出

$$(s^n + a_{n-1}s^{n-1} + \cdots + a_1 s + a_0) V_1(s) = d(s) V_1(s) = I_p, \tag{5.3.11}$$

即

$$V_1(s) = \frac{I_p}{d(s)}. \tag{5.3.12}$$

将 (5.3.12) 代入 (5.3.9), 有

$$V_i(s) = \frac{1}{d(s)} s^{i-1} I_p, \quad i = 1, 2, \cdots, n. \tag{5.3.13}$$

于是

$$\begin{aligned} C(sI - A)^{-1} B &= CV(s) = C_0 V_1(s) + C_1 V_2(s) + \cdots + C_{n-1} V_n(s) \\ &= \frac{1}{d(s)} (C_0 + C_1 s + \cdots + C_{n-1} s^{n-1}) = G(s), \end{aligned} \tag{5.3.14}$$

即 (A, B, C) 是 $G(s)$ 的一个实现.

下面证明 (A, B, C) 能控. 因为

$$\begin{aligned} &\operatorname{rank} [sI - A \quad B] \\ &= \operatorname{rank} \begin{bmatrix} sI_p & -I_p & & & & 0 \\ & \ddots & \ddots & & & \vdots \\ & & \ddots & \ddots & & \vdots \\ & & & sI_p & -I_p & 0 \\ a_0 I_p & a_1 I_p & \cdots & a_{n-2} I_p & sI_p + a_{n-1} I_p & I_p \end{bmatrix} = np, \quad \forall s \in \mathbb{C}, \end{aligned} \tag{5.3.15}$$

由 PBH 判据知 (A,B) 能控.

定理 5.8 给定传递函数矩阵 $G(s)$ 如 (5.3.5) 所示, 则下述 (A,B,C) 为 $G(s)$ 的一个能观形实现:

$$A=\begin{bmatrix} 0 & & & -a_0I_q \\ I_q & \ddots & & -a_1I_q \\ & \ddots & 0 & \vdots \\ & & I_q & -a_{n-1}I_q \end{bmatrix},\quad B=\begin{bmatrix} C_0 \\ C_1 \\ \vdots \\ C_{n-1} \end{bmatrix},\quad C=[0\quad 0\quad \cdots\quad I_q]. \tag{5.3.16}$$

定理 5.7、定理 5.8 说明, 给定任意严格真的传递函数矩阵 $G(s)$, 其实现一定存在, 但是不唯一, 而且维数也可以不同, 不同实现之间不具有代数等价关系. 不管 $G(s)$ 是不是既约的, 其能控形实现不一定是完全能观的.

若传递函数矩阵 $G(s)$ 为真的, 可首先令

$$D=\lim_{s\to\infty}G(s), \tag{5.3.17}$$

然后令

$$\tilde{G}(s)=G(s)-D, \tag{5.3.18}$$

则 $\tilde{G}(s)$ 为严格真的, 可按定理 5.7、定理 5.8 求出 $\tilde{G}(s)$ 能控形实现或能观形实现 (A,B,C), 则 $G(s)$ 的实现即为 (A,B,C,D).

2. 最小实现特性

给定真传递函数矩阵 $G(s)$ 的维数最小的实现, 称为最小实现, 也称为不可简约实现.

最小实现因为有着最简单的结构, 所以, 无论是理论上还是应用上, 都是最重要和最有意义的实现. 最小实现与能控性能观性有着密切的联系, 下面, 我们给出最小实现的一些重要特性.

定理 5.9 设 (A,B,C) 为严格真传递函数矩阵 $G(s)$ 的一个实现, 则其为最小实现的充分必要条件是 (A,B) 能控且 (A,C) 能观.

证明 必要性. (A,B,C) 为最小实现, 证其必为能控能观的. 用反证法. 假设 (A,B,C) 不是能控能观的, 则对其进行规范分解, 找出其能控能观部分 (A_{22},B_2,C_2), 且成立:

$$\begin{cases} C(sI-A)^{-1}B=C_2(sI-A_{22})^{-1}B_2, \\ \dim(A)>\dim(A_{22}). \end{cases} \tag{5.3.19}$$

这表明 (A,B,C) 不是 $G(s)$ 的最小实现. 和已知条件矛盾, 故假设不成立, 即 (A,B,C) 为能控且能观. 必要性得证.

充分性. (A,B,C) 为能控能观的, 证明其必为最小实现, 用反证法. 假设 (A, B, C) 不是最小实现, 则必存在另一最小实现 $(\bar{A},\bar{B},\bar{C})$, 且有

$$n = \dim(A) > \dim(\bar{A}) = \bar{n}. \tag{5.3.20}$$

因为

$$G(s) = C(sI-A)^{-1}B = \bar{C}\left(sI-\bar{A}\right)^{-1}\bar{B},$$

从而有

$$CA^jB = \bar{C}\bar{A}^j\bar{B}, \quad j = 0,1,2,\cdots. \tag{5.3.21}$$

由 (5.3.21) 又可得

$$\begin{bmatrix} C \\ CA \\ \vdots \\ CA^{n-1} \end{bmatrix} \begin{bmatrix} B & AB & \cdots & A^{n-1}B \end{bmatrix} = \begin{bmatrix} \bar{C} \\ \bar{C}\bar{A} \\ \vdots \\ \bar{C}\bar{A}^{n-1} \end{bmatrix} \begin{bmatrix} \bar{B} & \bar{A}\bar{B} & \cdots & \bar{A}^{n-1}\bar{B} \end{bmatrix}. \tag{5.3.22}$$

记

$$Q_O = \begin{bmatrix} C \\ CA \\ \vdots \\ CA^{n-1} \end{bmatrix}, \quad Q_C = \begin{bmatrix} B & AB & \cdots & A^{n-1}B \end{bmatrix},$$

$$\bar{Q}_O = \begin{bmatrix} \bar{C} \\ \bar{C}\bar{A} \\ \vdots \\ \bar{C}\bar{A}^{n-1} \end{bmatrix}, \quad \bar{Q}_C = \begin{bmatrix} \bar{B} & \bar{A}\bar{B} & \cdots & \bar{A}^{n-1}\bar{B} \end{bmatrix}, \tag{5.3.23}$$

则由 (5.3.22) 可导出

$$Q_OQ_C = \bar{Q}_O\bar{Q}_C. \tag{5.3.24}$$

因为 (A,B,C) 能控能观, 故

$$\mathrm{rank}Q_O = \mathrm{rank}Q_C = \mathrm{rank}Q_OQ_C = n. \tag{5.3.25}$$

从而有

$$\mathrm{rank}\bar{Q}_O \geqslant \mathrm{rank}\bar{Q}_O\bar{Q}_C = n, \quad \mathrm{rank}\bar{Q}_C \geqslant n. \tag{5.3.26}$$

又因为 $(\bar{A},\bar{B},\bar{C})$ 为最小实现, 故 $(\bar{A},\bar{B},\bar{C})$ 能控能观. 从而有

$$\mathrm{rank}\begin{bmatrix}\bar{C}\\ \bar{C}\bar{A}\\ \vdots\\ \bar{C}\bar{A}^{\bar{n}-1}\end{bmatrix} = \mathrm{rank}\begin{bmatrix}\bar{B} & \bar{A}\bar{B} & \cdots & \bar{A}^{\bar{n}-1}\bar{B}\end{bmatrix} = \bar{n}. \tag{5.3.27}$$

又由

$$\mathrm{rank}\bar{Q}_O = \mathrm{rank}\begin{bmatrix}\bar{C}\\ \bar{C}\bar{A}\\ \vdots\\ \bar{C}\bar{A}^{\bar{n}-1}\end{bmatrix}, \quad \mathrm{rank}\bar{Q}_C = \mathrm{rank}\begin{bmatrix}\bar{B} & \bar{A}\bar{B} & \cdots & \bar{A}^{\bar{n}-1}\bar{B}\end{bmatrix} \tag{5.3.28}$$

及 (5.3.20) 可推得

$$\mathrm{rank}\bar{Q}_O = \mathrm{rank}\bar{Q}_C = \bar{n} < n.$$

此与 (5.3.26) 形成矛盾. 故假设不成立, 即不存在维数比 (A,B,C) 更小的实现. 故 (A,B,C) 为最小实现, 充分性得证. 定理得证.

定理 5.10 对于给定的严格真传递函数矩阵 $G(s)$, 若 (A,B,C) 和 $(\bar{A},\bar{B},\bar{C})$ 为 $G(s)$ 的任意两个最小实现, 则它们必代数等价.

证明 已知 (A,B,C) 和 $(\bar{A},\bar{B},\bar{C})$ 均为最小实现, 由定理 5.9 知, 它们都是能观能控的, 从而有

$$\mathrm{rank}Q_O = \mathrm{rank}Q_C = \mathrm{rank}\bar{Q}_O = \mathrm{rank}\bar{Q}_C = n, \tag{5.3.29}$$

其中 $n = \dim(A) = \dim(\bar{A})$, Q_O, Q_C, $\bar{Q}_O$, $\bar{Q}_C$ 如 (5.3.23) 所示. 进而知 $\bar{Q}_O^{\mathrm{T}}\bar{Q}_O$, $\bar{Q}_C\bar{Q}_C^{\mathrm{T}}$ 非奇异, 再由

$$G(s) = C(sI-A)^{-1}B = \bar{C}\left(sI-\bar{A}\right)^{-1}\bar{B},$$

类似于定理 5.9 可导出

$$Q_OQ_C = \bar{Q}_O\bar{Q}_C. \tag{5.3.30}$$

故有

$$\bar{Q}_C = \left(\bar{Q}_O^{\mathrm{T}}\bar{Q}_O\right)^{-1}\bar{Q}_O^{\mathrm{T}}Q_OQ_C = \bar{T}Q_C, \tag{5.3.31}$$

$$\bar{Q}_O = Q_O Q_C \bar{Q}_C^{\mathrm{T}} \left(\bar{Q}_C \bar{Q}_C^{\mathrm{T}}\right)^{-1} = Q_O T, \tag{5.3.32}$$

其中

$$\bar{T} = \left(\bar{Q}_O^{\mathrm{T}} \bar{Q}_O\right)^{-1} \bar{Q}_O^{\mathrm{T}} Q_O, \quad T = Q_C \bar{Q}_C^{\mathrm{T}} \left(\bar{Q}_C \bar{Q}_C^{\mathrm{T}}\right)^{-1}. \tag{5.3.33}$$

再因为

$$\begin{aligned}\bar{T}T &= \left(\bar{Q}_O^{\mathrm{T}} \bar{Q}_O\right)^{-1} \bar{Q}_O^{\mathrm{T}} Q_O Q_C \bar{Q}_C^{\mathrm{T}} \left(\bar{Q}_C \bar{Q}_C^{\mathrm{T}}\right)^{-1} \\ &= \left(\bar{Q}_O^{\mathrm{T}} \bar{Q}_O\right)^{-1} \bar{Q}_O^{\mathrm{T}} \bar{Q}_O \bar{Q}_C \bar{Q}_C^{\mathrm{T}} \left(\bar{Q}_C \bar{Q}_C^{\mathrm{T}}\right)^{-1} = I_n,\end{aligned} \tag{5.3.34}$$

故 $\bar{T}, T$ 非奇异, 且

$$\bar{T} = T^{-1}. \tag{5.3.35}$$

再由

$$\bar{Q}_C = \begin{bmatrix}\bar{B} & \bar{A}\bar{B} & \cdots & \bar{A}^{n-1}\bar{B}\end{bmatrix} = T^{-1} Q_C = T^{-1} \begin{bmatrix}B & AB & \cdots & A^{n-1}B\end{bmatrix} \tag{5.3.36}$$

及

$$\bar{Q}_O = \begin{bmatrix}\bar{C} \\ \bar{C}\bar{A} \\ \vdots \\ \bar{C}\bar{A}^{n-1}\end{bmatrix} = Q_O T = \begin{bmatrix}C \\ CA \\ \vdots \\ CA^{n-1}\end{bmatrix} T, \tag{5.3.37}$$

得

$$\bar{B} = T^{-1} B, \quad \bar{C} = CT. \tag{5.3.38}$$

下证 $\bar{A} = T^{-1}AT$. 由

$$CA^j B = \bar{C}\bar{A}^j B, \quad j = 0, 1, 2, \cdots \tag{5.3.39}$$

可得

$$\begin{aligned}Q_O A Q_C &= \begin{bmatrix}C \\ CA \\ \vdots \\ CA^{n-1}\end{bmatrix} A \begin{bmatrix}B & AB & \cdots & A^{n-1}B\end{bmatrix} \\ &= \begin{bmatrix}\bar{C} \\ \bar{C}\bar{A} \\ \vdots \\ \bar{C}\bar{A}^{n-1}\end{bmatrix} \bar{A} \begin{bmatrix}\bar{B} & \bar{A}\bar{B} & \cdots & \bar{A}^{n-1}\bar{B}\end{bmatrix} = \bar{Q}_O \bar{A} \bar{Q}_C.\end{aligned} \tag{5.3.40}$$

由此可导出

$$\bar{A} = \left(\bar{Q}_O^{\mathrm{T}}\bar{Q}_O\right)^{-1}\bar{Q}_O^{\mathrm{T}}Q_OAQ_C\bar{Q}_C^{\mathrm{T}}\left(\bar{Q}_C\bar{Q}_C^{\mathrm{T}}\right)^{-1} = T^{-1}AT. \tag{5.3.41}$$

联合 (5.3.38), (5.3.41) 知定理结论得证.

通过上面的讨论知, 最小实现有着很好的特性. 那么若给定一个传递函数矩阵 $G(s)$, 如何求它的最小实现呢? 定理 5.9 给出了我们求最小实现的一种方法, 只要求它的一个能控能观实现即是最小实现. 下面我们分几种情形讨论.

(1) 单输入—单输出系统的传递函数

$$G(s) = \frac{c_{n-1}s^{n-1} + \cdots + c_1 s + c_0}{s^n + a_{n-1}s^{n-1} + \cdots + a_1 s + a_0} \tag{5.3.42}$$

不可简约, 其中 a_i, c_i, $i = 0, 1, \cdots, n-1$ 为实常数. 其能控形实现为

$$A = \begin{bmatrix} 0 & 1 & & \\ & \ddots & \ddots & \\ & & 0 & 1 \\ -a_0 & -a_1 & \cdots & -a_{n-1} \end{bmatrix}, \quad B = \begin{bmatrix} 0 \\ \vdots \\ 0 \\ 1 \end{bmatrix}, \quad C = \begin{bmatrix} c_0 & c_1 & \cdots & c_{n-1} \end{bmatrix}. \tag{5.3.43}$$

因为 $G(s)$ 的分母的次数恰为实现 (A, B, C) 的维数, 由定理 5.6, (A, B, C) 为能控能观, 故是 (5.3.42) 的一个最小实现.

同理, (5.3.42) 的能观形实现

$$A = \begin{bmatrix} 0 & & & -a_0 \\ 1 & \ddots & & -a_1 \\ & \ddots & 0 & \vdots \\ & & 1 & -a_{n-1} \end{bmatrix}, \quad B = \begin{bmatrix} c_0 \\ c_1 \\ \vdots \\ c_{n-1} \end{bmatrix}, \quad C = \begin{bmatrix} 0 & \cdots & 0 & 1 \end{bmatrix} \tag{5.3.44}$$

也是一个最小实现.

单输入—单输出系统的 Jordan 标准型实现 (并联实现).

设 $G(s)$ 的极点为 $\lambda_1(\mu_1$ 重), $\lambda_2(\mu_2$ 重), $\cdots, \lambda_m(\mu_m$ 重), $\sum\limits_{i=1}^{m}\mu_i = n, \lambda_i \neq \lambda_k, \forall i \neq k$. 故有

$$G(s) = \sum_{i=1}^{m}\sum_{k=1}^{\mu_i}\frac{f_{ik}}{(s-\lambda_i)^k}, \tag{5.3.45}$$

则 $G(s)$ 的 Jordan 标准型实现为

$$A=\begin{bmatrix} A_1 & & \\ & \ddots & \\ & & A_m \end{bmatrix},\quad b=\begin{bmatrix} b_1\\ \vdots \\ b_m \end{bmatrix},\quad c=[\,c_1\quad\cdots\quad c_m\,],$$

$$A_i=\begin{bmatrix} \lambda_i & 1 & & \\ & \ddots & \ddots & \\ & & \ddots & 1 \\ & & & \lambda_i \end{bmatrix}_{\mu_i\times\mu_i},\quad b_i=\begin{bmatrix} 0\\ \vdots \\ 0 \\ 1 \end{bmatrix}_{\mu_i\times 1},\quad c_i=[\,f_{i\mu_i}\quad\cdots\quad f_{i1}\,]_{1\times\mu_i}. \tag{5.3.46}$$

事实上, 由

$$c(sI-A)^{-1}b=\sum_{i=1}^{m}c_i(sI-A_i)^{-1}b_i,$$

$$(sI-A_i)^{-1}=\begin{bmatrix} s-\lambda_i & -1 & & \\ & \ddots & \ddots & \\ & & \ddots & -1 \\ & & & s-\lambda_i \end{bmatrix}^{-1}$$

$$=\frac{1}{(s-\lambda_i)^{\mu_i}}\begin{bmatrix} * & * & \cdots & 1 \\ * & * & \cdots & s-\lambda_i \\ \vdots & \vdots & & \vdots \\ * & * & \cdots & (s-\lambda_i)^{\mu_i-1} \end{bmatrix},$$

$$c_i(sI-A_i)^{-1}b_i=\frac{1}{(s-\lambda_i)^{\mu_i}}[\,f_{i\mu_i}\quad\cdots\quad f_{i1}\,]\begin{bmatrix} * & * & \cdots & 1 \\ * & * & \cdots & s-\lambda_i \\ \vdots & \vdots & & \vdots \\ * & * & \cdots & (s-\lambda_i)^{\mu_i-1} \end{bmatrix}\begin{bmatrix} 0\\ \vdots \\ 0 \\ 1 \end{bmatrix}$$

$$=\sum_{k=1}^{\mu_i}\frac{f_{ik}}{(s-\lambda_i)^k} \tag{5.3.47}$$

可得

$$c(sI-A)^{-1}b=\sum_{i=1}^{m}\sum_{k=1}^{\mu_i}\frac{f_{ik}}{(s-\lambda_i)^k}=G(s),$$

再由 $\sum_{i=1}^{m}\mu_i = n$ 可知 Jordan 标准型实现 (5.3.46) 为 $G(s)$ 的一个最小实现.

若 $\lambda_1 = \bar{\lambda}_2$ 为复极点, 其余极点为实数, 则有

$$A = \begin{bmatrix} A_1 & & & & \\ & \bar{A}_1 & & & \\ & & A_3 & & \\ & & & \ddots & \\ & & & & A_m \end{bmatrix}, \quad b = \begin{bmatrix} b_1 \\ b_1 \\ b_3 \\ \vdots \\ b_m \end{bmatrix}, \quad c = [c_1 \quad \bar{c}_1 \quad c_3 \quad \cdots \quad c_m], \tag{5.3.48}$$

取变换矩阵

$$P = \begin{bmatrix} I_{\mu_1} & I_{\mu_1} & 0 & \cdots & 0 \\ jI_{\mu_1} & -jI_{\mu_1} & 0 & \cdots & 0 \\ 0 & 0 & I_{\mu_3} & \cdots & 0 \\ \vdots & \vdots & \vdots & \ddots & \vdots \\ 0 & 0 & 0 & \cdots & I_{\mu_m} \end{bmatrix},$$

$$P^{-1} = \begin{bmatrix} \frac{1}{2}I_{\mu_1} & -\frac{1}{2}jI_{\mu_1} & 0 & \cdots & 0 \\ \frac{1}{2}I_{\mu_1} & \frac{1}{2}jI_{\mu_1} & 0 & \cdots & 0 \\ 0 & 0 & I_{\mu_3} & \cdots & 0 \\ \vdots & \vdots & \vdots & \ddots & \vdots \\ 0 & 0 & 0 & \cdots & I_{\mu_m} \end{bmatrix}, \tag{5.3.49}$$

$j^2 = -1$. 于是有

$$\hat{A} = PAP^{-1} = \begin{bmatrix} \mathrm{Re}A_1 & \mathrm{Im}A_1 & 0 & \cdots & 0 \\ -\mathrm{Im}A_1 & \mathrm{Re}A_1 & 0 & \cdots & 0 \\ 0 & 0 & A_3 & \cdots & 0 \\ \vdots & \vdots & \vdots & \ddots & \vdots \\ 0 & 0 & 0 & \cdots & A_m \end{bmatrix},$$

$$\hat{b} = Pb = \begin{bmatrix} 2b_1 \\ 0 \\ b_3 \\ \vdots \\ b_m \end{bmatrix}, \quad \hat{c} = [\mathrm{Re}c_1 \quad \mathrm{Im}c_1 \quad c_3 \quad \cdots \quad c_m]. \tag{5.3.50}$$

则 $(\hat{A}, \hat{b}, \hat{c})$ 为 $G(s)$ 实形式的 Jordan 标准型最小实现.

(2) 单输入—多输出系统. 传递函数矩阵

$$G(s) = \frac{C_{n-1}s^{n-1} + \cdots + C_1 s + C_0}{s^n + a_{n-1}s^{n-1} + \cdots + a_1 s + a_0} \tag{5.3.51}$$

不可简约, 其中 a_i, $i = 0, 1, \cdots, n-1$ 为实常数, C_i, $i = 0, 1, \cdots, n-1$ 为 $q \times 1$ 实常阵. 能控形实现

$$A = \begin{bmatrix} 0 & 1 & & \\ & \ddots & \ddots & \\ & & 0 & 1 \\ -a_0 & -a_1 & \cdots & -a_{n-1} \end{bmatrix}, \quad B = \begin{bmatrix} 0 \\ \vdots \\ 0 \\ 1 \end{bmatrix}, \tag{5.3.52}$$

$$C = [C_0 \quad C_1 \quad \cdots \quad C_{n-1}],$$

A, B, C 分别为 $n \times n, n \times 1, q \times n$ 常阵, $G(s)$ 的分母次数恰为系统 (A, B, C) 的状态维数. 由定理 5.6, (A, B, C) 能控能观, 为 (5.3.51) 的最小实现.

(3) 单输出—多输入系统. 传递函数矩阵

$$G(s) = \frac{C_{n-1}s^{n-1} + \cdots + C_1 s + C_0}{s^n + a_{n-1}s^{n-1} + \cdots + a_1 s + a_0} \tag{5.3.53}$$

不可简约, 其中 a_i, $i = 0, 1, \cdots, n-1$ 为实常数, C_i, $i = 0, 1, \cdots, n-1$ 为 $1 \times p$ 实常阵. 能观形实现

$$A = \begin{bmatrix} 0 & & & -a_0 \\ 1 & \ddots & & -a_1 \\ & \ddots & 0 & \vdots \\ & & 1 & -a_{n-1} \end{bmatrix}, \quad B = \begin{bmatrix} C_0 \\ C_1 \\ \vdots \\ C_{n-1} \end{bmatrix}, \quad C = [0 \quad \cdots \quad 0 \quad 1], \tag{5.3.54}$$

A,B,C 分别为 $n\times n, n\times p, 1\times n$ 常阵, 由定理 5.6 知, 实现 (5.3.54) 为 (5.3.53) 的一个最小实现.

(4) 给定 $q\times p$ 严格真传递函数矩阵 $G(s)$, $G(s)$ 有 n 个极点 $s_1,s_2,\cdots,s_n$ 且均为单的, 实的. 则传递函数矩阵可写为

$$G(s)=\frac{P_1}{s-s_1}+\frac{P_2}{s-s_2}+\cdots+\frac{P_n}{s-s_n}, \tag{5.3.55}$$

其中

$$P_i=\lim_{s\to s_i}(s-s_i)G(s). \tag{5.3.56}$$

对 P_i 进行满秩分解

$$P_i=C_iB_i,\quad C_i\in\mathbb{R}^{q\times r_i},\quad B_i\in\mathbb{R}^{r_i\times p},\quad i=1,2\cdots,n \tag{5.3.57}$$

且

$$\mathrm{rank}B_i=\mathrm{rank}C_i=\mathrm{rank}P_i=r_i,\quad i=1,2\cdots,n, \tag{5.3.58}$$

则

$$A=\begin{bmatrix} s_1I_{r_1} & & & \\ & s_2I_{r_2} & & \\ & & \ddots & \\ & & & s_nI_{r_n}\end{bmatrix},\quad B=\begin{bmatrix} B_1\\ B_2\\ \vdots\\ B_n\end{bmatrix},\quad C=[C_1\quad C_2\quad\cdots\quad C_n], \tag{5.3.59}$$

即为 (5.3.55) 的一个最小实现.

(5) 对于一般情况, 可以先给出其能控形实现或能观形实现, 然后进行能观或能控性分解, 得能控能观子系统, 即为最小实现.

例 5.3.1 求下列传递函数的最小实现:

(1) $G(s)=\dfrac{3s+1}{s^2+2s+1}$; (2) $G(s)=\dfrac{s+1}{s^2+2s+1}$;

(3) $G(s)=\dfrac{s^2}{s^2+2s+1}$.

解 (1) 传函 $G(s)$ 为不可简约的, 其最小实现为

$$A=\begin{bmatrix}0 & 1\\ -1 & -2\end{bmatrix},\quad B=\begin{bmatrix}0\\ 1\end{bmatrix},\quad C=[1\quad 3].$$

(2) $G(s)$ 为可简约的, 先将其化为不可简约的:

$$G(s)=\frac{s+1}{s^2+2s+1}=\frac{1}{s+1}.$$

最小实现为 $A=-1,B=1,C=1$.

(3) $G(s)$ 为真的,

$$D=\lim_{s\to\infty}G(s)=\lim_{s\to\infty}\frac{s^2}{s^2+2s+1}=1.$$

令

$$\tilde{G}(s)=G(s)-1=\frac{-2s-1}{s^2+2s+1},$$

$\tilde{G}(s)$ 既约, 其最小实现为

$$A=\begin{bmatrix}0 & 1\\ -1 & -2\end{bmatrix},\quad B=\begin{bmatrix}0\\ 1\end{bmatrix},\quad C=[-1\quad -2],$$

故 $G(s)$ 的最小实现为 (A,B,C,D).

习　题　5

1. 已知系统的系数矩阵为

(a) $A=\begin{bmatrix}1 & 3 & 2\\ 0 & 4 & 2\\ 0 & 0 & 1\end{bmatrix}, B=\begin{bmatrix}0 & 1\\ 0 & 0\\ 1 & 0\end{bmatrix}, C=\begin{bmatrix}1 & 0 & 0\\ 0 & 0 & 1\end{bmatrix}$;

(b) $A=\begin{bmatrix}-2 & -2 & -1\\ 0 & -2 & 0\\ 1 & -4 & 0\end{bmatrix}, B=\begin{bmatrix}0\\ 1\\ 1\end{bmatrix}, C=[1\quad 0\quad 0]$;

(c) $A=\begin{bmatrix}0 & 0 & 1 & 0\\ 0 & 0 & 0 & 1\\ 0 & 0 & -1 & 0\\ 0 & 0 & 0 & 1\end{bmatrix}, B=\begin{bmatrix}0 & 0\\ 0 & 0\\ 1 & 0\\ 0 & 1\end{bmatrix}, C=\begin{bmatrix}1 & 0 & 0 & 2\\ 0 & 0 & 2 & 1\end{bmatrix}$.

(1) 试分析系统的能控性和能观性;

(2) 计算传递函数矩阵;

(3) 对系统进行能控能观性分解.

2. $A=\begin{bmatrix}-2&1&0&0\\0&-2&a&0\\0&0&-2&1\\0&0&0&-2\end{bmatrix}$, $B=\begin{bmatrix}1&1\\1&2\\0&0\\0&0\end{bmatrix}$, $C=[1\quad 0\quad 1\quad 0]$.

(1) $a=1$, 对系统进行规范分解;

(2) $a=0$ 时, 能否通过先进行能控性分解, 后进行能观性分解的方法进行规范分解?

3. 系统 (A,B,C) 的传递函数最小多项式表示为

$$C(sI-A)^{-1}B=\frac{CP(s)B}{\varphi(s)},$$

$\varphi(s)$ 为 A 的最小多项式. 试证明: 若 (A,C) 能观, 则 $CP(s)$ 在复平面上无根.

4. 确定下列传递函数的一个最小实现:

(1) $G(s)=\dfrac{(s+1)(s+3)}{(s+2)(s+4)(s+6)}$;

(2) $G(s)=\dfrac{5s^3+s^2+4s+1}{2s^3+4s^2+6s+3}$.

5. 已知系统的传递函数为

(a) $G(s)=\dfrac{3s^2+17s+25}{(s+2)^3(s+3)}$; (b) $G(s)=\dfrac{s^2+8s+15}{s^3+7s^2+14s+8}$.

试求: (1) 能控形实现; (2) 能观形实现; (3) Jordan 标准型实现; (4) 最小实现.

6. 确定下列传递函数矩阵的最小实现:

(1) $G(s)=\begin{bmatrix}\dfrac{1}{s}&0\\\dfrac{1}{s+1}&\dfrac{1}{s+1}\end{bmatrix}$; (2) $G(s)=\begin{bmatrix}0&\dfrac{1}{s+1}\\\dfrac{1}{s+1}&\dfrac{1}{(s+1)^2}\end{bmatrix}$;

(3) $G(s)=\begin{bmatrix}\dfrac{1}{s+1}&\dfrac{1}{(s+1)^2}&\dfrac{1}{(s+1)^4}\end{bmatrix}$;

(4) $G(s)=\begin{bmatrix}\dfrac{1}{s+1}&\dfrac{1}{s^2+2s+2}\end{bmatrix}$;

(5) $G(s)=\begin{bmatrix}\dfrac{2s+1}{s^2-1}&\dfrac{s}{s^2+5s+4}\\\dfrac{1}{s+3}&\dfrac{2s+5}{s^2+7s+12}\end{bmatrix}$;

(6) $G(s)=\dfrac{1}{(s+1)(s+2)(s+3)}\begin{bmatrix}3s+1&2s+5\\(s+1)(s+3)&s+1\end{bmatrix}$;

(7) $G(s)=\begin{bmatrix}\dfrac{1}{s(s+1)} & \dfrac{2}{s+2}\\ \dfrac{2}{s+1} & \dfrac{1}{s+1}\end{bmatrix}$.

7. 证明由 (5.3.16) 给出的 (A,B,C) 为传递函数 (5.3.5) 的能观实现.

8. 试证明 (5.3.59) 是传递函数 (5.3.55) 的一个最小实现.

9. 设系统的传递函数是 $G(s)=\dfrac{s+a}{s^3+7s^2+14s+8}$.

(1) 问 a 为多大时, 系统将是不完全能控或不完全能观的?

(2) 当 $a=1$ 时, 写出其完全能控, 但不完全能观的 3 阶实现.

10. 设系统的传递函数为 $G(s)=\dfrac{100}{s(s+5)}$.

(1) 求系统状态空间描述的一个最小实现.

(2) 试用状态反馈对系统进行极点配置, 使闭环极点位于 $-20\pm 20j$.

11. 设 (A,B,C) 和 $(\bar{A},\ \bar{B},\ \bar{C})$ 是给定传递函数 $G(s)$ 的任意两个最小实现, 试推导两个实现的能控 Gram 阵 $W_C[0,T]$, $\bar{W}_C[0,T]$ 及能观 Gram 矩阵 $W_O[0,T]$, $\bar{W}_O[0,T]$ 间的关系式.

第 5 章部分习题答案

第 5 章部分习题讲解视频

第 6 章　状态观测器

6.1　观测器定义

在第 3 章中, 我们已经证明, 若系统 (A,B) 是能控的, 则可以通过状态反馈使闭环稳定且任意配置极点. 显然, 状态反馈可改变系统的性能, 有很好的优越性. 我们作状态反馈的前提是状态变量是可以全部被量测的, 但是, 实际中由于技术或经济上的原因, 使得我们不能够直接获取系统的全部状态. 从而使状态反馈性能上的优越性和物理上的不可实现性形成了尖锐的矛盾. 怎么来解决这一矛盾呢? 途径之一就是通过重构系统的状态, 并且利用这个重构状态代替系统的真实状态来实现所要求的状态反馈, 此即状态重构问题, 也称观测器设计问题. 观测器设计问题正是在这种背景下提出的, 不仅有理论意义, 而且有应用价值.

所谓观测器设计问题, 就是重新构造一个系统, 利用原系统中可以直接量测到的输出向量和输入向量作为它的输入信号, 并使其输出信号 $\hat{x}(t)$ 在一定提法下等价于原系统的状态 $x(t)$, 通常称 $\hat{x}(t)$ 为 $x(t)$ 的重构状态或估计状态, 称这个重新构造的系统为观测器. 观测器设计问题含义的直观说明如图 6.1 所示.

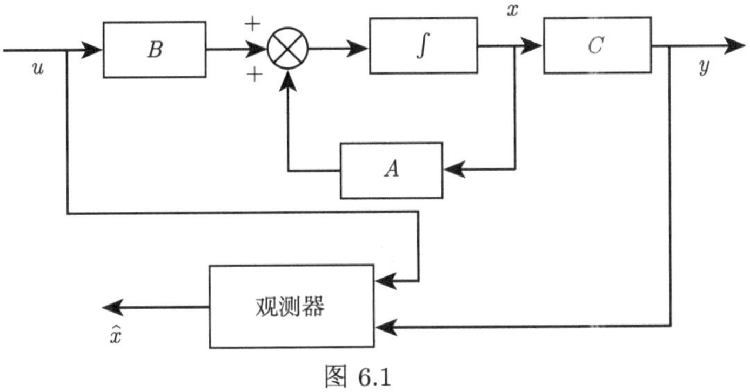

图 6.1

对于线性定常系统

$$
\begin{aligned}
\dot{x} &= Ax + Bu, \\
y &= Cx,
\end{aligned}
\tag{6.1.1}
$$

其中, x 为 n 维状态变量, u 为 p 维输入变量, y 为 q 维输出变量, A,B,C 分别为 $n\times n, n\times p, q\times n$ 实常阵. 其观测器也是一个线性系统, 状态空间描述一般可

表示为

$$\begin{aligned}\dot{z} &= Fz + Gy + Hu,\\ \hat{x} &= Mz + Ny,\end{aligned} \tag{6.1.2}$$

其中, z 为观测器系统的状态变量, $\hat{x}$ 为输出变量, F, G, H, M, N 为待设计的相应维数的实常阵.

观测器按功能可分为状态观测器和函数观测器. 输出 $\hat{x}(t)$ 渐近等价于原系统状态 $x(t)$ 的观测器, 即以

$$\lim_{t\to\infty}(\hat{x}(t) - x(t)) = 0 \tag{6.1.3}$$

为性能指标综合得到的观测器, 称为状态观测器. 输出渐近等价于原系统状态的一个函数 $Kx(t)$ 的观测器, 即满足

$$\lim_{t\to\infty}(\hat{x}(t) - Kx(t)) = 0 \tag{6.1.4}$$

的观测器, 称为函数观测器.

对于状态观测器, 按其结构可分为全维观测器和降维观测器. 观测器维数等同于原系统维数的状态观测器, 称为全维观测器, 观测器维数小于原系统维数的状态观测器, 称为降维观测器. 显然, 降维观测器在结构上要比全维观测器简单.

下面, 我们就状态观测器的两种类型分别进行讨论, 而对于函数观测器, 可参见文献 (郑大钟, 2002).

6.2 全维状态观测器

1. 全维状态观测器的设计

考虑线性定常系统

$$\begin{aligned}\dot{x} &= Ax + Bu, \quad x(0) = x_0, t \geqslant 0,\\ y &= Cx,\end{aligned} \tag{6.2.1}$$

其中, x 为 n 维状态变量, u 为 p 维输入变量, y 为 q 维输出变量, A, B, C 分别为 $n\times n, n\times p, q\times n$ 实常阵. 状态 x 不能直接量测, 但是输出 y 和输入 u 是可以利用的. 假定其全维状态观测器的形式为

$$\begin{aligned}\dot{z} &= Fz + Gy + Hu, \quad z(0) = z_0,\\ \hat{x} &= z,\end{aligned} \tag{6.2.2}$$

其中 z 为 n 维观测器状态变量, F, G, H 分别为 $n\times n, n\times q, n\times p$ 待定实常阵. 观测器状态 $z(t)$ 和系统状态 $x(t)$ 应满足

$$\lim_{t\to\infty}(z(t)-x(t))=0. \tag{6.2.3}$$

下面考虑 $(z(t)-x(t))$, 对其求导有

$$\begin{aligned}(z\dot{-}x)&=\dot{z}-\dot{x}=Fz+Gy+Hu-Ax-Bu\\&=F(z-x)+(F+GC-A)x+(H-B)u.\end{aligned} \tag{6.2.4}$$

显然, 若

$$(1)\ H=B;\quad (2)\ F=A-GC;\quad (3)\ \mathrm{Re}\lambda_i(F)<0,\quad i=1,2,\cdots,n, \tag{6.2.5}$$

则有

$$z(t)-x(t)=e^{Ft}(z(0)-x(0)),$$

从而 $\lim\limits_{t\to\infty}(z(t)-x(t))=0$ 成立. 也就是说, 若 $A-GC$ 的特征值具有负实部, 则

$$\dot{z}=(A-GC)z+Gy+Bu,\quad z(0)=z_0 \tag{6.2.6}$$

为系统 (6.2.1) 的一个全维观测器. (6.2.6) 中只有 G 是未知矩阵, 怎么来确定矩阵 G 呢? 由定理 4.9 知, 若 (A, C) 能观, 一定存在 G 使 $A-GC$ 的特征值可任意配置, 它是 (6.2.6) 成为系统 (6.2.1) 的全维观测器的充分条件, 不是必要条件.

定义 6.1 称系统 (6.2.1) 或矩阵对 (A, C) 是可检测的, 若存在矩阵 G, 使得 $A-GC$ 的特征根全在左半平面.

引理 6.1 矩阵对 (A, C) 可检测的充分必要条件是 $(A^{\mathrm{T}}, C^{\mathrm{T}})$ 能稳.

引理 6.2 矩阵对 (A, C) 可检测的充要条件是不能观部分的特征根全部在左半平面.

定理 6.1 系统 (6.2.1) 存在形如 (6.2.6) 的全维状态观测器的充分必要条件是 (A, C) 可检测.

显然, 若 (A, C) 可检测, 即可找到矩阵 G, 使得 (6.2.6) 成为系统 (6.2.1) 的全维观测器. 反之, 若 (6.2.2) 是系统 (6.2.1) 的全维观测器, 它是否一定是 (6.2.6) 的形式呢? 对此, 我们有下面的结论.

定理 6.2 若系统 (6.2.1) 能控可检测, 则对任意的 x_0, z_0 及输入 u, 系统 (6.2.2) 成为系统 (6.2.1) 的全维状态观测器的充分必要条件是

(1) $F=A-GC$;

(2) $H=B$;

(3) F 的特征值全部在左半平面.

证明 充分性. 由前面的推导, 显然.

必要性. 用反证法, 若 (3) 不成立, 则对于 $z_0 - x_0 \neq 0$, 当 $t \to \infty$ 时, $z(t) - x(t) \not\to 0$; 若 (2) 不成立, 则可找到一个 $u(t)$ 使得 $t \to \infty$ 时 $z(t) - x(t) \not\to 0$; 若 (1) 不成立, 因为 (A, B) 能控, 则必可找到一个 $u(t)$ 而产生相应的 $x(t)$, 使当 $t \to \infty$ 时 $z(t) - x(t) \not\to 0$. 从而欲使 $z(t) - x(t) \to 0$, $t \to \infty$ 时, 即 $z(t)$ 是 $x(t)$ 的渐近估计, 必须 (1) ~ (3) 成立. 必要性得证. 证明完成.

全维状态观测器的结构图如图 6.2 所示.

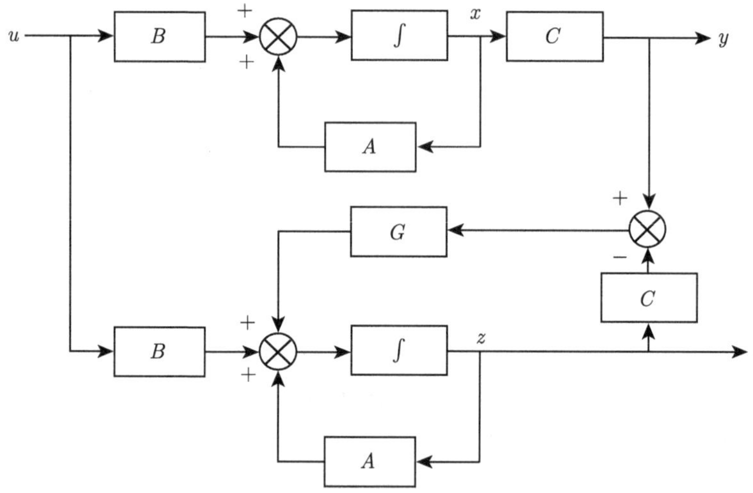

图 6.2 全维状态观测器

2. 基于全维状态观测器的输出动态反馈特性

考虑线性定常系统

$$\begin{aligned} \dot{x} &= Ax + Bu, \\ y &= Cx, \end{aligned} \tag{6.2.7}$$

其中 x 为 n 维状态变量, u 为 p 维输入变量, y 为 q 维输出变量, A, B, C 分别为 $n \times n, n \times p, q \times n$ 实常阵. (A, B) 能控, (A, C) 能观. 其全维状态观测器为

$$\dot{z} = (A - GC)z + Gy + Bu, \tag{6.2.8}$$

其中 $A - GC$ 的特征根全在左半平面. 用观测器状态 z 代替系统 (6.2.7) 的状态 x, 对系统 (6.2.7) 作反馈

$$u = Kz + v, \tag{6.2.9}$$

构成的闭环系统为

$$\begin{bmatrix} \dot{x} \\ \dot{z} \end{bmatrix} = \begin{bmatrix} A & BK \\ GC & A-GC+BK \end{bmatrix} \begin{bmatrix} x \\ z \end{bmatrix} + \begin{bmatrix} B \\ B \end{bmatrix} v,$$

$$y = [C \quad 0] \begin{bmatrix} x \\ z \end{bmatrix}. \tag{6.2.10}$$

闭环系统的状态变量为 $\begin{bmatrix} x \\ z \end{bmatrix}$, 维数为 $2n$, 显然, 状态观测器的引入, 提高了闭环系统的维数.

下面考察闭环系统 (6.2.10) 的特征根分布. 为此, 引入非奇异线性变换

$$\begin{bmatrix} x \\ z \end{bmatrix} = T \begin{bmatrix} \hat{x} \\ \hat{z} \end{bmatrix},$$

其中,

$$T = \begin{bmatrix} I_n & 0 \\ I_n & I_n \end{bmatrix}, \quad T^{-1} = \begin{bmatrix} I_n & 0 \\ -I_n & I_n \end{bmatrix},$$

则有

$$\begin{aligned} & T^{-1} \begin{bmatrix} A & BK \\ GC & A-GC+BK \end{bmatrix} T \\ = & \begin{bmatrix} I_n & 0 \\ -I_n & I_n \end{bmatrix} \begin{bmatrix} A & BK \\ GC & A-GC+BK \end{bmatrix} \begin{bmatrix} I_n & 0 \\ I_n & I_n \end{bmatrix} \\ = & \begin{bmatrix} A+BK & BK \\ 0 & A-GC \end{bmatrix}. \end{aligned} \tag{6.2.11}$$

因为矩阵的特征值在非奇异线性变换下不变, 显然, 闭环系统 (6.2.10) 的特征值为 $\lambda_i(A+BK) \cup \lambda_j(A-GC)$, $i, j = 1, 2, \cdots, n$. 故有如下定理.

定理 6.3 (特征根分离定理) 基于全维状态观测器的输出动态反馈的闭环系统的特征值具有分离性, 即为系统直接状态反馈的闭环系统的特征值集合与其全维状态观测器的特征值集合的并集.

特征根分离定理说明, 状态观测器的引入, 不影响由状态反馈阵 K 所配置的闭环系统特征值 $\lambda_i(A+BK)$, $i = 1, 2, \cdots, n$. 而状态反馈的引入, 也不影响已设计好的状态观测器的特征值 $\lambda_j(A-GC)$, $j = 1, 2, \cdots, n$. 因此, 对于基于全维状

态观测器的输出动态反馈系统，状态反馈控制律的设计和观测器的设计可独立地分开进行，只要 (A, B) 能稳，(A, C) 可检测，即可设计 K, G 使 $A+BK, A-GC$ 的特征值全部为负实部，而若 (A, B, C) 能控能观，可设计 K, G 使 $A+BK, A-GC$ 的特征值任意配置. 显然，分离定理为闭环控制系统的设计提供了很大的方便.

考察闭环系统 (6.2.10) 的传递函数. 由

$$T^{-1}\begin{bmatrix} B \\ B \end{bmatrix} = \begin{bmatrix} I_n & 0 \\ -I_n & I_n \end{bmatrix}\begin{bmatrix} B \\ B \end{bmatrix} = \begin{bmatrix} B \\ 0 \end{bmatrix},$$

$$[C \quad 0]\,T = [C \quad 0]\begin{bmatrix} I_n & 0 \\ I_n & I_n \end{bmatrix} = [C \quad 0] \tag{6.2.12}$$

和 (6.2.11) 可得，闭环系统 (6.2.10) 的传递函数为

$$\begin{aligned} G_c(s) &= [C \quad 0]\left(sI_{2n} - \begin{bmatrix} A & BK \\ GC & A-GC+BK \end{bmatrix}\right)^{-1}\begin{bmatrix} B \\ B \end{bmatrix} \\ &= [C \quad 0]\left(\begin{bmatrix} sI_n & 0 \\ 0 & sI_n \end{bmatrix} - \begin{bmatrix} A+BK & BK \\ 0 & A-GC \end{bmatrix}\right)^{-1}\begin{bmatrix} B \\ 0 \end{bmatrix} \\ &= [C \quad 0]\begin{bmatrix} (sI_n - A - BK)^{-1} & * \\ 0 & (sI_n - A + GC)^{-1} \end{bmatrix}\begin{bmatrix} B \\ 0 \end{bmatrix} \\ &= C\,(sI_n - A - BK)^{-1}\,B, \end{aligned} \tag{6.2.13}$$

而对系统 (6.2.7) 直接作状态反馈 $u = Kx + v$ 得到的闭环传递函数为

$$G_k(s) = C\,(sI_n - A - BK)^{-1}\,B. \tag{6.2.14}$$

显然 $G_c(s) = G_k(s)$，也就是说，全维状态观测器的引入，并不改变原系统直接状态反馈的闭环传递函数.

例 6.2.1　设开环系统的传递函数 $G_o(s) = \dfrac{s-1}{s^2}$，试作全维状态观测器，并构造输出动态反馈，使观测器极点为 $-10 \pm j$，闭环传函为 $G_c(s) = \dfrac{1}{s+1}$.

解　传递函数 $G_o(s)$ 的最小实现为

$$A = \begin{bmatrix} 0 & 1 \\ 0 & 0 \end{bmatrix}, \quad B = \begin{bmatrix} 0 \\ 1 \end{bmatrix}, \quad C = [-1 \quad 1].$$

(1) 设计全维状态观测器. 取

$$G=\begin{bmatrix} G_1 \\ G_2 \end{bmatrix},\quad A-GC=\begin{bmatrix} 0 & 1 \\ 0 & 0 \end{bmatrix}-\begin{bmatrix} G_1 \\ G_2 \end{bmatrix}[-1 \quad 1]=\begin{bmatrix} G_1 & 1-G_1 \\ G_2 & -G_2 \end{bmatrix}.$$

由观测器极点为 $-10\pm j$ 知

$$\det(sI-A+GC)=(s+10)^2+1,$$
$$\det(sI-A+GC)=s^2+(G_2-G_1)s-G_2=s^2+20s+101,$$

得 $G_1=-121$, $G_2=-101$, 故

$$A-GC=\begin{bmatrix} -121 & 122 \\ -101 & 101 \end{bmatrix}.$$

(2) 设计状态反馈控制律 K. 令 $K=[K_1 \quad K_2]$.

$$\det(sI-(A+BK))=s^2-K_2s-K_1.$$

另由状态反馈不改变系统的零点知, 闭环传函应为

$$G_c(s)=\frac{s-1}{(s+1)(s-1)}.$$

故

$$s^2-K_2s-K_1=(s+1)(s-1)=s^2-1,$$
$$K_2=0,\quad K_1=1,\quad K=[1 \quad 0].$$

综合 (1), (2) 得系统的全维状态观测器及输出动态反馈为

$$\dot{z}=\begin{bmatrix} -121 & 122 \\ -101 & 101 \end{bmatrix}z+\begin{bmatrix} 0 \\ 1 \end{bmatrix}u+\begin{bmatrix} -121 \\ -101 \end{bmatrix}y,$$
$$u=[1 \quad 0]\,z+v.$$

6.3 降维状态观测器

考虑到系统的输出 y 中已包含有系统状态 x 的部分信息, 因此, 可以直接利用这部分信息, 去构造维数低于被估计系统维数的状态观测器, 称为降维观测器.

考虑线性系统

$$\begin{aligned}\dot{x} &= Ax + Bu,\\ y &= Cx,\end{aligned}\tag{6.3.1}$$

其中, x 为 n 维状态变量, u 为 p 维输入变量, y 为 q 维输出变量, A, B, C 分别为 $n\times n, n\times p, q\times n$ 实常阵. 设计系统 (6.3.1) 的降维状态观测器, 我们根据 C 的形式分三种类型进行讨论. 假定 (A, C) 为可检测的.

1. $C=[I_q \quad 0]$ 时的降维观测器

对系统 (6.3.1) 设计 $n-q$ 维的状态观测器. 令

$$x=\begin{bmatrix} x_1\\ x_2\end{bmatrix},\tag{6.3.2}$$

其中, x_1 为 q 维状态变量, x_2 为 $n-q$ 维状态变量. 相应地, 记

$$A=\begin{bmatrix} A_{11} & A_{12}\\ A_{21} & A_{22}\end{bmatrix},\quad B=\begin{bmatrix} B_1\\ B_2\end{bmatrix},\tag{6.3.3}$$

其中 $A_{11}, A_{12}, A_{21}, A_{22}, B_1, B_2$ 分别为 $q\times q, q\times(n-q), (n-q)\times q, (n-q)\times(n-q), q\times p, (n-q)\times p$ 的实常阵. 则系统 (6.3.1) 可等价地表示为

$$\begin{aligned}\dot{x}_1 &= A_{11}x_1 + A_{12}x_2 + B_1u,\\ \dot{x}_2 &= A_{21}x_1 + A_{22}x_2 + B_2u,\\ y &= x_1.\end{aligned}\tag{6.3.4}$$

显然, 分状态 x_1 即为系统输出, 可直接利用, 需要被估计的状态是 x_2.

系统 (6.3.4) 可重新写为

$$\begin{aligned}\dot{y} &= A_{11}y + A_{12}x_2 + B_1u,\\ \dot{x}_2 &= A_{21}y + A_{22}x_2 + B_2u,\end{aligned}\tag{6.3.5}$$

则可导出关于 x_2 的状态方程和输出方程

$$\begin{aligned}\dot{x}_2 &= A_{22}x_2 + (A_{21}y + B_2u),\\ \dot{y} - A_{11}y - B_1u &= A_{12}x_2.\end{aligned}\tag{6.3.6}$$

定义输入 $\bar{u}=A_{21}y+B_2u$ 和输出 $\tilde{y}=\dot{y}-A_{11}y-B_1u$, 则系统 (6.3.6) 还可表示为如下的规范形式

$$\begin{aligned}\dot{x}_2 &= A_{22}x_2 + \bar{u},\\ \tilde{y} &= A_{12}x_2.\end{aligned}\tag{6.3.7}$$

系统 (6.3.7) 为 $n-q$ 维系统. 若 (A_{22}, A_{12}) 可检测, 其全维状态观测器一定存在. 考察 (A_{22}, A_{12}) 的可检测性, 有如下结论.

引理 6.3 矩阵对 (A_{22}, A_{12}) 可检测, 当且仅当 (A, C) 可检测; 矩阵对 (A_{22}, A_{12}) 能观, 当且仅当 (A, C) 能观.

证明

$$\operatorname{rank}\begin{bmatrix} sI-A \\ C \end{bmatrix} = \operatorname{rank}\begin{bmatrix} sI-A_{11} & -A_{12} \\ -A_{21} & sI-A_{22} \\ I_q & 0 \end{bmatrix}$$

$$= \operatorname{rank}\begin{bmatrix} 0 & -A_{12} \\ 0 & sI-A_{22} \\ I_q & 0 \end{bmatrix} = q + \operatorname{rank}\begin{bmatrix} sI-A_{22} \\ A_{12} \end{bmatrix}.$$

由 PBH 秩判据即可得结论成立.

令系统 (6.3.7) 的全维观测器为

$$\dot{z} = (A_{22} - GA_{12})z + \bar{u} + G\tilde{y}. \tag{6.3.8}$$

通过选取 G, 使得 $(A_{22} - GA_{12})$ 的特征值均具有负实部, 显然

$$z(t) - x_2(t) = e^{(A_{22}-GA_{12})t}(z(0) - x_2(0)), \quad t \geqslant 0,$$

从而 $\lim\limits_{t\to\infty}(z(t) - x_2(t)) = 0$ 成立.

将 $\bar{u}$, $\tilde{y}$ 代入 (6.3.8), 即可得观测器为

$$\dot{z} = (A_{22} - GA_{12})z + (A_{21}y + B_2u) + G(\dot{y} - A_{11}y - B_1u). \tag{6.3.9}$$

由于上式中含有 y 的导数, 将 $\dot{y}$ 作为构造系统的输入, 会使系统对于干扰十分敏感, 由于干扰影响, 系统输出 y 有微小变化, 可能造成 $\dot{y}$ 有很大变化.

对上述系统进行改造, 因为

$$\begin{aligned}(\dot{z} - G\dot{y}) &= (A_{22} - GA_{12})(z - Gy) + (A_{22} - GA_{12})Gy \\ &\quad + A_{21}y + B_2u - (GA_{11}y + GB_1u) \\ &= (A_{22} - GA_{12})(z - Gy) + [(A_{22} - GA_{12})G + (A_{21} - GA_{11})]y \\ &\quad + (B_2 - GB_1)u, \end{aligned} \tag{6.3.10}$$

令

$$w = z - Gy, \tag{6.3.11}$$

则上式即为

$$\dot{w} = (A_{22} - GA_{12})w + [(A_{22} - GA_{12})G + (A_{21} - GA_{11})]y + (B_2 - GB_1)u. \quad (6.3.12)$$

由 $z = w + Gy$ 渐近逼近 x_2, 取估计状态

$$\hat{x} = \begin{bmatrix} y \\ w + Gy \end{bmatrix}, \quad (6.3.13)$$

有

$$\lim_{t\to\infty}(\hat{x}(t) - x(t)) = \lim_{t\to\infty}\left(\begin{bmatrix} y \\ w + Gy \end{bmatrix} - \begin{bmatrix} x_1 \\ x_2 \end{bmatrix}\right) = \lim_{t\to\infty}\begin{bmatrix} 0 \\ w + Gy - x_2 \end{bmatrix} = 0.$$

(6.3.12), (6.3.13) 即为系统 (6.3.1) 在 $C = [I_q \quad 0]$ 时的 $n - q$ 维状态观测器和估计状态. 其结构图如图 6.3 所示.

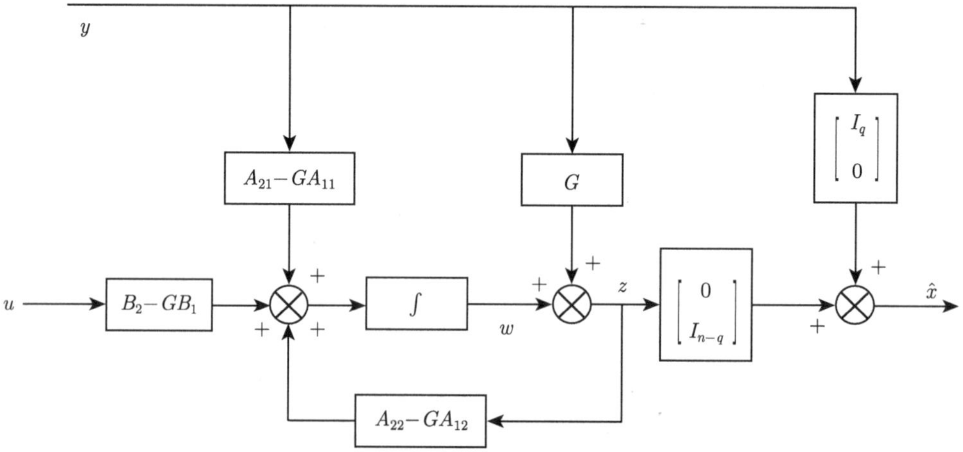

图 6.3　降维状态观测器

2. 基于降维状态观测器的输出动态反馈特性

考虑线性系统

$$\begin{aligned} \dot{x} &= Ax + Bu, \\ y &= [I_q \quad 0]\,x. \end{aligned} \quad (6.3.14)$$

其 $n - q$ 维观测器为

$$\dot{w} = (A_{22} - GA_{12})w + [(A_{22} - GA_{12})G + (A_{21} - GA_{11})]y + (B_2 - GB_1)u,$$

$$\hat{x}=\begin{bmatrix} y \\ w+Gy \end{bmatrix}. \tag{6.3.15}$$

对系统 (6.3.14) 作输出反馈

$$u=K\hat{x}+v=K\begin{bmatrix} y \\ w+Gy \end{bmatrix}+v=K\begin{bmatrix} I_q \\ G \end{bmatrix}y+K\begin{bmatrix} 0 \\ I_{n-q} \end{bmatrix}w+v, \tag{6.3.16}$$

则闭环系统为

$$\begin{aligned}\begin{bmatrix} \dot{x} \\ \dot{w} \end{bmatrix}&=\left[\begin{array}{c|c} A+BK\begin{bmatrix} I_q \\ G \end{bmatrix}[I_q\ 0] & BK\begin{bmatrix} 0 \\ I_{n-q} \end{bmatrix} \\ \hline \begin{array}{l}[(A_{22}-GA_{12})G+(A_{21}-GA_{11})]\,[I_q\ 0] \\ +(B_2-GB_1)K\begin{bmatrix} I_q \\ G \end{bmatrix}[I_q\ 0]\end{array} & \begin{array}{l}(A_{22}-GA_{12}) \\ +(B_2-GB_1)K\begin{bmatrix} 0 \\ I_{n-q} \end{bmatrix}\end{array} \end{array}\right] \\ &\quad\cdot\begin{bmatrix} x \\ w \end{bmatrix}+\begin{bmatrix} B \\ B_2-GB_1 \end{bmatrix}v, \\ y&=[I_q\quad 0\quad 0]\begin{bmatrix} x \\ w \end{bmatrix}.\end{aligned} \tag{6.3.17}$$

讨论闭环系统 (6.3.17) 的特征值和传递函数. 为此, 引入非奇异线性变换

$$\begin{bmatrix} x \\ w \end{bmatrix}=P\begin{bmatrix} \tilde{x} \\ \tilde{w} \end{bmatrix}, \tag{6.3.18}$$

其中

$$P=\begin{bmatrix} I_n & 0 \\ \tilde{P} & I_{n-q} \end{bmatrix},\quad \tilde{P}=[-G\quad I_{n-q}],\quad P^{-1}=\begin{bmatrix} I_n & 0 \\ -\tilde{P} & I_{n-q} \end{bmatrix}. \tag{6.3.19}$$

记

$$\begin{aligned}A_c&=P^{-1} \\ &\quad\cdot\left[\begin{array}{c|c} A+BK\begin{bmatrix} I_q \\ G \end{bmatrix}[I_q\ 0] & BK\begin{bmatrix} 0 \\ I_{n-q} \end{bmatrix} \\ \hline \begin{array}{l}[(A_{22}-GA_{12})G+(A_{21}-GA_{11})]\,[I_q\ 0] \\ +(B_2-GB_1)K\begin{bmatrix} I_q \\ G \end{bmatrix}[I_q\ 0]\end{array} & \begin{array}{l}(A_{22}-GA_{12}) \\ +(B_2-GB_1)K\begin{bmatrix} 0 \\ I_{n-q} \end{bmatrix}\end{array} \end{array}\right]P\end{aligned}$$

$$= \begin{bmatrix} A_{c1} & A_{c2} \\ A_{c3} & A_{c4} \end{bmatrix},$$

$$A_{c1} = A + BK \begin{bmatrix} I_q \\ G \end{bmatrix} [I_q \quad 0] + BK \begin{bmatrix} 0 \\ I_{n-q} \end{bmatrix} [-G \quad I_{n-q}]$$

$$= A + BK \left(\begin{bmatrix} I_q & 0 \\ G & 0 \end{bmatrix} + \begin{bmatrix} 0 & 0 \\ -G & I_{n-q} \end{bmatrix} \right) = A + BK,$$

$$A_{c2} = BK \begin{bmatrix} 0 \\ I_{n-q} \end{bmatrix},$$

$$A_{c4} = -[-G \quad I_{n-q}] BK \begin{bmatrix} 0 \\ I_{n-q} \end{bmatrix} + (A_{22} - GA_{12}) + (B_2 - GB_1)K \begin{bmatrix} 0 \\ I_{n-q} \end{bmatrix}$$

$$= -[-G \quad I_{n-q}] \begin{bmatrix} B_1 \\ B_2 \end{bmatrix} K \begin{bmatrix} 0 \\ I_{n-q} \end{bmatrix} + [-G \quad I_{n-q}] \begin{bmatrix} B_1 \\ B_2 \end{bmatrix} K \begin{bmatrix} 0 \\ I_{n-q} \end{bmatrix}$$

$$+ (A_{22} - GA_{12})$$

$$= A_{22} - GA_{12},$$

$$A_{c3} = -[-G \quad I_{n-q}] \left(A + BK \begin{bmatrix} I_q \\ G \end{bmatrix} [I_q \quad 0] \right)$$

$$+ [(A_{22} - GA_{12})G + (A_{21} - GA_{11})] [I_q \quad 0]$$

$$+ (B_2 - GB_1)K \begin{bmatrix} I_q \\ G \end{bmatrix} [I_q \quad 0] + (A_{22} - GA_{12}) [-G \quad I_{n-q}]$$

$$= [G \quad -I_{n-q}] \begin{bmatrix} A_{11} & A_{12} \\ A_{21} & A_{22} \end{bmatrix} + [(A_{22} - GA_{12})G + (A_{21} - GA_{11}) \quad 0]$$

$$+ [-(A_{22} - GA_{12})G \quad (A_{22} - GA_{11})] = 0.$$

综合上面的推导, 于是有

$$A_c = \begin{bmatrix} A + BK & BK \begin{bmatrix} 0 \\ I_{n-q} \end{bmatrix} \\ 0 & A_{22} - GA_{12} \end{bmatrix}, \tag{6.3.20}$$

$$B_c = P^{-1} \begin{bmatrix} B \\ B_2 - GB_1 \end{bmatrix} = \begin{bmatrix} I_n & 0 \\ -\tilde{P} & I_{n-q} \end{bmatrix} \begin{bmatrix} B \\ B_2 - GB_1 \end{bmatrix} = \begin{bmatrix} B \\ 0 \end{bmatrix}, \tag{6.3.21}$$

$$C_c=[I_q \quad 0 \quad 0]\begin{bmatrix} I_n & 0 \\ \tilde{P} & I_{n-q} \end{bmatrix}=[I_q \quad 0 \quad 0]. \tag{6.3.22}$$

由 (6.3.20) 可知闭环系统 (6.3.17) 的特征值即为

$$\lambda_i(A+BK)\cup\lambda_j(A_{22}-GA_{12}), \qquad i=1,2,\cdots,n, \quad j=1,2,\cdots,n-q,$$

即闭环系统的特征值满足分离定理.

闭环传递函数

$$G(s)=C_c(sI-A_c)^{-1}B_c=[I_q \quad 0][sI-(A+BK)]^{-1}B \tag{6.3.23}$$

即为系统直接经状态反馈 $u=Kx+v$ 的闭环传递函数, 也就是说降维状态观测器的引入, 并不改变原系统直接状态反馈的闭环传递函数.

例 6.3.1 给定系统为

$$\dot{x}=\begin{bmatrix} 0 & 1 & 0 & 0 \\ 0 & 0 & -2 & 0 \\ 0 & 0 & 0 & 1 \\ 0 & 0 & 4 & 0 \end{bmatrix}x+\begin{bmatrix} 0 \\ 1 \\ 0 \\ -1 \end{bmatrix}u,$$

$$y=[1 \quad 0 \quad 0 \quad 0]x.$$

试设计一降维观测器, 使得观测器特征值为 $\lambda_1=-3, \lambda_{2,3}=-3\pm 2j$; 并构造输出动态反馈, 使得闭环传递函数的极点为 -1, $-1\pm j$, -2.

解 (1) 设计状态反馈矩阵 K. 闭环特征多项式为

$$\alpha(s)=(s+1)(s+1-j)(s+1+j)(s+2)=s^4+5s^3+10s^2+10s+4.$$

令 $K=[k_1 \quad k_2 \quad k_3 \quad k_4]$,

$$A+BK=\begin{bmatrix} 0 & 1 & 0 & 0 \\ k_1 & k_2 & k_3-2 & k_4 \\ 0 & 0 & 0 & 1 \\ -k_1 & -k_2 & 4-k_3 & -k_4 \end{bmatrix},$$

$$\alpha(s)=\det(sI-A-BK)=s^4+(k_4-k_2)\,s^3+(k_3-k_1-4)\,s^2+2k_2s+2k_1.$$

比较系数即可得

$$K=[2 \quad 5 \quad 16 \quad 10].$$

(2) 设计降维状态观测器. 降维观测器对应的特征多项式为

$$\bar{\alpha}(s) = (s+3)(s+3-2j)(s+3+2j) = s^3 + 9s^2 + 31s + 39.$$

令

$$G = \begin{bmatrix} g_1 \\ g_2 \\ g_3 \end{bmatrix}, \quad A_{22} - GA_{12} = \begin{bmatrix} -g_1 & -2 & 0 \\ -g_2 & 0 & 1 \\ -g_3 & 4 & 0 \end{bmatrix}.$$

又

$$\bar{\alpha}(s) = \det(sI - A_{22} + GA_{12}) = s^3 + g_1 s^2 - (2g_2 + 4)s - (2g_3 + 4g_1).$$

比较 $\bar{\alpha}(s)$ 的系数, 即得 $G = \begin{bmatrix} 9 \\ \dfrac{-35}{2} \\ \dfrac{-75}{2} \end{bmatrix}$, 计算

$$A_{22} - GA_{12} = \begin{bmatrix} -9 & -2 & 0 \\ \dfrac{35}{2} & 0 & 1 \\ \dfrac{75}{2} & 4 & 0 \end{bmatrix},$$

$$(A_{22} - GA_{12})G + (A_{21} - GA_{11}) = \begin{bmatrix} -46 \\ 120 \\ \dfrac{535}{2} \end{bmatrix}, \quad B_2 - GB_1 = \begin{bmatrix} 1 \\ 0 \\ -1 \end{bmatrix}.$$

降维状态观测器为

$$\dot{w} = \begin{bmatrix} -9 & -2 & 0 \\ \dfrac{35}{2} & 0 & 1 \\ \dfrac{75}{2} & 4 & 0 \end{bmatrix} w + \begin{bmatrix} -46 \\ 120 \\ \dfrac{535}{2} \end{bmatrix} y + \begin{bmatrix} 1 \\ 0 \\ -1 \end{bmatrix} u.$$

估计状态

$$\hat{x} = \begin{bmatrix} y \\ w + Gy \end{bmatrix} = \begin{bmatrix} 1 & 0 & 0 & 0 \\ 9 & 1 & 0 & 0 \\ -17.5 & 0 & 1 & 0 \\ -37.5 & 0 & 0 & 1 \end{bmatrix} \begin{bmatrix} y \\ w_1 \\ w_2 \\ w_3 \end{bmatrix}.$$

输出动态反馈为

$$u = [2 \quad 5 \quad 16 \quad 10]\,\hat{x} + v.$$

3. C 行满秩时的降维观测器

取

$$T^{-1} = \begin{bmatrix} C \\ R \end{bmatrix}. \tag{6.3.24}$$

对系统 (6.3.1) 作非奇异线性变换 $x = T\bar{x}$, 则由

$$T^{-1}T = \begin{bmatrix} C \\ R \end{bmatrix} T = \begin{bmatrix} CT \\ RT \end{bmatrix} = I_n,$$

可得

$$\bar{C} = CT = [I_q \quad 0]. \tag{6.3.25}$$

相应地, 记

$$\bar{A} = T^{-1}AT = \begin{bmatrix} A_{11} & A_{12} \\ A_{21} & A_{22} \end{bmatrix}, \quad \bar{B} = T^{-1}B = \begin{bmatrix} B_1 \\ B_2 \end{bmatrix}, \quad \bar{x} = \begin{bmatrix} x_1 \\ x_2 \end{bmatrix}. \tag{6.3.26}$$

此即将系统 (6.3.1) 在 C 行满秩时的降维状态观测器的设计转化成为

$$\begin{aligned} \dot{\bar{x}} &= \bar{A}\bar{x} + \bar{B}u, \\ y &= [I_q \quad 0]\,\bar{x} \end{aligned} \tag{6.3.27}$$

的降维状态观测器设计. 容易验证, 矩阵对 (A_{22}, A_{12}) 能观 (可检测) 等价于矩阵对 $(\bar{A}, \bar{C})$ 能观 (可检测), 等价于矩阵对 (A, C) 能观 (可检测). 由前面的推导直接可得系统 (6.3.1) 的降维状态观测器为 (6.3.12). 且由

$$\lim_{t\to\infty}\left(\begin{bmatrix} y \\ w + Gy \end{bmatrix} - \bar{x}\right) = 0,$$

可令估计状态为

$$\hat{x} = T\begin{bmatrix} y \\ w + Gy \end{bmatrix}. \tag{6.3.28}$$

故有

$$\hat{x}(t) - x(t) = T\begin{bmatrix} y \\ w + Gy \end{bmatrix} - T\bar{x} = T\left(\begin{bmatrix} y \\ w + Gy \end{bmatrix} - \bar{x}\right),$$

从而 $\lim\limits_{t\to\infty}(\hat{x}(t)-x(t))=0$.

基于降维状态观测器的输出动态反馈律为

$$u=K\hat{x}+v=KT\begin{bmatrix} y \\ w+Gy \end{bmatrix}+v. \tag{6.3.29}$$

类似于前面的推导, 同样有闭环系统的特征值满足特征值分离定理, 且闭环传递函数即为系统 (6.3.1) 直接状态反馈 $u=Kx+v$ 的闭环传递函数.

4. C 行降秩时的降维观测器

设 rank $C=m<q$. 对 C 作满秩分解,

$$C=EF, \tag{6.3.30}$$

其中 E,F 分别为 $q\times m, m\times n$ 的满秩实常阵, 即

$$\text{rank}C=\text{rank}E=\text{rank}F=m. \tag{6.3.31}$$

由 $y=Cx=EFx$ 可得

$$\left(E^{\mathrm{T}}E\right)^{-1}E^{\mathrm{T}}y=Fx. \tag{6.3.32}$$

记

$$\tilde{y}=\left(E^{\mathrm{T}}E\right)^{-1}E^{\mathrm{T}}y. \tag{6.3.33}$$

则系统 (6.3.1) 可写为

$$\begin{aligned} \dot{x}&=Ax+Bu, \\ \tilde{y}&=Fx. \end{aligned} \tag{6.3.34}$$

若 (A,F) 可检测 (能观), 则 (6.3.34) 的降维观测器设计即为第二种情形的观测器设计. 上述变换能否保证 (A,F) 的可检测 (能观) 性呢?

引理 6.4 矩阵对 (A,F) 能观 (可检测) 当且仅当矩阵对 (A,C) 能观 (可检测).

证明 由

$$\begin{bmatrix} sI-A \\ C \end{bmatrix}=\begin{bmatrix} sI-A \\ EF \end{bmatrix}=\begin{bmatrix} I_n & \\ & E \end{bmatrix}\begin{bmatrix} sI-A \\ F \end{bmatrix},$$

可得

$$\text{rank}\begin{bmatrix} sI-A \\ C \end{bmatrix}\leqslant\text{rank}\begin{bmatrix} sI-A \\ F \end{bmatrix}.$$

又由

$$\begin{bmatrix} sI-A \\ F \end{bmatrix} = \begin{bmatrix} sI-A \\ \left(E^{\mathrm{T}}E\right)^{-1}\left(E^{\mathrm{T}}E\right)F \end{bmatrix} = \begin{bmatrix} I_n & \\ & \left(E^{\mathrm{T}}E\right)^{-1}E^{\mathrm{T}} \end{bmatrix} \begin{bmatrix} sI-A \\ EF \end{bmatrix},$$

推得

$$\operatorname{rank}\begin{bmatrix} sI-A \\ F \end{bmatrix} \leqslant \operatorname{rank}\begin{bmatrix} sI-A \\ C \end{bmatrix}.$$

从而有

$$\operatorname{rank}\begin{bmatrix} sI-A \\ F \end{bmatrix} = \operatorname{rank}\begin{bmatrix} sI-A \\ C \end{bmatrix}.$$

故有引理结论成立.

下面设计系统 (6.3.34) 的降维状态观测器. 引入非奇异线性变换

$$x = T\bar{x}, \quad T^{-1} = \begin{bmatrix} F \\ N \end{bmatrix}. \tag{6.3.35}$$

则有

$$\begin{aligned} \bar{F} &= FT = [I_m \quad 0], \\ \bar{A} &= T^{-1}AT = \begin{bmatrix} A_{11} & A_{12} \\ A_{21} & A_{22} \end{bmatrix}, \\ \bar{B} &= T^{-1}B = \begin{bmatrix} B_1 \\ B_2 \end{bmatrix}, \quad \bar{x} = \begin{bmatrix} x_1 \\ x_2 \end{bmatrix}. \end{aligned} \tag{6.3.36}$$

系统 $(\bar{A}, \bar{B}, \bar{F})$ 的降维状态观测器为

$$\dot{w} = (A_{22}-GA_{12})\,w + [(A_{22}-GA_{12})\,G + (A_{21}-GA_{11})]\,\tilde{y} + (B_2-GB_1)\,u, \tag{6.3.37}$$

其中 G 使得 $A_{22}-GA_{12}$ 的特征值均具有负实部. 且有

$$\lim_{t\to\infty}\left(\begin{bmatrix} \tilde{y} \\ w+G\tilde{y} \end{bmatrix} - \bar{x}\right) = 0.$$

将 $\tilde{y}$ 代入 (6.3.37), 则得系统 (6.3.1) 在 C 降秩时的降维状态观测器

$$\dot{w} = (A_{22}-GA_{12})\,w + [(A_{22}-GA_{12})\,G + (A_{21}-GA_{11})]\left(E^{\mathrm{T}}E\right)^{-1}E^{\mathrm{T}}y$$

$$+\left(B_2-GB_1\right)u. \tag{6.3.38}$$

令估计状态为

$$\hat{x}=T\begin{bmatrix}\tilde{y}\\ w+G\tilde{y}\end{bmatrix}=T\begin{bmatrix}\left(E^{\mathrm{T}}E\right)^{-1}E^{\mathrm{T}}y\\ w+G\left(E^{\mathrm{T}}E\right)^{-1}E^{\mathrm{T}}y\end{bmatrix}, \tag{6.3.39}$$

显然有

$$\lim_{t\to\infty}\left(\hat{x}(t)-x(t)\right)=\lim_{t\to\infty}T\left(\begin{bmatrix}\tilde{y}\\ w+G\tilde{y}\end{bmatrix}-\bar{x}\right)=0,$$

$\hat{x}$ 渐近逼近原系统状态 x.

考虑系统 (6.3.1) 在 $\mathrm{rank}C=m<q$ 时的基于降维状态观测器的输出动态反馈. 令输出动态反馈律为

$$u=K\hat{x}+v=KT\begin{bmatrix}\left(E^{\mathrm{T}}E\right)^{-1}E^{\mathrm{T}}y\\ w+G\left(E^{\mathrm{T}}E\right)^{-1}E^{\mathrm{T}}y\end{bmatrix}+v. \tag{6.3.40}$$

类似于前面的推导, 即有闭环系统的特征值满足特征值分离定理, 闭环系统传递函数即为原系统直接状态反馈的闭环传递函数.

习　题　6

1. 给定线性定常系统

$$\dot{x}=\begin{bmatrix}0&1\\0&0\end{bmatrix}x+\begin{bmatrix}0\\1\end{bmatrix}u,$$
$$y=\begin{bmatrix}1&0\end{bmatrix}x.$$

试求其全维观测器, 其特征值为 $\lambda_1=-2,\lambda_2=-4$.

2. 给定线性定常系统

$$\dot{x}=\begin{bmatrix}1&3\\2&1\end{bmatrix}x+\begin{bmatrix}1\\2\end{bmatrix}u,$$
$$y=\begin{bmatrix}0&1\end{bmatrix}x.$$

试求其降维观测器, 其特征值 $\lambda=-3$.

3. 给定线性定常系统

$$\dot{x}=\begin{bmatrix}-1&-2&-2\\0&-1&1\\1&0&-1\end{bmatrix}x+\begin{bmatrix}2\\0\\1\end{bmatrix}u,$$

$$y=\begin{bmatrix}1&1&0\end{bmatrix}x.$$

(1) 确定特征值为 $-3, -3, -4$ 的三维状态观测器;

(2) 确定特征值为 $-3, -4$ 的二维状态观测器.

4. 设有系统 (A,B,C), 其中

$$A=\begin{bmatrix}1&2&0\\3&-1&1\\0&2&0\end{bmatrix},\quad B=\begin{bmatrix}0\\0\\1\end{bmatrix},\quad C=\begin{bmatrix}-1&1&1\end{bmatrix}.$$

(1) 设计一全维观测器, 使其特征值为 $-4, -3\pm j$;

(2) 设计一降维观测器, 使其特征值均为 -4.

5. 已知受控系统为 (A,b,c), 系数矩阵为

$$A=\begin{bmatrix}1&0&0\\3&-1&1\\0&2&0\end{bmatrix},\quad b=\begin{bmatrix}2\\1\\1\end{bmatrix},\quad c=\begin{bmatrix}0&0&1\end{bmatrix}.$$

设计观测器, 使极点为 $-3, -4, -5$.

6. 单输入—单输出系统的传递函数为

$$G(s)=\frac{1}{s\,(s+1)\,(s+2)}.$$

(1) 确定一个降维观测器, 使其特征值均为 -5;

(2) 确定一基于降维观测器的输出动态反馈律, 使闭环系统传递函数的极点为

$$\lambda_1=-3,\quad \lambda_{2,3}=-\frac{1}{2}\pm\frac{\sqrt{3}}{2}j;$$

(3) 给出整个闭环系统的传递函数.

7. 受控系统为

$$\dot{x}=\begin{bmatrix}0&1&0&0\\0&0&-1&0\\0&0&0&1\\0&0&5&0\end{bmatrix}x+\begin{bmatrix}0\\1\\0\\-2\end{bmatrix}u,$$

$$y=\begin{bmatrix}1&0&0&0\end{bmatrix}x.$$

指定闭环传递函数极点为 $\lambda_1=-1, \lambda_{2,3}=-1\pm j, \lambda_4=-2$; 观测器的特征值为 $s_1=-3, s_{2,3}=-3\pm 2j$; 试设计一个基于观测器的输出动态反馈系统.

8. 考虑线性定常系统

$$\begin{aligned}\dot{x}&=Ax+Bu,\\ y&=Cx.\end{aligned}$$

证明: (1) C 行满秩时, 基于降维观测器的输出动态反馈闭环系统的特征值满足特征值分离定理;

(2) C 行降秩时, 基于降维观测器的输出动态反馈闭环系统的特征值满足特征值分离定理, 闭环传递函数为系统直接状态反馈的闭环传递函数.

9. 设干扰系统模型为 $\begin{cases}\dot{x}=Ax+Bu+Df,\\ y=Cx,\end{cases}$ 其中 f 为干扰.

(1) f 为阶跃干扰 $f=a\cdot 1(t)$, a 未知 ($\dot{f}=0$);

(2) $f=a\sin(t+\varphi)$, a 未知, φ 未知 ($\dot{f}_1=f_2, \dot{f}_2=-f_1$).

试设计 f 的观测器, 使得观测器输出 z 实现 $z-f=(o(e^{-t}))$.

10. (1) 上题中, $A=\begin{bmatrix}0&1\\0&1\end{bmatrix}$, $B=\begin{bmatrix}0\\1\end{bmatrix}$, $C=[1\quad 0]$, $D=\begin{bmatrix}1\\0\end{bmatrix}$, f 为阶跃干扰, 幅度未知, 试设计 f 的观测器.

(2) 上题中, $A=\begin{bmatrix}0&1\\0&0\end{bmatrix}$, $B=\begin{bmatrix}1\\0\end{bmatrix}$, $C=[1\quad 0]$, $D=\begin{bmatrix}0\\1\end{bmatrix}$, $f=a\sin(t+\varphi)$, a 未知, 试设计 f 的观测器.

11. 图 6.4 是用全维观测器输出 w 作反馈 $u=Kw+v$ 的闭环系统.

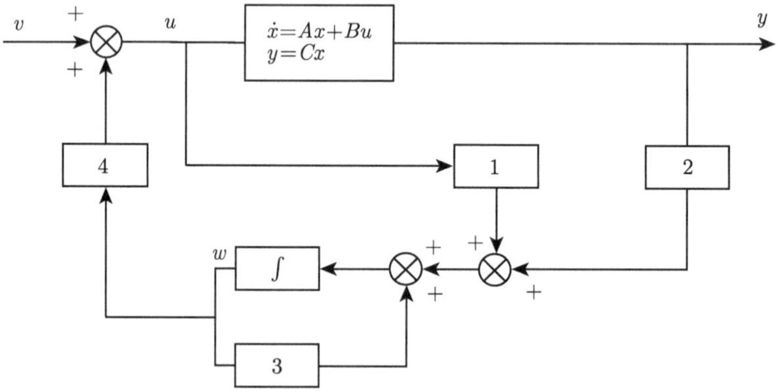

图 6.4

其中 $A=\begin{bmatrix}0&1&1\\1&0&0\\0&0&-1\end{bmatrix}$, $B=\begin{bmatrix}1\\0\\0\end{bmatrix}$, $C=[0\quad 1\quad 0]$, 为使整个闭环系统的极点配置

为 -2, -2, -2, -2, -2, 试确定方框 $\boxed{1}$, $\boxed{2}$, $\boxed{3}$, $\boxed{4}$ 中的增益矩阵.

12. 设离散系统 $x(k+1) = Ax(k) + Bu(k)$, $y = Cx(k)$, C 行满秩, (A, C) 能观, 试仿照连续系统全维观测器及降维观测器的推导方式, 推出离散系统全维观测器、降维观测器的表达式, 并找 G, 使观测器的输出在 n 步之后完全等于系统的状态.

第 6 章习题答案

第 6 章部分习题讲解视频

第 7 章　线性二次型最优控制

7.1　线性二次型最优控制问题的描述

考虑受控线性系统

$$\dot{x} = Ax + Bu, \quad x(0) = x_0, \tag{7.1.1}$$

其中, x 为 n 维状态向量, u 为 p 维输入向量, A, B 分别为 $n \times n$, $n \times p$ 的实常阵.

受控系统的性能指标为

$$J(u) = \frac{1}{2} x^{\mathrm{T}}(t_f) S x(t_f) + \frac{1}{2} \int_0^{t_f} \left[x^{\mathrm{T}}(t) Q x(t) + u^{\mathrm{T}}(t) R u(t) \right] dt, \tag{7.1.2}$$

其中, $x(t_f)$ 为 $t = t_f$ 时的末状态, S, Q, R 分别为 $n \times n$, $n \times n$, $p \times p$ 的已知加权对称矩阵, 且 $S \geqslant 0$ 为半正定, $Q \geqslant 0$ 为半正定, $R > 0$ 为正定. 性能指标 $J(u)$ 为控制 u 的一个泛函.

线性二次型最优控制问题, 也称为 LQ (linear quadratic) 问题. 系统 (7.1.1) 的 LQ 问题, 就是寻找一个控制 $u^*(t)$, 使得其性能指标值最小, 即

$$J(u^*) = \min_u J(u). \tag{7.1.3}$$

称控制函数 $u^*(t)$ 为最优控制, 相应于最优控制 $u^*(t)$ 的系统 (7.1.1) 的轨线 $x^*(t)$ 为最优轨线, $J(u^*)$ 为最优性能指标值.

LQ 问题可分为有限时间 LQ 问题和无限时间 LQ 问题. 终止时刻 $t = t_f$ 固定且为有限值的 LQ 问题为有限时间 LQ 问题; $t_f = \infty$ 时的 LQ 问题为无限时间 LQ 问题.

若末状态 $x(t_f)$ 趋于 0, 称为调节问题. 本章主要讨论线性定常系统 (7.1.1) 的状态调节问题.

7.2　有限时间 LQ 问题

考虑如下的 LQ 问题, 系统为

$$\dot{x} = Ax + Bu, \quad x(0) = x_0, \tag{7.2.1}$$

二次指标为

$$J(u)=\frac{1}{2}x^{\mathrm{T}}(t_f)Sx(t_f)+\frac{1}{2}\int_0^{t_f}(x^{\mathrm{T}}Qx+u^{\mathrm{T}}Ru)dt. \tag{7.2.2}$$

定理 7.1 有限时间 LQ 问题 (7.2.1), (7.2.2) 存在最优控制 $u^*(t)$, 且 $u^*(t)$ 为最优控制的充分必要条件是

$$u^*(t)=-R^{-1}B^{\mathrm{T}}P(t)x(t), \tag{7.2.3}$$

其中, $P(t)$ 为下列里卡蒂 (Riccati) 微分方程的半正定解

$$\begin{aligned}&-\dot{P}(t)=P(t)A+A^{\mathrm{T}}P(t)+Q-P(t)BR^{-1}B^{\mathrm{T}}P(t),\\&P(t_f)=S.\end{aligned} \tag{7.2.4}$$

相应的最优性能指标为

$$J^*=\frac{1}{2}x_0^{\mathrm{T}}P(0)x_0, \tag{7.2.5}$$

最优轨线 $x^*(t)$ 为下述状态方程的解

$$\dot{x}=\left(A-BR^{-1}B^{\mathrm{T}}P(t)\right)x,\quad x(0)=x_0. \tag{7.2.6}$$

证明 必要性. 已知 $u^*(t)$ 为最优控制, 证 $u^*(t)=-R^{-1}B^{\mathrm{T}}P(t)x(t)$. 构造哈密顿 (Hamilton) 函数

$$H(x,u,\lambda)=\frac{1}{2}\left(x^{\mathrm{T}}Qx+u^{\mathrm{T}}Ru\right)+\lambda^{\mathrm{T}}\left(Ax+Bu\right). \tag{7.2.7}$$

根据极大值原理中的极值条件, 最优控制 $u^*(t)$ 应使 Hamilton 函数取得最小, 因为 $u(t)$ 无约束, 即得

$$\frac{\partial H}{\partial u}=Ru+B^{\mathrm{T}}\lambda=0. \tag{7.2.8}$$

从而得

$$u^*(t)=-R^{-1}B^{\mathrm{T}}\lambda. \tag{7.2.9}$$

又因为

$$\frac{\partial^2 H}{\partial u^2}=\frac{\partial}{\partial u}\left(\frac{\partial H}{\partial u}\right)=R>0, \tag{7.2.10}$$

故控制 $u^*(t)$ 使 Hamilton 函数 (7.2.7) 取得最小. 利用 (7.2.9) 及 (7.2.1) 可导出如下两点边值问题

$$\dot{x}=\frac{\partial H}{\partial\lambda}=Ax-BR^{-1}B^{\mathrm{T}}\lambda,\quad x(0)=x_0, \tag{7.2.11}$$

$$\dot{\lambda} = -\frac{\partial H}{\partial x} = -Qx - A^{\mathrm{T}}\lambda, \quad \lambda(t_f) = \frac{\partial x^{\mathrm{T}}(t_f)Sx(t_f)}{\partial x(t_f)} = Sx(t_f). \tag{7.2.12}$$

注意到上述方程和端点条件均为线性, 所以可知 $\lambda(t)$ 和 $x(t)$ 之间必为线性关系, 可表示为

$$\lambda(t) = P(t)x(t), \tag{7.2.13}$$

则由 (7.2.13) 和 (7.2.11) 可得

$$\begin{aligned}\dot{\lambda} &= \dot{P}(t)\,x + P(t)\,\dot{x} \\ &= \dot{P}(t)\,x + P(t)\left(Ax - BR^{-1}B^{\mathrm{T}}\lambda\right) \\ &= \left(\dot{P}(t) + P(t)\,A - P(t)\,BR^{-1}B^{\mathrm{T}}P(t)\right)x.\end{aligned} \tag{7.2.14}$$

又由 (7.2.12) 可得

$$\dot{\lambda} = \left(-Q - A^{\mathrm{T}}P(t)\right)x. \tag{7.2.15}$$

由 (7.2.14) 与 (7.2.15), 并且一般地有 $x(t) \neq 0$, 从而导出 $P(t)$ 应满足方程

$$-\dot{P}(t) = P(t)\,A + A^{\mathrm{T}}P(t) - P(t)\,BR^{-1}B^{\mathrm{T}}P(t) + Q. \tag{7.2.16}$$

此外, 再由 (7.2.12), (7.2.13) 可导出

$$P(t_f) = S. \tag{7.2.17}$$

将 (7.2.13) 代入 (7.2.9), 即得最优控制 $u^*(t)$:

$$u^*(t) = -R^{-1}B^{\mathrm{T}}P(t)\,x(t)\,, \tag{7.2.18}$$

其中, $P(t)$ 为 (7.2.16), (7.2.17) 的解. 必要性得证.

充分性. 已知 $u^*(t)$ 如 (7.2.3) 所示, 证其为最优控制. 考虑如下等式

$$\begin{aligned}&\frac{1}{2}x^{\mathrm{T}}(t_f)\,P(t_f)\,x(t_f) - \frac{1}{2}x^{\mathrm{T}}(0)\,P(0)\,x(0) \\ &= \frac{1}{2}\int_0^{t_f}\frac{d}{dt}\left(x^{\mathrm{T}}P(t)\,x\right)dt \\ &= \frac{1}{2}\int_0^{t_f}\left(\dot{x}^{\mathrm{T}}P(t)\,x + x^{\mathrm{T}}\dot{P}(t)\,x + x^{\mathrm{T}}P(t)\,\dot{x}\right)dt \\ &= \frac{1}{2}\int_0^{t_f}\left[(Ax+Bu)^{\mathrm{T}}P(t)\,x + x^{\mathrm{T}}\dot{P}(t)\,x + x^{\mathrm{T}}P(t)\,(Ax+Bu)\right]dt\end{aligned}$$

$$= \frac{1}{2}\int_0^{t_f} \left\{x^{\mathrm{T}} \left(A^{\mathrm{T}} P(t) + \dot{P}(t) + P(t) A\right) x + u^{\mathrm{T}} B^{\mathrm{T}} P(t) x + x^{\mathrm{T}} P(t) Bu\right\} dt. \tag{7.2.19}$$

由 (7.2.4) 得

$$A^{\mathrm{T}} P(t) + \dot{P}(t) + P(t) A = -Q + P(t) BR^{-1} B^{\mathrm{T}} P(t),$$

代入上式, 并作配方处理, 得

$$\begin{aligned}
&\frac{1}{2}x^{\mathrm{T}}(t_f) P(t_f) x(t_f) - \frac{1}{2}x^{\mathrm{T}}(0) P(0) x(0) \\
=& \frac{1}{2}\int_0^{t_f} \left(-x^{\mathrm{T}} Qx + x^{\mathrm{T}} P(t) BR^{-1} B^{\mathrm{T}} P(t) x + u^{\mathrm{T}} B^{\mathrm{T}} P(t) x + x^{\mathrm{T}} P(t) Bu\right) dt \\
=& \frac{1}{2}\int_0^{t_f} \left\{-x^{\mathrm{T}} Qx - u^{\mathrm{T}} Ru + \left[u + R^{-1} B^{\mathrm{T}} P(t) x\right]^{\mathrm{T}} R \left[u + R^{-1} B^{\mathrm{T}} P(t) x\right]\right\} dt,
\end{aligned} \tag{7.2.20}$$

注意到 $P(t_f) = S$, 则由上式可导出

$$\begin{aligned}
J(u) &= \frac{1}{2}x^{\mathrm{T}}(t_f) Sx(t_f) + \frac{1}{2}\int_0^{t_f} \left(x^{\mathrm{T}} Qx + u^{\mathrm{T}} Ru\right) dt \\
&= \frac{1}{2}x^{\mathrm{T}}(0) P(0) x(0) + \frac{1}{2}\int_0^{t_f} \left[u + R^{-1} B^{\mathrm{T}} P(t) x\right]^{\mathrm{T}} R \left[u + R^{-1} B^{\mathrm{T}} P(t) x\right] dt \\
&\geqslant \frac{1}{2}x^{\mathrm{T}}(0) P(0) x(0).
\end{aligned} \tag{7.2.21}$$

此表明当 $u^*(t) = -R^{-1} B^{\mathrm{T}} P(t) x(t)$ 时, 性能指标 $J(u)$ 取最小值

$$J^* = J(u^*) = \frac{1}{2}x^{\mathrm{T}}(0) P(0) x(0), \tag{7.2.22}$$

也即 $u^*(t)$ 为最优控制. 充分性得证.

从定理 7.1 出发, 对于有限时间 LQ 问题, 还可得到以下的结论.

(1) 对于有限时间 LQ 问题 (7.2.1), (7.2.2), 其最优闭环系统是一个状态反馈系统, 反馈阵 $K(t) = -R^{-1} B^{\mathrm{T}} P(t)$, 动态方程为 (7.2.6), 尽管受控系统是定常的, 但其最优闭环系统却是时变的.

(2) 对于有限时间 LQ 问题 (7.2.1), (7.2.2), 其最优控制 $u^*(t)$ 一定存在, 不依赖于系统 (A, B) 是否能控.

(3) 对于有限时间 LQ 问题 (7.2.1), (7.2.2), 其最优控制 $u^*(t)$ 是唯一的. 因为 Riccati 微分方程 (7.2.4) 的解是唯一的, 且为半正定.

对于有限时间 LQ 问题 (7.2.1), (7.2.2) 的求解, 关键是解 Riccati 微分方程 (7.2.4), 一般地说, 其解析形式的解很难得到, 通常只能采用数值方法用计算机求解.

7.3　无限时间 LQ 问题

考虑线性定常系统的无限时间 LQ 问题, 系统为

$$\dot{x} = Ax + Bu, \quad x(0) = x_0, \tag{7.3.1}$$

二次性能指标为

$$J(u) = \int_0^\infty \left(x^{\mathrm{T}}Qx + u^{\mathrm{T}}Ru\right) dt. \tag{7.3.2}$$

寻求最优控制 $u^*(t)$, 使得指标值最小. x 为 n 维状态向量, u 为 p 维输入向量, A, B 分别为 $n\times n, n\times p$ 实常阵, 且 $Q \geqslant 0$ 为 $n\times n$ 常矩阵, $R > 0$ 为 $p\times p$ 常阵.

假设 (A, B) 能控, (A, C) 能观, 其中 C 为 $Q = C^{\mathrm{T}}C$ 的任一分解.

引理 7.1　令 $Q = C^{\mathrm{T}}C$ 为 Q 的任一分解, 则 (A, C) 的能观性与 Q 的分解无关.

证明　令 $Q = C_1^{\mathrm{T}}C_1$, $Q = C_2^{\mathrm{T}}C_2$ 为 Q 的两个分解, 证若 (A, C_1) 能观, 则 (A, C_2) 能观. 用反证法. 反设 (A, C_2) 不能观, 则矩阵 $\begin{bmatrix} sI - A \\ C_2 \end{bmatrix}$ 对某 $s = s_0$ 列降秩, 从而存在非零向量 α 使得 $\begin{bmatrix} s_0I - A \\ C_2 \end{bmatrix}\alpha = 0$, 此即

$$(s_0I - A)\alpha = 0, \quad C_2\alpha = 0.$$

故由 $C_2\alpha = 0$ 可得

$$\alpha^{\mathrm{T}}C_2^{\mathrm{T}}C_2\alpha = \alpha^{\mathrm{T}}Q\alpha = \alpha^{\mathrm{T}}C_1^{\mathrm{T}}C_1\alpha = 0.$$

从而有 $C_1\alpha = 0$, 联合 $(s_0I - A)\alpha = 0$ 可得

$$\begin{bmatrix} s_0I - A \\ C_1 \end{bmatrix}\alpha = 0,$$

表示 $\begin{bmatrix} s_0 I - A \\ C_1 \end{bmatrix}$ 列降秩, 即 (A, C_1) 不能观, 从而与 (A, C_1) 能观矛盾. 故反设不成立, (A, C_2) 能观. 证毕.

由定理 7.1 知, 无限时间 LQ 问题对应的 Riccati 方程为

$$\begin{aligned} &-\dot{P}(t) = P(t)A + A^{\mathrm{T}}P(t) + Q - P^{\mathrm{T}}(t)BR^{-1}B^{\mathrm{T}}P(t), \\ &P(t_f) = 0, \quad t \in [0, t_f], \quad t_f \to \infty. \end{aligned} \tag{7.3.3}$$

首先讨论 (7.3.3) 的解的特征. 将此解 $P(t)$ 表示为 $P(t) = P(t, 0, t_f)$, 它是满足末时刻条件 $P(t_f, 0, t_f) = P(t_f) = 0$ 和以 t 为自变量的解.

引理 7.2 $P(0, 0, t_f)$ 对一切 $t_f \geqslant 0$ 有上界. 即对任意 $x_0 \neq 0$, 存在不依赖于 t_f 的正实数 $M(0, x_0)$, 使对一切 $t_f \geqslant 0$, 有下面结论成立

$$x_0^{\mathrm{T}} P(0, 0, t_f) x_0 \leqslant M(0, x_0) < \infty. \tag{7.3.4}$$

证明 由 (A, B) 能控知, 对任意 $x_0 \neq 0$, 存在控制 $u_1(t)$ 和时刻 $t_1 > 0$, 使相应的系统运动轨线 $x_1(t)$ 满足 $x_1(t_1) = 0$. 取控制为

$$\tilde{u}(t) = \begin{cases} u_1(t), & t \in [0, t_1], \\ 0, & t > t_1, \end{cases} \tag{7.3.5}$$

其相应的轨线

$$\tilde{x}(t) = \begin{cases} x_1(t), & t \in [0, t_1], \\ 0, & t > t_1, \end{cases} \tag{7.3.6}$$

则由 $u_1(t)$ 和 $x_1(t)$ 的有界性和连续性, 可导出

$$\begin{aligned} J(\tilde{u}) &= \int_0^\infty \left(\tilde{x}^{\mathrm{T}} Q \tilde{x} + \tilde{u}^{\mathrm{T}} R \tilde{u}\right) dt \\ &= \int_0^{t_1} \left(x_1^{\mathrm{T}} Q x_1 + u_1^{\mathrm{T}} R u_1\right) dt = M(0, x_0) < \infty. \end{aligned} \tag{7.3.7}$$

进而, $u^*(t), x^*(t)$ 表示无限时间 LQ 问题的最优控制和最优轨线, J^* 为相应的最优性能指标值, 则有

$$\begin{aligned} J^* = x_0^{\mathrm{T}} P(0, 0, t_f) x_0 = \int_0^{t_f} \left(x^{*\mathrm{T}} Q x^* + u^{*\mathrm{T}} R u^*\right) dt \leqslant \int_0^{t_f} \left(\tilde{x}^{\mathrm{T}} Q \tilde{x} + \tilde{u}^{\mathrm{T}} R \tilde{u}\right) dt \\ \leqslant \int_0^\infty \left(\tilde{x}^{\mathrm{T}} Q \tilde{x} + \tilde{u}^{\mathrm{T}} R \tilde{u}\right) dt = M(0, x_0) < \infty. \end{aligned} \tag{7.3.8}$$

这表明 $P(0,0,t_f)$ 对一切 $t_f \geqslant 0$ 有上界. 证毕.

引理 7.3 对任意 $t \geqslant 0$, 极限 $\lim\limits_{t_f \to \infty} P(t,0,t_f) = P(t,0,\infty)$ 存在.

证明 由于 (7.3.3) 为定常矩阵微分方程, 故必成立 $P(t,0,t_f) = P(0,0,t_f - t)$, 故上述命题等价于证明 $P(0,0,\infty)$ 的存在性. 将 $P(0,0,t_f)$ 表示为

$$P(0,0,t_f) = \begin{bmatrix} p_{11}(0,0,t_f) & \cdots & p_{1n}(0,0,t_f) \\ \vdots & & \vdots \\ p_{n1}(0,0,t_f) & \cdots & p_{nn}(0,0,t_f) \end{bmatrix}. \tag{7.3.9}$$

由其为对称阵知

$$p_{ij}(0,0,t_f) = p_{ji}(0,0,t_f), \quad i \neq j. \tag{7.3.10}$$

(1) 首先证明 $p_{ii}(0,0,t_f)$ 当 $t_f \to \infty$ 时的存在性. 为此, 令 $x_0 \neq 0$ 为任意初态, 且取 $t_2 > t_f$, J_2^* 和 J^* 分别表示末时刻为 t_2 和 t_f 的 LQ 问题的最优性能指标值, u_2^*, x_2^* 为末时刻为 t_2 的最优控制和最优轨线, u^*, x^* 为末时刻为 t_f 的最优控制与最优轨线, 于是有

$$\begin{aligned} x_0^{\mathrm{T}} P(0,0,t_f) x_0 = J^* &= \int_0^{t_f} \left(x^{*\mathrm{T}} Q x^* + u^{*\mathrm{T}} R u^*\right) dt \\ &\leqslant \int_0^{t_f} \left(x_2^{*\mathrm{T}} Q x_2^* + u_2^{*\mathrm{T}} R u_2^*\right) dt \\ &\leqslant \int_0^{t_2} \left(x_2^{*\mathrm{T}} Q x_2^* + u_2^{*\mathrm{T}} R u_2^*\right) dt \\ &= J_2^* = x_0^{\mathrm{T}} P(0,0,t_2) x_0. \end{aligned} \tag{7.3.11}$$

进而, 取

$$x_0 = e_i = [0 \quad \cdots \quad 0 \quad 1 \quad 0 \quad \cdots \quad 0]^{\mathrm{T}}, \quad i = 1,2,\cdots,n, \tag{7.3.12}$$

代入 (7.3.11), 并由

$$\begin{aligned} e_i^{\mathrm{T}} P(0,0,t_f) e_i &= p_{ii}(0,0,t_f), \\ e_i^{\mathrm{T}} P(0,0,t_2) e_i &= p_{ii}(0,0,t_2) \end{aligned}$$

推得当 $t_2 > t_f$ 时,

$$p_{ii}(0,0,t_f) \leqslant p_{ii}(0,0,t_2), \quad i = 1,2,\cdots,n. \tag{7.3.13}$$

这表明 $p_{ii}(0,0,t_f)$ 关于 t_f 是单调递增函数, 又由引理 7.2 知 $p_{ii}(0,0,t_f)$ 对 t_f 有上界, 从而 $p_{ii}(0,0,t_f)$ 当 $t_f \to \infty$ 时极限存在.

(2) 下面再证明非对角线元 $p_{ij}(0,0,t_f)$ 当 $t_f \to \infty$ 时的存在性. 为此, 取

$$x_0 = e_i + e_j, \quad i \neq j, \quad i,j = 1,2,\cdots,n, \tag{7.3.14}$$

于是有

$$(e_i + e_j)^{\mathrm{T}} P(0,0,t_f)(e_i + e_j) = p_{ii}(0,0,t_f) + 2p_{ij}(0,0,t_f) + p_{jj}(0,0,t_f). \tag{7.3.15}$$

上式中左端是关于 t_f 的单调递增函数, 同时, $p_{ii}(0,0,t_f)$, $p_{jj}(0,0,t_f)$ 也是关于 t_f 的单调递增函数, 由问题的一般性可知, $p_{ij}(0,0,t_f)$ 也是关于 t_f 的单调递增函数. 由引理 7.2, $P(0,0,t_f)$ 对 t_f 有上界, 从而 $p_{ij}(0,0,t_f)$ 对 t_f 有上界. 这说明, 对一切 i 和 j, $p_{ij}(0,0,t_f)$ 当 $t_f \to \infty$ 时极限存在.

综合 (1), (2), 可得 $P(0,0,\infty)$ 存在. 引理得证.

引理 7.4 $P(t,0,\infty)$ 必为不依赖于 t 的常阵, 记为 P, 也即

$$P(t,0,\infty) = P. \tag{7.3.16}$$

证明 因为 $P(t,0,t_f)$ 为定常 Riccati 微分方程 (7.3.3) 的解, 从而知 $P(t,0,t_f)$ 仅与 $t_f - t$ 有关, 而与 t_f 和 t 的具体值无直接的关系, 也即

$$P(t,0,t_f) = P(0,0,t_f - t). \tag{7.3.17}$$

从而

$$P(t,0,\infty) = \lim_{t_f \to \infty} P(t,0,t_f) = \lim_{t_f \to \infty} P(0,0,t_f - t) = P(0,0,\infty). \tag{7.3.18}$$

这表明 $P(0,0,\infty)$ 与 t 无关, 即 $P(0,0,\infty) = P$ 为常阵.

引理 7.5 P 为正定对称阵, 且满足 Riccati 方程

$$PA + A^{\mathrm{T}}P + Q - PBR^{-1}B^{\mathrm{T}}P = 0. \tag{7.3.19}$$

证明 首先, 因为 $P(t,0,\infty)$ 是 Riccati 微分方程 (7.3.3) 的解, 而又已证明 $P(t,0,\infty) = P$ 为常阵, 代入 (7.3.3) 即得 (7.3.19).

P 的对称性显然, 下证 P 的正定性. 反设 P 不是正定的, 则由 $P(t,0,t_f)$ 为半正定知, P 为半正定, 则必存在一非零向量 x_0, 使得

$$0 = x_0^{\mathrm{T}} P x_0 = \int_0^{\infty} \left(x^{*\mathrm{T}} Q x^* + u^{*\mathrm{T}} R u^*\right) dt. \tag{7.3.20}$$

由于 $R > 0$, $Q \geqslant 0$, 所以上式成立, 必有

$$\int_0^{\infty} x^{*\mathrm{T}} Q x^* dt = 0, \quad \int_0^{\infty} u^{*\mathrm{T}} R u^* dt = 0. \tag{7.3.21}$$

因为 $R>0$, 从而得出 $u^*(t)\equiv 0$; 又由 $Q=C^{\mathrm{T}}C$, 得

$$\int_0^{\infty} x^{*\mathrm{T}}C^{\mathrm{T}}Cx^*dt=0. \tag{7.3.22}$$

从而有

$$Cx^*(t)=0. \tag{7.3.23}$$

而由 $\dot{x}=Ax, x(0)=x_0$ 得到

$$x^*(t)=e^{At}x_0,$$

故由 (7.3.23) 得

$$Ce^{At}x_0=0. \tag{7.3.24}$$

这与 (A,C) 能观矛盾, 即反设不成立, 即 P 为正定矩阵. 结论得证.

事实上, 对于 Riccati 方程 (7.3.19), 我们有下面的引理.

引理 7.6 若 (A,B) 能控, (A,C) 能观, 则 Riccati 方程 (7.3.19) 有唯一正定解.

在上面讨论的基础上, 现在可直接给出定常的无限时间 LQ 问题的最优解结论.

定理 7.2 对于定常系统的无限时间 LQ 问题 (7.3.1), (7.3.2), 若 (A,B) 能控, (A,C) 能观, 则 $u^*(t)$ 为最优控制的充分必要条件是

$$u^*(t)=-R^{-1}B^{\mathrm{T}}Px(t), \tag{7.3.25}$$

其中, P 为 Riccati 方程

$$PA+A^{\mathrm{T}}P+Q-PBR^{-1}B^{\mathrm{T}}P=0 \tag{7.3.26}$$

的唯一正定解, 最优性能指标值为

$$J^*=x_0^{\mathrm{T}}Px_0, \tag{7.3.27}$$

相应的最优轨线 $x^*(t)$ 为下述状态方程的解

$$\dot{x}=\left(A-BR^{-1}B^{\mathrm{T}}P\right)x,\quad x(0)=x_0. \tag{7.3.28}$$

下面考察最优闭环系统 (7.3.28) 的稳定性, 我们有下面的定理.

定理 7.3 最优闭环系统 (7.3.28) 是稳定的.

证明 构造李雅普诺夫 (Lyapunov) 函数

$$V(x) = x^{\mathrm{T}} P x.$$

由 P 正定知 $V(x)$ 为正定函数, 沿轨线 (7.3.28) 对时间 t 求导,

$$\begin{aligned}\dot{V}(x) &= \dot{x}^{\mathrm{T}} P x + x^{\mathrm{T}} P \dot{x} \\ &= x^{\mathrm{T}} \left(A^{\mathrm{T}} P - PBR^{-1}B^{\mathrm{T}}P + PA - PBR^{-1}B^{\mathrm{T}}P\right) x \\ &\xlongequal{(7.3.26)} -x^{\mathrm{T}} \left(Q + PBR^{-1}B^{\mathrm{T}}P\right) x.\end{aligned} \tag{7.3.29}$$

由 $Q \geqslant 0$, $R > 0$ 知 $\dot{V}(x) \leqslant 0$. 下证对所有 $x_0 \neq 0$ 的解 $x(t)$ 都有 $\dot{V}(x(t)) \not\equiv 0$. 反设存在 $x_0 \neq 0$, 使得相应解 $x(t)$ 满足

$$\dot{V}(x(t)) \equiv 0,$$

则由 (7.3.29) 知, 必有

$$x^{\mathrm{T}}(t) Q x(t) \equiv 0, \quad x^{\mathrm{T}}(t) PBR^{-1}B^{\mathrm{T}}Px(t) \equiv 0; \tag{7.3.30}$$

而由

$$0 \equiv x^{\mathrm{T}}(t) PBR^{-1}B^{\mathrm{T}}Px(t) = \left(x^{\mathrm{T}}(t) PBR^{-1}\right)^{\mathrm{T}} R \left(R^{-1}B^{\mathrm{T}}Px(t)\right) = {u^*}^{\mathrm{T}} R u^*, \tag{7.3.31}$$

推得 $u^*(t) \equiv 0$, 从而最优闭环系统为

$$\dot{x} = Ax, \quad x(0) = x_0, \tag{7.3.32}$$

而由

$$0 \equiv x^{\mathrm{T}}(t) Q x(t) = x^{\mathrm{T}}(t) C^{\mathrm{T}} C x(t) \tag{7.3.33}$$

得到 $Cx(t) \equiv 0$. 显然, 这与 (A, C) 能观矛盾. 即反设不成立, 也即 $\dot{V}(x(t)) \not\equiv 0$. 再由当 $\|x\| \to \infty$ 时有 $V(x) \to \infty$, 根据 Lyapunov 稳定性理论知, 闭环系统 (7.3.28) 稳定.

推论 7.1 若 Q 正定, 则最优闭环系统 (7.3.28) 稳定.

证明 若 Q 正定, 则存在非奇异矩阵 C 使 $C^{\mathrm{T}}C = Q$, 而由 $\begin{bmatrix} sI - A \\ C \end{bmatrix}$ 对任意 s 都列满秩知 (A, C) 能观, 从而结论得证.

例 7.3.1 设系统状态方程是

$$\begin{cases} \dot{x}_1 = x_2, \quad x_1(0) = 1, \quad x_2(0) = 0, \\ \dot{x}_2 = u, \end{cases}$$

二次性能指标为

$$J(u)=\int_0^{\infty}\left[x_1^2+2x_1x_2+4x_2^2+u^2\right]dt.$$

求最优控制及最优性能指标值, 并验证定理 7.3 的正确性.

解

$$A=\begin{bmatrix}0&1\\0&0\end{bmatrix},\quad B=\begin{bmatrix}0\\1\end{bmatrix},\quad Q=\begin{bmatrix}1&1\\1&4\end{bmatrix},\quad R=1.$$

易知 (A,B) 能控, 又因 $Q>0$, 故 (A,C) 能观, 其中 $C^{\mathrm{T}}C=Q$, 令 $P=\begin{bmatrix}p_{11}&p_{12}\\p_{12}&p_{22}\end{bmatrix}$, 则最优控制为

$$u^*(t)=-p_{12}x_1(t)-p_{22}x_2(t),$$

P 满足

$$\begin{aligned}&\begin{bmatrix}p_{11}&p_{12}\\p_{12}&p_{22}\end{bmatrix}\begin{bmatrix}0&1\\0&0\end{bmatrix}+\begin{bmatrix}0&0\\1&0\end{bmatrix}\begin{bmatrix}p_{11}&p_{12}\\p_{12}&p_{22}\end{bmatrix}\\&-\begin{bmatrix}p_{11}&p_{12}\\p_{12}&p_{22}\end{bmatrix}\begin{bmatrix}0\\1\end{bmatrix}\begin{bmatrix}0&1\end{bmatrix}\begin{bmatrix}p_{11}&p_{12}\\p_{12}&p_{22}\end{bmatrix}+\begin{bmatrix}1&1\\1&4\end{bmatrix}=\begin{bmatrix}0&0\\0&0\end{bmatrix}.\end{aligned}$$

解出上面方程的正定解为

$$P=\begin{bmatrix}\sqrt{6}-1&1\\1&\sqrt{6}\end{bmatrix}.$$

从而最优控制为

$$u^*(t)=-x_1(t)-\sqrt{6}x_2(t),$$

最优指标值为

$$J^*=[1\quad 0]\begin{bmatrix}\sqrt{6}-1&1\\1&\sqrt{6}\end{bmatrix}\begin{bmatrix}1\\0\end{bmatrix}=\sqrt{6}-1,$$

最优闭环系统为

$$\begin{aligned}\dot{x}_1&=x_2,\\\dot{x}_2&=-x_1-\sqrt{6}x_2.\end{aligned}$$

系统矩阵为 $\begin{bmatrix} 0 & 1 \\ -1 & -\sqrt{6} \end{bmatrix}$, 特征值为 $\lambda_{1,2} = -\dfrac{\sqrt{6}}{2} \pm \dfrac{\sqrt{2}}{2}i$, 均为负实部, 故闭环系统稳定.

定理 7.2, 定理 7.3 都是在假定系统 (A,B) 能控, (A,C) 能观的条件下得出的结论. 事实上, (A,B) 能控, (A,C) 能观, 并不是定常系统无限时间 LQ 问题有解的充分必要条件, 而只是充分条件. 此条件还可以减弱为 (A,B) 能稳, (A,C) 可检测.

引理 7.7 若 (A,B) 能稳, (A,C) 可检测, 则 Riccati 方程 (7.3.19) 存在唯一半正定解.

定理 7.4 若 (A,B) 能稳, (A,C) 可检测, 则无限时间 LQ 问题 (7.3.1), (7.3.2) 存在唯一解, 最优控制为

$$u^*(t) = -R^{-1}B^{\mathrm{T}}Px(t), \tag{7.3.34}$$

其中 P 为 Riccati 方程

$$PA + A^{\mathrm{T}}P + Q - PBR^{-1}B^{\mathrm{T}}P = 0 \tag{7.3.35}$$

的唯一半正定解, 最优性能指标值为

$$J^* = x_0^{\mathrm{T}}Px_0. \tag{7.3.36}$$

相应的最优轨线 $x^*(t)$ 为最优闭环系统

$$\dot{x} = \left(A - BR^{-1}B^{\mathrm{T}}P\right)x, \quad x(0) = x_0 \tag{7.3.37}$$

的解. 最优闭环系统 (7.3.37) 是稳定的.

习　题　7

1. 给定系统 $\dot{x} = -x + u$, 求最优控制, 使性能指标 $J = \dfrac{1}{2}\displaystyle\int_0^\infty u^2 dt$ 取最小值.

2. 给定系统

$$\dot{x} = \begin{bmatrix} 0 & 1 \\ 0 & 0 \end{bmatrix}x + \begin{bmatrix} 0 \\ 1 \end{bmatrix}u, \quad x(0) = \begin{bmatrix} 1 \\ 2 \end{bmatrix}$$

和性能指标

$$J = \int_0^\infty \left(2x_1^2 + 2x_1x_2 + x_2^2 + u^2\right)dt.$$

试求最优控制及最优性能指标值.

3. 给定系统 $\dot{x}_1 = x_2$, $\dot{x}_2 = u$, 求最优控制, 使性能指标

$$J = \frac{1}{2}\int_0^{\infty} (x^{\mathrm{T}}Qx + ru^2)dt$$

取最小值. 性能指标中 $Q = \begin{bmatrix} 1 & 0 \\ 0 & 1 \end{bmatrix}$, $r = 1$.

4. 给定系统为

$$\dot{x} = \begin{bmatrix} 0 & 0 \\ 1 & 0 \end{bmatrix} x + \begin{bmatrix} 1 \\ 0 \end{bmatrix} u, \quad x(0) = \begin{bmatrix} 0 \\ 1 \end{bmatrix},$$

性能指标为

$$J = \int_0^{\infty} \left(x^{\mathrm{T}} \begin{bmatrix} 0 & 0 \\ 0 & 1 \end{bmatrix} x + \frac{1}{4}u^2 \right) dt.$$

试确定最优控制 $u^*(t)$ 及最优性能指标 J^*.

5. 给定系统

$$\dot{x} = \begin{bmatrix} 1 & 0 \\ 0 & 2 \end{bmatrix} x + \begin{bmatrix} 1 \\ 1 \end{bmatrix} u, \quad x(0) = \begin{bmatrix} 2 \\ 1 \end{bmatrix},$$
$$y = [1 \quad 2]\, x$$

和性能指标

$$J = \int_0^{\infty} \left(y^2 + 2u^2 \right) dt.$$

试求最优控制、最优性能指标值及最优闭环系统的特征值.

6. 证明: 若 $Q = C_1^{\mathrm{T}}C_1, Q = C_2^{\mathrm{T}}C_2$ 是 Q 的两组分解, 则 (A, C_1) 可检测等价于 (A, C_2) 可检测.

7. 证明定理 7.4 的结论.

第 7 章习题答案　　　　第 7 章部分习题讲解视频

第 8 章 不确定线性系统的鲁棒稳定与镇定

8.1 问题的描述和定义

考虑不确定线性系统

$$\dot{x}(t) = [A + \Delta A(q(t))]x(t) + [B + \Delta B(q(t))]u(t), \tag{8.1.1}$$

其中 $x(t) \in \mathbb{R}^n, u(t) \in \mathbb{R}^m$ 分别是系统的状态和控制向量, A, B 分别为 $n \times n$, $n \times m$ 的实常阵, $\Delta A(\cdot)$ 和 $\Delta B(\cdot)$ 是连续的实矩阵值函数, $q(t) \in \mathbb{R}^k$ 是一个不确定参数向量, 它可以是时变的, 也可以依赖系统状态, 它们反映了系统模型中的参数不确定性. $q(t)$ 是勒贝格 (Lebesgue) 可测的, 且 $q(t) \in \Omega$ ($\mathbb{R}^k$ 中的一个紧集).

本章主要考虑当 $u(t) = 0$ 时不确定系统 (8.1.1) 的鲁棒稳定及系统 (8.1.1) 的鲁棒状态反馈镇定问题. 为此, 首先对不确定自治系统

$$\dot{x} = [A + \Delta A(q(t))]x \tag{8.1.2}$$

引进二次稳定的概念.

定义 8.1 对系统 (8.1.2), 若存在一个 n 阶正定对称矩阵 P 和一个常数 $\alpha > 0$, 使得对任意允许的不确定性 $q(t)$,

$$L(x,t) = 2x^{\mathrm{T}}P[A + \Delta A(q(t))]x \leqslant -\alpha\|x\|^2 \tag{8.1.3}$$

对所有 $(x,t) \in \mathbb{R}^n \times \mathbb{R}$ 成立, 则称系统 (8.1.2) 为二次稳定的.

定义 8.2 对不确定系统 (8.1.1), 若存在一个反馈控制律 (可以是动态或静态反馈, 也可以是线性或非线性反馈), 使得所导出的闭环系统是二次稳定的, 则称系统 (8.1.1) 是二次能镇定的, 相应的控制律称为系统 (8.1.1) 的一个二次稳定化控制律. 若存在线性状态反馈控制律 $u = Kx$, 其中 $K \in \mathbb{R}^{m\times n}$, 使得闭环系统是二次稳定的, 则称系统 (8.1.1) 是可以通过线性状态反馈二次镇定的.

根据上面的定义, 若系统 (8.1.2) 是二次稳定的, 则存在一个 Lyapunov 函数, $V(x) = x^{\mathrm{T}}Px$, 使得沿系统 (8.1.2) 的轨线, $V(x)$ 关于时间的导数恰好是 $L(x,t)$. 因此, 根据 Lyapunov 稳定性理论知: 系统的平衡状态 $x = 0$ 是大范围一致渐近稳定的.

二次稳定性要求对所有允许的不确定参数，系统存在一个统一的 Lyapunov 函数. 显然, 这样的要求是比较苛刻的, 由此导出的结果必然是比较保守的. 但此方法仍不失为处理时变不确定性的一种有效方法.

系统的二次稳定性可以推出系统在 Lyapunov 意义下的稳定性, 但反之则不成立. 对线性定常系统, 二次稳定性和 Lyapunov 意义下的稳定性是等价的.

本章主要考虑范数有界且具有如下形式的不确定性

$$[\Delta A(t) \quad \Delta B(t)] = DF(t)[E_1 \quad E_2], \tag{8.1.4}$$

其中 D, E_1, E_2 是具有适当维数的已知常矩阵, 它们反映了出现在系统模型中的不确定性结构, $F(t) \in \mathbb{R}^{i\times j}$ 是具有 Lebesgue 可测元的不确定矩阵, 且满足

$$F(t) \in \Omega = \{F(t) | F^{\mathrm{T}}(t)F(t) \leqslant I\}, \tag{8.1.5}$$

I 表示适当维数的单位矩阵.

对范数有界时变不确定性, 假设有 (8.1.4) 的结构形式, 并不失一般性. 首先, 一个含有不确定性 $F(t)$ 的线性关联系统 (如图 8.1) 可以表示成 (8.1.1) 和 (8.1.4) 的形式. 其次, 对一般的范数有界不确定性, 总可以选择适当的结构矩阵, 使其具有 (8.1.4) 的形式. 事实上, 若

$$\Delta A(t) = \bar{D}_1 F_1(t) \bar{E}_1, \quad \Delta B(t) = \bar{D}_2 F_2(t) \bar{E}_2, \quad F_1^{\mathrm{T}}(t)F_1(t) \leqslant I, \quad F_2^{\mathrm{T}}(t)F_2(t) \leqslant I,$$

则可选取

$$F(t) = \begin{bmatrix} F_1(t) & \\ & F_2(t) \end{bmatrix}, \quad D = [\bar{D}_1 \quad \bar{D}_2], \quad E_1 = \begin{bmatrix} \bar{E}_1 \\ 0 \end{bmatrix}, \quad E_2 = \begin{bmatrix} 0 \\ \bar{E}_2 \end{bmatrix},$$

则不确定矩阵 $\Delta A(t)$ 和 $\Delta B(t)$ 可以表示成 (8.1.4) 的形式. 另外, 还有许多系统的不确定性可以按此方式表示.

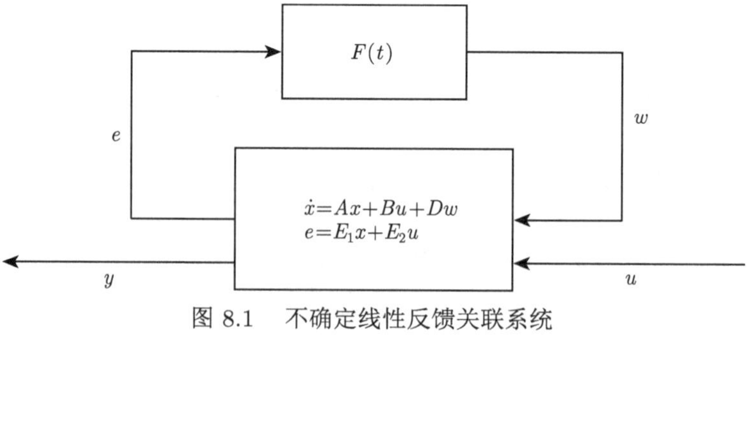

图 8.1 不确定线性反馈关联系统

8.2 不确定线性系统的二次稳定条件

考虑不确定线性系统

$$\dot{x} = (A + \Delta A(t))x, \tag{8.2.1}$$

其中 $x \in \mathbb{R}^n$ 为状态向量, $A \in \mathbb{R}^{n\times n}$ 为已知常阵, $\Delta A \in \mathbb{R}^{n\times n}$ 为不确定性且关于 t 连续. 假定 $\Delta A(t)$ 满足

$$\Delta A(t) = DF(t)E, \tag{8.2.2}$$

其中 $D \in \mathbb{R}^{n\times i}$, $E \in \mathbb{R}^{j\times n}$ 是已知常阵, $F(t) \in \mathbb{R}^{i\times j}$ 是具有 Lebesgue 可测元的不确定矩阵, 且 $F(t) \in \Omega$.

定理 8.1 系统 (8.2.1) 是二次稳定的充分必要条件是存在正定矩阵 P 使得 Riccati 不等式

$$A^{\mathrm{T}}P + PA + PDD^{\mathrm{T}}P + E^{\mathrm{T}}E < 0 \tag{8.2.3}$$

成立.

为了证明定理 8.1, 先给出几个有用的引理.

引理 8.1 对任意适当维数的矩阵 X, Y, 有

$$X^{\mathrm{T}}Y + Y^{\mathrm{T}}X \leqslant \varepsilon X^{\mathrm{T}}X + \frac{1}{\varepsilon}Y^{\mathrm{T}}Y, \quad \forall \varepsilon > 0. \tag{8.2.4}$$

引理 8.2 对于任意给定的 $\xi \in \mathbb{R}^n$, 存在 $F_0(t) \in \Omega$, 使得

$$\max_{F(t)\in\Omega}(\xi^{\mathrm{T}}PDF(t)E\xi)^2 = (\xi^{\mathrm{T}}PDF_0(t)E\xi)^2 = \xi^{\mathrm{T}}PDD^{\mathrm{T}}P\xi\xi^{\mathrm{T}}E^{\mathrm{T}}E\xi. \tag{8.2.5}$$

证明 令 $v = D^{\mathrm{T}}P\xi$, $\eta_1 = F(t)E\xi$, $\eta = E\xi$, 则

$$(\xi^{\mathrm{T}}PDF(t)E\xi)^2 = (v^{\mathrm{T}}\eta_1)^2. \tag{8.2.6}$$

根据施瓦茨 (Schwarz) 不等式, 对于任意给定 $\xi \in \mathbb{R}^n$,

$$|v^{\mathrm{T}}\eta_1| \leqslant \sqrt{v^{\mathrm{T}}v\eta_1^{\mathrm{T}}\eta_1}, \tag{8.2.7}$$

所以

$$(v^{\mathrm{T}}\eta_1)^2 \leqslant v^{\mathrm{T}}v\eta^{\mathrm{T}}F^{\mathrm{T}}(t)F(t)\eta \leqslant v^{\mathrm{T}}v\eta^{\mathrm{T}}\eta, \quad \forall F(t) \in \Omega. \tag{8.2.8}$$

此即

$$(\xi^{\mathrm{T}}PDF(t)E\xi)^2 \leqslant \xi^{\mathrm{T}}PDD^{\mathrm{T}}P\xi\xi^{\mathrm{T}}E^{\mathrm{T}}E\xi, \quad \forall F(t) \in \Omega, \tag{8.2.9}$$

$$\max_{F(t)\in\Omega}(\xi^{\mathrm{T}}PDF(t)E\xi)^2 \leqslant \xi^{\mathrm{T}}PDD^{\mathrm{T}}P\xi\xi^{\mathrm{T}}E^{\mathrm{T}}E\xi. \tag{8.2.10}$$

令

$$F_0(t) = \frac{v\eta^{\mathrm{T}}}{\|v\|\,\|\eta\|}, \tag{8.2.11}$$

其中 $\|v\| = \sqrt{v^{\mathrm{T}}v}$. 显然

$$F_0^{\mathrm{T}}(t)F_0(t) = \frac{\eta v^{\mathrm{T}}v\eta^{\mathrm{T}}}{\|v\|^2\,\|\eta\|^2} = \frac{\eta\eta^{\mathrm{T}}}{\|\eta\|^2} \leqslant I,$$

且

$$(\xi^{\mathrm{T}}PDF_0(t)E\xi)^2 = \frac{(v^{\mathrm{T}}v\eta^{\mathrm{T}}\eta)^2}{\|v\|^2\,\|\eta\|^2} = v^{\mathrm{T}}v\eta^{\mathrm{T}}\eta = \xi^{\mathrm{T}}PDD^{\mathrm{T}}P\xi\xi^{\mathrm{T}}E^{\mathrm{T}}E\xi. \tag{8.2.12}$$

由 (8.2.10), (8.2.12) 引理可得证.

引理 8.3 设 X, Y, Z 为给定的 n 阶方阵, 且 $X \geqslant 0, Y < 0, Z \geqslant 0$. 若对任意非零向量 $\xi \in \mathbb{R}^n$, 有

$$(\xi^{\mathrm{T}}Y\xi)^2 > 4\xi^{\mathrm{T}}X\xi\xi^{\mathrm{T}}Z\xi, \tag{8.2.13}$$

则存在适当的标量 $\lambda > 0$ 使得

$$\lambda^2X + \lambda Y + Z < 0. \tag{8.2.14}$$

引理 8.3 的证明参见文献 (褚健等, 2000).

下面证明定理 8.1.

定理 8.1 的证明 充分性. 已知存在 $P > 0$, 使得 Riccati 不等式 (8.2.3) 成立. 令

$$Q = -(A^{\mathrm{T}}P + PA + PDD^{\mathrm{T}}P + E^{\mathrm{T}}E) > 0.$$

则有

$$\begin{aligned}
2x^{\mathrm{T}}P[A + \Delta A(t)]x &= x^{\mathrm{T}}[(A + \Delta A(t))^{\mathrm{T}}P + P(A + \Delta A(t))]x \\
&= x^{\mathrm{T}}(A^{\mathrm{T}}P + PA)x + x^{\mathrm{T}}(E^{\mathrm{T}}F^{\mathrm{T}}(t)D^{\mathrm{T}}P + PDF(t)E)x \\
&\leqslant x^{\mathrm{T}}(A^{\mathrm{T}}P + PA)x + x^{\mathrm{T}}(E^{\mathrm{T}}F^{\mathrm{T}}(t)F(t)E + PDD^{\mathrm{T}}P)x \\
&\leqslant x^{\mathrm{T}}(A^{\mathrm{T}}P + PA + E^{\mathrm{T}}E + PDD^{\mathrm{T}}P)x \\
&= -x^{\mathrm{T}}Qx \leqslant -\alpha\,\|x\|^2,
\end{aligned} \tag{8.2.15}$$

其中 $\alpha > 0$ 为满足 $\alpha \leqslant \lambda_{\min}(Q)$ 的任意常数. 故系统 (8.2.1) 是二次稳定的.

必要性. 设存在 n 阶正定阵 $\bar{P}$ 和常数 $\alpha > 0$ 使得

$$2x^{\mathrm{T}}\bar{P}(A+\Delta A(t))x \leqslant -\alpha\left\|x\right\|^2, \quad \forall F(t)\in\Omega$$

成立. 则由

$$2x^{\mathrm{T}}\bar{P}(A+\Delta A(t))x = x^{\mathrm{T}}[(A+\Delta A(t))^{\mathrm{T}}\bar{P}+\bar{P}(A+\Delta A(t))]x \leqslant -\alpha\left\|x\right\|^2,$$

可得

$$x^{\mathrm{T}}(A^{\mathrm{T}}\bar{P}+\bar{P}A)x \leqslant -\alpha\left\|x\right\|^2 - 2x^{\mathrm{T}}\bar{P}\Delta A(t)x < -2x^{\mathrm{T}}\bar{P}DF(t)Ex, \quad \forall F(t)\in\Omega.$$

上式两边平方得

$$\begin{aligned}(x^{\mathrm{T}}(A^{\mathrm{T}}\bar{P}+\bar{P}A)x)^2 &> 4(x^{\mathrm{T}}\bar{P}DF(t)Ex)^2, \quad \forall F(t)\in\Omega\\ &> 4\max_{F(t)\in\Omega}(x^{\mathrm{T}}\bar{P}DF(t)Ex)^2.\end{aligned} \tag{8.2.16}$$

根据引理 8.2, 由上式可得

$$(x^{\mathrm{T}}(A^{\mathrm{T}}\bar{P}+\bar{P}A)x)^2 > 4x^{\mathrm{T}}\bar{P}DD^{\mathrm{T}}\bar{P}xx^{\mathrm{T}}E^{\mathrm{T}}Ex. \tag{8.2.17}$$

令 $Y=\bar{P}A+A^{\mathrm{T}}\bar{P}, X=\bar{P}DD^{\mathrm{T}}\bar{P}, Z=E^{\mathrm{T}}E$, 由假设, 显然当 $\Delta A(t)=0$ 时, 对任意 $x\in\mathbb{R}^n$,

$$x^{\mathrm{T}}(A^{\mathrm{T}}\bar{P}+\bar{P}A)x \leqslant -\alpha\left\|x\right\|^2$$

成立, 故有

$$Y=\bar{P}A+A^{\mathrm{T}}\bar{P}<0. \tag{8.2.18}$$

所以, 根据引理 8.3, 存在 $\lambda>0$, 使得

$$\lambda^2\bar{P}DD^{\mathrm{T}}\bar{P}+\lambda A^{\mathrm{T}}\bar{P}+\lambda\bar{P}A+E^{\mathrm{T}}E<0. \tag{8.2.19}$$

令 $P=\lambda\bar{P}$, 则上式即为

$$A^{\mathrm{T}}P+PA+PDD^{\mathrm{T}}P+E^{\mathrm{T}}E<0.$$

充分性得证.

将 Riccati 不等式 (8.2.3) 的两端分别左乘 P^{-1}, 右乘 P^{-1}, 并记 $X=P^{-1}>0$, 则可得

$$XA^{\mathrm{T}}+AX+XE^{\mathrm{T}}EX+DD^{\mathrm{T}}<0. \tag{8.2.20}$$

利用舒尔 (Schur) 补方法 (定理 A.17), 不等式 (8.2.20) 等价于下面的线性矩阵不等式 (LMI)

$$\begin{bmatrix} XA^{\mathrm{T}}+AX & D & XE^{\mathrm{T}} \\ D^{\mathrm{T}} & -I_i & 0 \\ EX & 0 & -I_j \end{bmatrix} < 0. \tag{8.2.21}$$

于是, 对于系统 (8.2.1) 的二次稳定性, 我们还有下面的定理.

定理 8.2 系统 (8.2.1) 是二次稳定的充分必要条件是存在 $X>0$, 使得线性矩阵不等式 (8.2.21) 成立.

8.3 鲁棒状态反馈镇定

考虑不确定线性系统

$$\dot{x}=(A+\Delta A(t))x+(B+\Delta B(t))u, \tag{8.3.1}$$

其中 $x\in\mathbb{R}^n$ 为状态向量, $u\in\mathbb{R}^m$ 为控制向量, $A\in\mathbb{R}^{n\times n}, B\in\mathbb{R}^{n\times m}$ 为已知实常阵. $\Delta A(t)\in\mathbb{R}^{n\times n},\Delta B(t)\in\mathbb{R}^{n\times m}$ 是关于 t 连续的实矩阵值函数, 且满足

$$[\Delta A(t) \quad \Delta B(t)]=DF(t)\,[E_1 \quad E_2], \tag{8.3.2}$$

其中 D, E_1,E_2 是具有适当维数的已知常矩阵, $F(t)\in\mathbb{R}^{i\times j}$ 是具有 Lebesgue 可测元的不确定矩阵, 且满足

$$F^{\mathrm{T}}(t)F(t)\leqslant I. \tag{8.3.3}$$

讨论系统 (8.3.1) 能用状态反馈二次镇定的条件, 以及二次稳定化状态反馈控制器的设计. 先给出两个引理.

引理 8.4 设 $Q\in\mathbb{R}^{n\times n}$ 为对称阵, $L\in\mathbb{R}^{r\times n}$, 若对于满足 $Lx=0$ 的任意非零向量 $x\in\mathbb{R}^n, x^{\mathrm{T}}Qx<0$ 成立, 则存在一常数 $\mu>0$, 使得

$$Q-\mu L^{\mathrm{T}}L<0. \tag{8.3.4}$$

证明 设 $\mathrm{rank}(L)=m$, 则存在非奇异矩阵 $T\in\mathbb{R}^{n\times n}$, 使得 $LT=[L_1 \quad 0]$, $L_1\in\mathbb{R}^{r\times m},\mathrm{rank}(L_1)=m$. 令 $x=Ty=T\begin{bmatrix} y_1 \\ y_2 \end{bmatrix}, y_1\in\mathbb{R}^m, y_2\in\mathbb{R}^{n-m}$, 则

$$Lx=LTy=[L_1 \quad 0]\begin{bmatrix} y_1 \\ y_2 \end{bmatrix}=L_1y_1=0.$$

故由 L_1 列满秩得 $y_1 = 0$. 从而 $x = T\begin{bmatrix} 0 \\ y_2 \end{bmatrix}, y_2 \in \mathbb{R}^{n-m}$ 任意. 记

$$T^{\mathrm{T}}QT = \begin{bmatrix} Q_{11} & Q_{12} \\ Q_{12}^{\mathrm{T}} & Q_{22} \end{bmatrix}, \quad Q_{11} \in \mathbb{R}^{m\times m},\ Q_{12} \in \mathbb{R}^{m\times(n-m)},\ Q_{22} \in \mathbb{R}^{(n-m)\times(n-m)}.$$

由

$$x^{\mathrm{T}}Qx = [0 \quad y_2^{\mathrm{T}}]T^{\mathrm{T}}QT\begin{bmatrix} 0 \\ y_2 \end{bmatrix} = y_2^{\mathrm{T}}Q_{22}y_2 < 0$$

推得 $Q_{22} < 0$, 再由

$$T^{\mathrm{T}}(Q - \mu L^{\mathrm{T}}L)T = \begin{bmatrix} Q_{11} - \mu L_1^{\mathrm{T}}L_1 & Q_{12} \\ Q_{12}^{\mathrm{T}} & Q_{22} \end{bmatrix}$$

知, 当且仅当

$$Q_{11} - Q_{12}Q_{22}^{-1}Q_{12}^{\mathrm{T}} - \mu L_1^{\mathrm{T}}L_1 < 0$$

时, 有 $Q - \mu L^{\mathrm{T}}L < 0$. 取

$$\mu > \lambda_{\max}[(L_1^{\mathrm{T}}L_1)^{-\frac{1}{2}}(Q_{11} - Q_{12}Q_{22}^{-1}Q_{12}^{\mathrm{T}})(L_1^{\mathrm{T}}L_1)^{-\frac{1}{2}}],$$

即可满足条件. 证毕.

引理 8.5 设 $R_1 = R_1^{\mathrm{T}}, Q_1 > 0, P$ 是 Riccati 方程

$$A^{\mathrm{T}}P + PA + PR_1P + Q_1 = 0$$

的正定解, 则对满足 $R_2 \leqslant R_1, 0 < Q_2 < Q_1$ 的任意对称矩阵 R_2 和 Q_2, Riccati 方程

$$A^{\mathrm{T}}S + SA + SR_2S + Q_2 = 0$$

存在一个使得 $A + R_2S$ 稳定的对称解, 且 $S > 0$.

引理 8.5 的证明可参见文献 (褚健等, 2000).

设 $r = \mathrm{rank}(E_2), U \in \mathbb{R}^{j\times r}, \Sigma \in \mathbb{R}^{r\times m}$ 是使得

$$E_2 = U\Sigma \quad 且 \quad \mathrm{rank}(U) = \mathrm{rank}(\Sigma) = r \tag{8.3.5}$$

的任意矩阵, 选取矩阵 $\Phi \in \mathbb{R}^{(m-r)\times m}$, 使得

$$\Phi\Sigma^{\mathrm{T}} = 0, \quad \mathrm{rank}(\Phi) = m - r \quad (若\ r = m,\ 则取\ \Phi = 0). \tag{8.3.6}$$

定义

$$\Xi = \Sigma^{\mathrm{T}}(\Sigma\Sigma^{\mathrm{T}})^{-1}(U^{\mathrm{T}}U)^{-1}(\Sigma\Sigma^{\mathrm{T}})^{-1}\Sigma. \tag{8.3.7}$$

显然有

$$E_2\Phi^{\mathrm{T}} = 0, \tag{8.3.8}$$

$$\Xi E_2^{\mathrm{T}} E_2 \Xi = \Xi. \tag{8.3.9}$$

定理 8.3　对不确定系统 (8.3.1), 若存在一个常数 $\varepsilon > 0$, 使得 Riccati 方程

$$\begin{aligned}&(A - B\Xi E_2^{\mathrm{T}} E_1)^{\mathrm{T}} P + P(A - B\Xi E_2^{\mathrm{T}} E_1) + P\left(DD^{\mathrm{T}} - B\Xi B^{\mathrm{T}} - \frac{1}{\varepsilon}B\Phi^{\mathrm{T}}\Phi B\right)P \\ &+ E_1^{\mathrm{T}}(I - E_2\Xi E_2^{\mathrm{T}})E_1 + \varepsilon I = 0\end{aligned} \tag{8.3.10}$$

存在一个正定对称解 P, 则不确定系统 (8.3.1) 可以用一个状态反馈控制律二次镇定, 且

$$u(t) = -\left[\left(\frac{1}{2\varepsilon}\Phi^{\mathrm{T}}\Phi + \Xi\right)B^{\mathrm{T}}P + \Xi E_2^{\mathrm{T}} E_1\right]x(t) \tag{8.3.11}$$

是系统 (8.3.1) 的一个二次稳定化状态反馈控制律.

反之, 若不确定系统 (8.3.1) 可以用状态反馈 $u = Kx$ 二次镇定, 则必存在一个常数 $\varepsilon^* > 0$, 使得对所有的 $\varepsilon \in (0, \varepsilon^*]$, Riccati 方程 (8.3.10) 有一个稳定解 P_0, 且 $P_0 > 0$.

证明　若存在某个 $\varepsilon > 0$, 使得 Riccati 方程 (8.3.10) 有一个正定解 P, 证明 (8.3.11) 是系统 (8.3.1) 的一个二次稳定化状态反馈控制律. 事实上, 由 (8.3.1) 和控制律 (8.3.11) 构成的闭环系统是

$$\dot{x} = \left\{A + DF(t)E_1 - (B + DF(t)E_2)\left[\left(\frac{1}{2\varepsilon}\Phi^{\mathrm{T}}\Phi + \Xi\right)B^{\mathrm{T}}P + \Xi E_2^{\mathrm{T}} E_1\right]\right\}x. \tag{8.3.12}$$

考虑 Lyapunov 函数 $V(x) = x^{\mathrm{T}}Px$, 沿系统 (8.3.12) 的轨线, $V(x)$ 关于时间的导数为

$$\begin{aligned}L(x,t) = \dot{V}(x) &= x^{\mathrm{T}}[(A + DF(t)E_1)^{\mathrm{T}}P + P(A + DF(t)E_1)]x \\ &\quad - 2x^{\mathrm{T}}P(B + DF(t)E_2)\left[\left(\frac{1}{2\varepsilon}\Phi^{\mathrm{T}}\Phi + \Xi\right)B^{\mathrm{T}}P + \Xi E_2^{\mathrm{T}} E_1\right]x \\ &\overset{(8.3.8)}{=\!=\!=} x^{\mathrm{T}}\left(A^{\mathrm{T}}P + PA - \frac{1}{\varepsilon}PB\Phi^{\mathrm{T}}\Phi B^{\mathrm{T}}P - 2PB\Xi B^{\mathrm{T}}P\right. \\ &\quad \left. - E_1^{\mathrm{T}}E_2\Xi B_2^{\mathrm{T}}P - PB\Xi E_2^{\mathrm{T}}E_1\right)x\end{aligned}$$

$$+ 2x^{\mathrm{T}}PDF(t)[E_1 - E_2\Xi(B^{\mathrm{T}}P + E_2^{\mathrm{T}}E_1)]x. \tag{8.3.13}$$

由引理 8.1 可得

$$\begin{aligned}
&2x^{\mathrm{T}}PDF(t)[E_1 - E_2\Xi(B^{\mathrm{T}}P + E_2^{\mathrm{T}}E_1)]x \\
=& x^{\mathrm{T}}\{PDF(t)[E_1 - E_2\Xi(B^{\mathrm{T}}P + E_2^{\mathrm{T}}E_1)] \\
&+ [E_1 - E_2\Xi(B^{\mathrm{T}}P + E_2^{\mathrm{T}}E_1)]^{\mathrm{T}}F^{\mathrm{T}}(t)D^{\mathrm{T}}P\}x \\
\leqslant& x^{\mathrm{T}}PDD^{\mathrm{T}}P + x^{\mathrm{T}}[E_1 - E_2\Xi(B^{\mathrm{T}}P + E_2^{\mathrm{T}}E_1)]^{\mathrm{T}}[E_1 - E_2\Xi(B^{\mathrm{T}}P + E_2^{\mathrm{T}}E_1)]x \\
\xlongequal{(8.3.9)}& x^{\mathrm{T}}(PDD^{\mathrm{T}}P + E_1^{\mathrm{T}}E_1 + PB\Xi B^{\mathrm{T}}P - E_1^{\mathrm{T}}E_2\Xi E_2^{\mathrm{T}}E_1)x.
\end{aligned} \tag{8.3.14}$$

将 (8.3.14) 代入到 (8.3.13) 中, 并利用 Riccati 方程 (8.3.10), 得到

$$\begin{aligned}
L(x,t) \leqslant x^{\mathrm{T}}\Big(&A^{\mathrm{T}}P + PA - \frac{1}{\varepsilon}PB\Phi^{\mathrm{T}}\Phi B^{\mathrm{T}}P - PB\Xi B^{\mathrm{T}}P - E_1^{\mathrm{T}}E_2\Xi E_2^{\mathrm{T}}E_1 \\
&- PB\Xi E_2^{\mathrm{T}}E_1 - E_1^{\mathrm{T}}E_2\Xi B^{\mathrm{T}}P + PDD^{\mathrm{T}}P + E_1^{\mathrm{T}}E_1\Big)x \xlongequal{(8.3.10)} -\varepsilon x^{\mathrm{T}}x.
\end{aligned}$$

根据定义 8.1, 系统 (8.3.12) 为二次稳定的, 故控制律 (8.3.11) 是系统 (8.3.1) 的一个二次稳定化状态反馈控制律.

反之, 若系统 (8.3.1) 可以用状态反馈 $u = Kx$ 二次镇定, 则闭环系统

$$\dot{x} = [A + BK + DF(t)(E_1 + E_2K)]x \tag{8.3.15}$$

是二次稳定的. 根据定理 8.1, 一定存在正定阵 P, 使得

$$(A+BK)^{\mathrm{T}}P + P(A+BK) + PDD^{\mathrm{T}}P + (E_1 + E_2K)^{\mathrm{T}}(E_1 + E_2K) < 0. \tag{8.3.16}$$

此即

$$\begin{aligned}
&A^{\mathrm{T}}P + PA + PDD^{\mathrm{T}}P + E_1^{\mathrm{T}}E_1 + K^{\mathrm{T}}(E_2^{\mathrm{T}}E_2)K \\
&+ K^{\mathrm{T}}(E_2^{\mathrm{T}}E_1 + B^{\mathrm{T}}P) + (E_2^{\mathrm{T}}E_1 + B^{\mathrm{T}}P)^{\mathrm{T}}K < 0.
\end{aligned} \tag{8.3.17}$$

对含有 K 的项配方处理, 从而得到一个不含 K 的矩阵不等式. 利用分解式 (8.3.5), 定义 $T = [\Sigma^{\mathrm{T}} \quad \Phi^{\mathrm{T}}] \in \mathbb{R}^{m\times m}$ (若 $E_2 = 0$, 则 $T = \Phi$), 则 T 非奇异, T^{-1} 存在, 并且

$$E_2T = U\Sigma[\Sigma^{\mathrm{T}} \quad \Phi^{\mathrm{T}}] = [U\Sigma\Sigma^{\mathrm{T}} \quad 0] = [E_2\Sigma^{\mathrm{T}} \quad 0].$$

定义 $L=\begin{bmatrix} L_1 \\ L_2 \end{bmatrix}=T^{-1}K$, 则

$$\begin{aligned}
&K^{\mathrm{T}}(E_2^{\mathrm{T}}E_2)K+K^{\mathrm{T}}(E_2^{\mathrm{T}}E_1+B^{\mathrm{T}}P)+(E_2^{\mathrm{T}}E_1+B^{\mathrm{T}}P)^{\mathrm{T}}K\\
=&L^{\mathrm{T}}(E_2T)^{\mathrm{T}}(E_2T)L+L^{\mathrm{T}}T^{\mathrm{T}}(E_2^{\mathrm{T}}E_1+B^{\mathrm{T}}P)+(E_2^{\mathrm{T}}E_1+B^{\mathrm{T}}P)^{\mathrm{T}}TL\\
=&L_1^{\mathrm{T}}\Sigma E_2^{\mathrm{T}}E_2\Sigma^{\mathrm{T}}L_1+L_1^{\mathrm{T}}\Sigma(E_2^{\mathrm{T}}E_1+B^{\mathrm{T}}P)+(E_1^{\mathrm{T}}E_2+PB)\Sigma^{\mathrm{T}}L_1\\
&+L_2^{\mathrm{T}}\Phi B^{\mathrm{T}}P+PB\Phi^{\mathrm{T}}L_2\\
=&W^{\mathrm{T}}W-(E_1^{\mathrm{T}}E_2+PB)\Xi(E_2^{\mathrm{T}}E_1+B^{\mathrm{T}}P)+L_2^{\mathrm{T}}\Phi B^{\mathrm{T}}P+PB\Phi^{\mathrm{T}}L_2,
\end{aligned}$$

其中

$$W=U\Sigma\Sigma^{\mathrm{T}}L_1+U(U^{\mathrm{T}}U)^{-1}(\Sigma\Sigma^{\mathrm{T}})^{-1}\Sigma(E_2^{\mathrm{T}}E_1+B^{\mathrm{T}}P).$$

因此, (8.3.17) 变为

$$\begin{aligned}
&A^{\mathrm{T}}P+PA+PDD^{\mathrm{T}}P+E_1^{\mathrm{T}}E_1+W^{\mathrm{T}}W-(E_1^{\mathrm{T}}E_2+PB)\Xi(E_2^{\mathrm{T}}E_1+B^{\mathrm{T}}P)\\
&+L_2^{\mathrm{T}}\Phi B^{\mathrm{T}}P+PB\Phi^{\mathrm{T}}L_2<0.
\end{aligned}\tag{8.3.18}$$

对任意满足 $\Phi B^{\mathrm{T}}Px=0$ 的非零向量 x, 由上式可得

$$x^{\mathrm{T}}(A^{\mathrm{T}}P+PA+PDD^{\mathrm{T}}P+E_1^{\mathrm{T}}E_1-(E_1^{\mathrm{T}}E_2+PB)\Xi(E_2^{\mathrm{T}}E_1+B^{\mathrm{T}}P))x<0.$$

记

$$\begin{aligned}
&X=A^{\mathrm{T}}P+PA+PDD^{\mathrm{T}}P+E_1^{\mathrm{T}}E_1-(E_1^{\mathrm{T}}E_2+PB)\Xi(E_2^{\mathrm{T}}E_1+B^{\mathrm{T}}P),\\
&G=\Phi B^{\mathrm{T}}P.
\end{aligned}$$

根据引理 8.4, 存在常数 $\varepsilon>0$, 使得

$$\begin{aligned}
&A^{\mathrm{T}}P+PA+PDD^{\mathrm{T}}P+E_1^{\mathrm{T}}E_1-(E_1^{\mathrm{T}}E_2+PB)\Xi(E_2^{\mathrm{T}}E_1+B^{\mathrm{T}}P)\\
&-\frac{1}{\varepsilon}PB\Phi^{\mathrm{T}}\Phi B^{\mathrm{T}}P<0.
\end{aligned}$$

以上不等式进一步写成

$$\begin{aligned}
&(A-B\Xi E_2^{\mathrm{T}}E_1)^{\mathrm{T}}P+P(A-B\Xi E_2^{\mathrm{T}}E_1)+P\left(DD^{\mathrm{T}}-B\Xi B^{\mathrm{T}}-\frac{1}{\varepsilon}B\Phi^{\mathrm{T}}\Phi B^{\mathrm{T}}\right)P\\
&+E_1^{\mathrm{T}}(I-E_2\Xi E_2^{\mathrm{T}})E_1<0.
\end{aligned}\tag{8.3.19}$$

定义矩阵 Q

$$-\varepsilon Q = (A - B\Xi E_2^{\mathrm{T}} E_1)^{\mathrm{T}} P + P(A - B\Xi E_2^{\mathrm{T}} E_1)$$
$$+ P\left(DD^{\mathrm{T}} - B\Xi B^{\mathrm{T}} - \frac{1}{\varepsilon} B\Phi^{\mathrm{T}}\Phi B^{\mathrm{T}}\right) P + E_1^{\mathrm{T}}(I - E_2\Xi E_2^{\mathrm{T}})E_1.$$

由 (8.3.19) 知 $Q > 0$, 且

$$(A - B\Xi E_2^{\mathrm{T}} E_1)^{\mathrm{T}} P + P(A - B\Xi E_2^{\mathrm{T}} E_1) + P\left(DD^{\mathrm{T}} - B\Xi B^{\mathrm{T}} - \frac{1}{\varepsilon} B\Phi^{\mathrm{T}}\Phi B^{\mathrm{T}}\right) P$$
$$+ E_1^{\mathrm{T}}(I - E_2\Xi E_2^{\mathrm{T}})E_1 + \varepsilon Q = 0.$$

对以上确定的矩阵 $Q > 0$ 和常数 $\varepsilon > 0$, 存在一个常数 $\varepsilon^* > 0$, $\varepsilon > \varepsilon^* > 0$, 使得对所有的常数 $\tilde{\varepsilon} \in (0, \varepsilon^*]$,

$$\tilde{\varepsilon} I < \varepsilon Q.$$

另一方面,

$$I - E_2\Xi E_2^{\mathrm{T}} = I - U(U^{\mathrm{T}}U)^{-1}U^{\mathrm{T}} \geqslant 0.$$

因此, 对所有的常数 $\tilde{\varepsilon} \in (0, \varepsilon^*]$,

$$DD^{\mathrm{T}} - B\Xi B^{\mathrm{T}} - \frac{1}{\tilde{\varepsilon}} B\Phi^{\mathrm{T}}\Phi B^{\mathrm{T}} < DD^{\mathrm{T}} - B\Xi B^{\mathrm{T}} - \frac{1}{\varepsilon} B\Phi^{\mathrm{T}}\Phi B^{\mathrm{T}},$$

$$0 < E_1^{\mathrm{T}}(I - E_2\Xi E_2^{\mathrm{T}})E_1 + \tilde{\varepsilon} I < E_1^{\mathrm{T}}(I - E_2\Xi E_2^{\mathrm{T}})E_1 + \varepsilon Q.$$

根据引理 8.5, 对所有的常数 $\tilde{\varepsilon} \in (0, \varepsilon^*]$, Riccati 方程

$$(A - B\Xi E_2^{\mathrm{T}} E_1)^{\mathrm{T}} P + P(A - B\Xi E_2^{\mathrm{T}} E_1) + P\left(DD^{\mathrm{T}} - B\Xi B^{\mathrm{T}} - \frac{1}{\tilde{\varepsilon}} B\Phi^{\mathrm{T}}\Phi B\right) P$$
$$+ E_1^{\mathrm{T}}(I - E_2\Xi E_2^{\mathrm{T}})E_1 + \tilde{\varepsilon} I = 0$$

有唯一对称解 $P_0 > 0$, 使得

$$A - B\Xi E_2^{\mathrm{T}} E_1 + \left(DD^{\mathrm{T}} - B\Xi B^{\mathrm{T}} - \frac{1}{\tilde{\varepsilon}} B\Phi^{\mathrm{T}}\Phi B^{\mathrm{T}}\right) P_0$$

稳定, 定理得证.

当 $\mathrm{rank}(E_2) = m$ 时, 则有 $\Sigma = I_m$, $\Phi = 0$, 此时 $\Xi = (E_2^{\mathrm{T}} E_2)^{-1}$. 于是有如下结论.

推论 8.1　若 $E_2^{\mathrm{T}}E_2$ 非奇异, 则 Riccati 方程 (8.3.10) 变为

$$\begin{aligned}&(A-B(E_2^{\mathrm{T}}E_2)^{-1}E_2^{\mathrm{T}}E_1)^{\mathrm{T}}P+P(A-B(E_2^{\mathrm{T}}E_2)^{-1}E_2^{\mathrm{T}}E_1)\\&+P(DD^{\mathrm{T}}-B(E_2^{\mathrm{T}}E_2)^{-1}B^{\mathrm{T}})P\\&+E_1^{\mathrm{T}}(I-E_2(E_2^{\mathrm{T}}E_2)^{-1}E_2^{\mathrm{T}})E_1+\varepsilon I=0,\end{aligned}\tag{8.3.20}$$

相应的控制律为

$$u=-(E_2^{\mathrm{T}}E_2)^{-1}(B^{\mathrm{T}}P+E_2^{\mathrm{T}}E_1)x.\tag{8.3.21}$$

推论 8.2　设 $E_2^{\mathrm{T}}E_2$ 非奇异, 则不确定系统 (8.3.1) 可以用状态反馈 $u=Kx$ 二次镇定的充分必要条件是 Riccati 不等式

$$A^{\mathrm{T}}P+PA+PDD^{\mathrm{T}}P+E_1^{\mathrm{T}}E_1-(E_1^{\mathrm{T}}E_2+PB)(E_2^{\mathrm{T}}E_2)^{-1}(E_2^{\mathrm{T}}E_1+B^{\mathrm{T}}P)<0\tag{8.3.22}$$

有正定解 P. 若上式有正定解 P, 则使闭环系统二次稳定的状态反馈矩阵为

$$K=-(E_2^{\mathrm{T}}E_2)^{-1}(B^{\mathrm{T}}P+E_2^{\mathrm{T}}E_1).\tag{8.3.23}$$

下面利用定理 8.2 给出不确定系统 (8.3.1) 能用状态反馈二次镇定的 LMI 条件.

定理 8.4　不确定系统 (8.3.1) 能用状态反馈 $u=Kx$ 二次镇定的充分必要条件是存在正定矩阵 X 及矩阵 W, 使得 LMI

$$\begin{bmatrix}XA^{\mathrm{T}}+AX+W^{\mathrm{T}}B^{\mathrm{T}}+BW & D & XE_1+W^{\mathrm{T}}E_2^{\mathrm{T}}\\ D^{\mathrm{T}} & -I & 0\\ E_1X+E_2W & 0 & -I\end{bmatrix}<0\tag{8.3.24}$$

成立. 若 LMI (8.3.24) 有解 $X>0$ 及 W, 则反馈阵 $K=WX^{-1}$.

证明　必要性. 若系统 (8.3.1) 能用 $u=Kx$ 二次镇定, 则闭环系统 (8.3.15) 二次稳定. 根据定理 8.2, 则 LMI

$$\begin{bmatrix}X(A+BK)^{\mathrm{T}}+(A+BK)X & D & X(E_1+E_2K)^{\mathrm{T}}\\ D^{\mathrm{T}} & -I & 0\\ (E_1+E_2K)X & 0 & -I\end{bmatrix}<0\tag{8.3.25}$$

有正定解 X. 令 $W=KX$ 即 LMI (8.3.24) 成立.

充分性. 若 LMI (8.3.24) 有正定解 X 及 W, 则由 $K=WX^{-1}$ 得 $W=KX$, 代入 (8.3.24), 即有 LMI (8.3.25) 成立. 故闭环系统 (8.3.15) 是二次稳定的. 定理得证.

本节分别用 Riccati 方程、Riccati 不等式及 LMI 给出了系统 (8.3.1) 能用状态反馈二次镇定的条件及控制器的设计，相对来说 LMI 条件较为简单，其解可通过 Matlab 中的 LMI 软件包求得.

习 题 8

1. 证明引理 8.1.
2. 用 Riccati 方程法 (定理 8.3)，举例设计一个不确定系统的鲁棒状态反馈稳定化控制器.
3. 用 LMI 方法 (定理 8.4)，举例设计一不确定系统的鲁棒状态反馈稳定化控制器.

参考文献

褚健, 俞立, 苏宏业. 2000. 鲁棒控制理论及应用. 杭州: 浙江大学出版社.

胡寿松. 2003. 自动控制原理习题集. 2 版. 北京: 科学出版社.

申铁龙. 1996. H_∞ 控制理论及应用. 北京: 清华大学出版社.

史荣昌. 1996. 矩阵分析. 北京: 北京理工大学出版社.

王诗宓, 杜继宏, 窦曰轩. 2002. 自动控制理论例题习题集. 北京: 清华大学出版社.

杨克劭, 包学游. 1988. 矩阵分析. 哈尔滨: 哈尔滨工业大学出版社.

郑大钟. 2002. 线性系统理论. 2 版. 北京: 清华大学出版社.

T. 凯拉斯. 1985. 《线性系统》习题解答. 李清泉, 等译. 北京: 科学出版社.

附录 A　矩阵理论的某些结果简介

A.1　矩 阵 范 数

1. 向量范数定义

定义 A.1　$\mathbb{V}$ 是数域 $\mathbb{F}$ (一般为实数域 $\mathbb{R}$ 或复数域 $\mathbb{C}$) 上的一个线性空间, $x \in \mathbb{V}$ 是任意一个向量, x 对应一个满足下列条件的非负实数 $\|x\|$,

(1) $\|x\| \geqslant 0$, $\|x\| = 0 \Leftrightarrow x = 0$;

(2) $\|\alpha x\| = |\alpha|\,\|x\|$, $\forall \alpha \in \mathbb{F}$, $\forall x \in \mathbb{V}$;

(3) $\|x + y\| \leqslant \|x\| + \|y\|$, $\forall x, y \in \mathbb{V}$.

则称实数 $\|x\|$ 为 $\mathbb{V}$ 中向量 x 的范数.

例 A.1.1　欧氏范数 (2-范数): $x = [x_1\ x_2\ \cdots\ x_n]$ 或 $x = [x_1\ x_2\ \cdots\ x_n]^{\mathrm{T}}$,

$$\|x\|_2 = \left(|x_1|^2 + |x_2|^2 + \cdots + |x_n|^2\right)^{\frac{1}{2}} = \left(\sum_{i=1}^{n} |x_i|^2\right)^{\frac{1}{2}}.$$

2. 矩阵范数定义

定义 A.2　对于任何一个矩阵 $A \in \mathbb{C}^{m\times n}$, $\|A\|$ 表示按照某个法则确定的与矩阵 A 对应的非负实数且满足:

(1) 定义 A.1 中的三条;

(2) 若 A 与 B 可乘, 有 (矩阵乘法相容性)

$$\|AB\| \leqslant \|A\|\,\|B\|.$$

则称 $\|A\|$ 为矩阵 A 的矩阵范数.

例 A.1.2　$A = (a_{ij}) \in \mathbb{R}^{m\times n}$ (或 $\mathbb{C}^{m\times n}$), 则

$$\|A\|_F = \left(\sum_{i=1}^{m}\sum_{j=1}^{n} |a_{ij}|^2\right)^{\frac{1}{2}}$$

为 A 的弗罗贝尼乌斯 (Frobenius) 范数, 此为向量欧氏范数的推广.

定理 A.1　$A \in \mathbb{C}^{m\times n}$, $A = (\alpha_1, \alpha_2, \cdots, \alpha_n)$, 则

(1) $\|A\|_F^2=\sum\limits_{i=1}^{n}\|\alpha_i\|_2^2$;

(2) $\|A\|_F^2=\operatorname{tr}(A^*A)=\sum\limits_{i=1}^{n}\lambda_i(A^*A)$;

(3) $\|A\|_F=\|UA\|_F=\|AV\|_F=\|UAV\|_F=\|A^*\|_F$,
其中 U,V 为适当维数的方阵且满足 $U^*U=I$, $V^*V=I$.

3. 诱导范数 (算子范数)

设 $A\in\mathbb{C}^{m\times n}$, $x\in\mathbb{C}^n$.

定义 A.3　设 $\|x\|_\alpha$ 是向量范数, $\|A\|_\beta$ 是矩阵范数, 若对任何矩阵 A 和向量 x 都有 $\|Ax\|_\alpha\leqslant\|A\|_\beta\|x\|_\alpha$, 则称 $\|A\|_\beta$ 为与向量范数 $\|x\|_\alpha$ 相容的矩阵范数.

例 A.1.3　$\|Ax\|_2\leqslant\|A\|_F\|x\|_2$.

证明

$$\|Ax\|_2^2=\sum_{i=1}^{m}\left(\left|\sum_{j=1}^{n}a_{ij}x_j\right|\right)^2\leqslant\sum_{i=1}^{m}\left[\left(\sum_{j=1}^{n}|a_{ij}|^2\right)\left(\sum_{j=1}^{n}|x_j|^2\right)\right]$$
$$=\sum_{i=1}^{m}\sum_{j=1}^{n}|a_{ij}|^2\cdot\sum_{j=1}^{n}|x_j|^2=\|A\|_F^2\|x\|_2^2.$$

定理 A.2　$\|x\|_\alpha$ 是向量范数, 则

$$\|A\|=\max_{\|x\|_\alpha=1}\|Ax\|_\alpha=\max_{x\neq0}\frac{\|Ax\|_\alpha}{\|x\|_\alpha}\tag{A.1.1}$$

满足矩阵范数定义, 且 $\|A\|$ 是与向量范数 $\|x\|_\alpha$ 相容的矩阵范数.

证明略.

定义 A.4　由 (A.1.1) 所定义的矩阵范数为由向量范数 $\|x\|_\alpha$ 所诱导的诱导范数, 也称算子范数.

矩阵 2-范数 (谱范数), $A\in\mathbb{C}^{m\times n}$, $x\in\mathbb{C}^n$,

$$\|A\|_2=\max_{\|x\|_2=1}\|Ax\|_2=\lambda_{\max}^{\frac{1}{2}}(A^*A)\quad(A\text{ 的最大奇异值}).$$

显然 $\|Ax\|_2^2=x^*A^*Ax\leqslant\lambda_{\max}(A^*A)x^*x=\|A\|_2^2\|x\|^2$.

4. $\|A\|_F$ 与 $\|A\|_2$ 的比较

由定理 A.1 中的 (2) 即得

$$\|A\|_2\leqslant\|A\|_F.\tag{A.1.2}$$

A.2 Jordan 标准型

定义 A.5 形如

$$J(\lambda_i)=\begin{bmatrix}\lambda_i & 1 & & \\ & \lambda_i & \ddots & \\ & & \ddots & 1 \\ & & & \lambda_i\end{bmatrix}_{m_i\times m_i}$$

的 m_i 阶方阵, 称为 Jordan 块. 设 $J_1,J_2,\cdots,J_\sigma$ 为 Jordan 块, 称准对角矩阵

$$J=\begin{bmatrix}J_1 & & & \\ & J_2 & & \\ & & \ddots & \\ & & & J_\sigma\end{bmatrix}$$

为 Jordan 矩阵.

定义 A.6 与矩阵 A 相似的 Jordan 矩阵称为矩阵 A 的 Jordan 标准型.

定理 A.3 两矩阵相似的充要条件是它们有共同的 Jordan 标准型.

定义 A.7 矩阵 $A\in\mathbb{C}^{n\times n}$ 的特征矩阵 $\lambda I-A$ 的 k 阶子式的最大公因式 $D_k(\lambda)$ 称为 $\lambda I-A$ 的 k 阶行列式因子, $d_k(\lambda)=\dfrac{D_k(\lambda)}{D_{k-1}(\lambda)}$ 称为 $\lambda I-A$ 的不变因子 $(d_1(\lambda)=D_1(\lambda))$.

在复数域内, 将不变因子分解为 λ 的一次因式的幂积. 设 $\lambda_1,\lambda_2,\cdots,\lambda_\sigma$ 为 A 的互异特征值, 则

$$d_1(\lambda)=(\lambda-\lambda_1)^{k_{11}}(\lambda-\lambda_2)^{k_{12}}\cdots(\lambda-\lambda_\sigma)^{k_{1\sigma}},$$

$$d_2(\lambda)=(\lambda-\lambda_1)^{k_{21}}(\lambda-\lambda_2)^{k_{22}}\cdots(\lambda-\lambda_\sigma)^{k_{2\sigma}},$$

$$\cdots\cdots$$

$$d_n(\lambda)=(\lambda-\lambda_1)^{k_{n1}}(\lambda-\lambda_2)^{k_{n2}}\cdots(\lambda-\lambda_\sigma)^{k_{n\sigma}},$$

$$k_{1j}\leqslant k_{2j}\leqslant\cdots\leqslant k_{nj},\quad j=1,2,\cdots,\sigma.$$

这些一次因式称为 $\lambda I-A$ 的初等因子. 显然

$$D_k(\lambda)=d_1(\lambda)d_2(\lambda)\cdots d_k(\lambda),\quad d_{k-1}(\lambda)|d_k(\lambda).$$

定义 A.8　设 $\lambda_i, i=1,2,\cdots,\sigma$ 为 $A\in\mathbb{R}^{n\times n}$ 的互异特征值, 且

$$\det(\lambda I-A)=(\lambda-\lambda_1)^{m_1}(\lambda-\lambda_2)^{m_2}\cdots(\lambda-\lambda_\sigma)^{m_\sigma},\quad \sum_{i=1}^{\sigma}m_i=n,$$

则称 m_i 为 A 的特征值 λ_i 的代数重复度, 若 $\operatorname{rank}(\lambda_i I-A)=n-\alpha_i$, $i=1,2,\cdots,\sigma$, 称 α_i 为 A 的特征值 λ_i 的几何重复度. 若 $\alpha_i=m_i$, 则 A 为单纯矩阵, 相似于对角形矩阵.

定义 A.9　设 $A\in\mathbb{C}^{n\times n}$, λ_0 是 A 的特征值, $x\neq 0$, 若

$$\begin{cases}(A-\lambda_0 I)^{k-1}x\neq 0,\\ (A-\lambda_0 I)^{k}x=0,\end{cases}$$

则称 x 为 A 的属于 λ_0 的秩为 k(k 阶) 的广义特征向量.

λ_0 的广义特征向量满足

$$\begin{aligned}&Ax_1=\lambda_0x_1,\\&Ax_2=x_1+\lambda_0x_2,\\&\qquad\cdots\cdots\\&Ax_k=x_{k-1}+\lambda_0x_k.\end{aligned}$$

定理 A.4　设 λ 是 A 的一个 m 重特征值, $x_i(i=1,2,\cdots,m)$ 是 A 的属于 λ 的 i 阶广义特征向量, 则 $x_1,x_2,\cdots,x_m$ 线性无关.

定理 A.5　属于 A 的不同特征值的各阶广义特征向量线性无关.

定理 A.6　设 $A\in\mathbb{C}^{n\times n}$, 则存在可逆矩阵 T, 使得 $A=TJT^{-1}$, 其中

$$J=\begin{bmatrix}J_1&&&\\&J_2&&\\&&\ddots&\\&&&J_\sigma\end{bmatrix}_{n\times n},\quad J_i=\begin{bmatrix}J_{i1}&&&\\&J_{i2}&&\\&&\ddots&\\&&&J_{i\alpha_i}\end{bmatrix}_{m_i\times m_i},$$

$$J_{ik}=\begin{bmatrix}\lambda_i&1&&&\\&\lambda_i&1&&\\&&\ddots&\ddots&\\&&&\ddots&1\\&&&&\lambda_i\end{bmatrix}_{n_{ik}\times n_{ik}},\quad i=1,2,\cdots,\sigma,\quad k=1,2,\cdots,\alpha_i,$$

其中, $\lambda_i, i=1,2,\cdots,\sigma$ 为 A 的互异特征值, m_i, α_i 分别为特征值 λ_i 的代数重复度与几何重复度, n_{ik} 为初等因子 $(\lambda-\lambda_i)^{n_{ik}}$ 的指数, $\sum\limits_{k=1}^{\alpha_i} n_{ik}=m_i$, 也即 λ_i 的特征向量为首向量的循环列的长度.

A.3 矩阵的化零多项式与最小多项式

设 $A\in\mathbb{C}^{n\times n}$, $\varphi(\lambda)=\det(\lambda I-A)$.

定理 A.7 (Cayley-Hamilton 定理) $\varphi(A)=0$.

证明 记

$$\varphi(\lambda)=|\lambda I-A|=\lambda^n+a_1\lambda^{n-1}+\cdots+a_{n-1}\lambda+a_n. \tag{A.3.1}$$

记 $(\lambda I-A)$ 的伴随矩阵为 A^*, 则

$$(\lambda I-A)A^*=|\lambda I-A|\cdot I, \tag{A.3.2}$$

$$A^*=B_0\lambda^{n-1}+B_1\lambda^{n-2}+\cdots+B_{n-2}\lambda+B_{n-1}. \tag{A.3.3}$$

将 A^* 代入 (A.3.2), 则可推得

$$\begin{aligned}
&B_0=I,\\
&B_1-AB_0=a_1I,\\
&B_2-AB_1=a_2I,\\
&\qquad\cdots\cdots\\
&B_{n-1}-AB_{n-2}=a_{n-1}I,\\
&-AB_{n-1}=a_nI.
\end{aligned} \tag{A.3.4}$$

上式依次右乘 $A^n, A^{n-1},\cdots, A, I$ 后相加即得

$$0=A^n+a_1A^{n-1}+\cdots+a_{n-1}A+a_nI.$$

定理得证.

定义 A.10 设 $A\in\mathbb{C}^{n\times n}$, $f(\lambda)=\sum\limits_{i=1}^{m}a_i\lambda^i$ 为 $\mathbb{F}$ 上的多项式, 若

$$f(A)=0,$$

则称 f 为 A 的化零多项式.

结论 任意 n 阶方阵 A 都有化零多项式, A 的特征多项式 $|\lambda I - A|$ 即为 A 的一个化零多项式.

定义 A.11 矩阵 $A \in \mathbb{C}^{n\times n}$ 的次数最低的化零多项式, 称为矩阵 A 的最小多项式, 记作 $\varphi_A(\lambda)$.

定理 A.8 设 $A \in \mathbb{C}^{n\times n}$, 则

(1) A 的任意化零多项式均能被 A 的最小多项式整除;

(2) A 的首 1 最小多项式唯一;

(3) 相似矩阵的最小多项式相同.

定理 A.9 $A = \mathrm{diag}\{A_1, A_2, \cdots, A_s\}$, $\varphi_1(\lambda)$, $\varphi_2(\lambda)$, $\cdots$, $\varphi_s(\lambda)$ 分别是 $A_1, A_2, \cdots, A_s$ 的最小多项式, 则 A 的最小多项式 $\varphi_A(\lambda)$ 是 $\varphi_1(\lambda), \varphi_2(\lambda), \cdots, \varphi_s(\lambda)$ 的最小公倍式.

证明 $\varphi_A(\lambda)$ 是 A 的最小多项式, 则

$$\varphi_A(A) = \mathrm{diag}\{\varphi_A(A_1), \varphi_A(A_2), \cdots, \varphi_A(A_s)\} = 0$$

$$\Rightarrow \varphi_A(A_1) = 0,\ \varphi_A(A_2) = 0, \cdots,\ \varphi_A(A_s) = 0,$$

即 $\varphi_A(\lambda)$ 是 $A_1, A_2, \cdots, A_s$ 的化零多项式, 因此 $\varphi_A(\lambda)$ 是 $\varphi_1(\lambda), \varphi_2(\lambda), \cdots, \varphi_s(\lambda)$ 的公倍式.

设 $\psi(\lambda)$ 为 $\varphi_1(\lambda)$, $\varphi_2(\lambda)$, $\cdots$, $\varphi_s(\lambda)$ 的任一公倍式, 则有 $\psi(A_i) = 0$, $i = 1, 2, \cdots, s$, 从而 $\psi(A) = 0$. 再由 $\varphi_A(\lambda)$ 为 A 的最小多项式知 $\varphi_A(\lambda)|\psi(\lambda)$, 故 $\varphi_A(\lambda)$ 为 $\varphi_1(\lambda)$, $\varphi_2(\lambda)$, $\cdots$, $\varphi_s(\lambda)$ 的最小公倍式. 定理得证.

定理 A.10 $\varphi_A(\lambda)$ 为 $A \in \mathbb{C}^{n\times n}$ 的首 1 最小多项式, $A = TJT^{-1}$ 为 A 的 Jordan 标准型分解

$$\begin{aligned} &J = \mathrm{diag}\{J_1, J_2, \cdots, J_\sigma\},\\ &J_i = \mathrm{diag}\{J_{i1}, J_{i2}, \cdots, J_{i\alpha_i}\}, \quad i = 1, 2, \cdots, \sigma, \end{aligned}$$

$$J_{ik} = \begin{bmatrix} \lambda_i & 1 & & \\ & \lambda_i & \ddots & \\ & & \ddots & 1 \\ & & & \lambda_i \end{bmatrix}_{n_{ik}\times n_{ik}},$$

$J_i \in \mathbb{C}^{m_i\times m_i}$, σ 为 A 的互异特征值的个数, $d_i = \max\{n_{ik}\}$, 则

$$\varphi_A(\lambda) = (\lambda - \lambda_1)^{d_1}(\lambda - \lambda_2)^{d_2}\cdots(\lambda - \lambda_\sigma)^{d_\sigma}.$$

由定理 A.9, 定理 A.10 即可得下面的定理.

定理 A.11 (1) A 的不同特征值只对应一个 Jordan 块的充分必要条件是 A 的特征多项式与最小多项式相同.

(2) A 相似于对角形矩阵的充要条件是 $d_i = 1,\ i = 1, 2, \cdots, \sigma$.

(3) 若 $d(\lambda)$ 为 $\mathrm{adj}(\lambda I - A)$ 的全部元素的最大公因式, 则

$$\varphi(\lambda) = \varphi_A(\lambda) d(\lambda),$$

$\varphi(\lambda) = \det(\lambda I - A)$, $\varphi_A(\lambda)$ 是 A 的最小多项式.

A.4 矩阵幂级数

1. 矩阵幂级数定义

定义 A.12 设 $A \in \mathbb{C}^{q\times q}$, $a_k (k = 0, 1, \cdots)$ 是一个给定的实数列, 则称和式

$$\sum_{k=0}^{\infty} a_k A^k = a_0 I + a_1 A + \cdots + a_k A^k + \cdots \tag{A.4.1}$$

为矩阵 A 的幂级数, 其中 $a_k (k = 0, 1, \cdots)$ 为幂级数的系数.

定义 A.13 矩阵幂级数 (A.4.1) 的前 n 项和

$$S_n(A) = a_0 I + a_1 A + \cdots + a_{n-1} A^{n-1} = \sum_{k=0}^{n-1} a_k A^k$$

称为幂级数 (A.4.1) 的部分和, 由它构成矩阵序列 $\{S_n(A)\}$, 当部分和序列的极限

$$\lim_{n\to\infty} S_n(A) = S(A)$$

存在, 则称幂级数 (A.4.1) 收敛, $S(A)$ 为 (A.4.1) 的和; 若极限不存在, 则称幂级数发散.

定义 A.14 设矩阵幂级数 (A.4.1) 的各项

$$a_n A^n \quad (n = 0, 1, \cdots)$$

在某种确定的矩阵范数 $\|\cdot\|$ 下所成数项级数

$$\|a_0 I\| + \|a_1 A\| + \cdots + \|a_n A^n\| + \cdots$$

收敛, 则称幂级数在矩阵范数 $\|\cdot\|$ 意义下绝对收敛.

结论 绝对收敛的幂级数本身必是收敛的, 一种范数意义下绝对收敛, 则在另一种范数意义下也绝对收敛.

2. 矩阵数列

定义 A.15　设 $A_m=(a_{ij}^{(m)}),A=(a_{ij})\in\mathbb{C}^{p\times n}$, 若 $\forall\varepsilon>0,\exists N$, 当 $m>N$ 时, 恒有

$$\|A_m-A\|<\varepsilon,$$

则称矩阵序列 $\{A_m\}$ 收敛于 A, A 是矩阵序列 $\{A_m\}$ 当 $m\to\infty$ 时的极限. 记为

$$\lim_{m\to\infty}A_m=A,\quad 或\quad A_m\to A\quad (m\to\infty).$$

定理 A.12　设 $A_m=(a_{ij}^{(m)}),A=(a_{ij})\in\mathbb{C}^{p\times n}$, 则矩阵序列 $\{A_m\}$ 收敛于 A 的充要条件为: $a_{ij}^{(m)}$ 收敛于 a_{ij}.

证明　必要性. 不失一般性, 取矩阵范数为

$$\|A\|=\left(\sum_{i=1}^{p}\sum_{j=1}^{n}|a_{ij}|^2\right)^{\frac{1}{2}},$$

则若 $\{A_m\}$ 收敛于 A, 则 $\forall\varepsilon>0,\exists N$, 当 $m>N$ 时,

$$\left(\sum_{i=1}^{p}\sum_{j=1}^{n}|a_{ij}^{(m)}-a_{ij}|^2\right)^{\frac{1}{2}}<\varepsilon.$$

从而

$$|a_{ij}^{(m)}-a_{ij}|<\varepsilon,$$

故 $a_{ij}^{(m)}$ 收敛于 a_{ij}.

充分性. 若 $a_{ij}^{(m)}$ 收敛于 a_{ij}, 则 $\forall\varepsilon>0,\exists N$, 当 $m>N$ 时, 有

$$|a_{ij}^{(m)}-a_{ij}|<\varepsilon,$$

则

$$\left(\sum_{i=1}^{p}\sum_{j=1}^{n}|a_{ij}^{(m)}-a_{ij}|^2\right)^{\frac{1}{2}}<(pn)^{\frac{1}{2}}\varepsilon,$$

故

$$A_m\to A\ (m\to\infty).$$

定理 A.13 (柯西 (Cauchy) 收敛定理)　设 $A_m=(a_{ij}^{(m)})\in\mathbb{C}^{p\times n}$, 则矩阵序列 $\{A_m\}$ 收敛的充要条件为: $\forall\varepsilon>0$, $\exists N$, 当 $m,k>N$ 时, 恒有 $\|A_m-A_k\|<\varepsilon$.

3. 矩阵幂级数收敛的条件

根据定理 A.12, 定理 A.13, 即可推得幂级数 (A.4.1) 收敛的充分必要条件.

定理 A.14 幂级数 (A.4.1) 收敛的充分必要条件是: $\forall\varepsilon>0$, $\exists N$, 当 $n>N$ 时, 对所有的正整数 p, 恒有

(1) $\|S_{n+p}(A)-S_n(A)\|<\varepsilon$;

(2) $\left\|(S_{n+p}(A))_{ij}-(S_n(A))_{ij}\right\|<\varepsilon$,

$(S_n(A))_{ij}$ 表示 $S_n(A)$ 的第 (i,j) 元素.

例 A.4.1 矩阵幂级数

$$\sum_{n=0}^{\infty}A^n=I+A+\cdots+A^n+\cdots. \tag{A.4.2}$$

定理 A.15 矩阵 A 的幂级数 (A.4.2) 收敛的充要条件是矩阵 A 的所有特征值的模都小于 1, 且其收敛和为 $(I-A)^{-1}$.

证明 必要性. 记 $A^n=(a_{ij}^{(n)})$, 由级数收敛知 $a_{ij}^{(n)}\to 0$, 从而 $\lim\limits_{n\to\infty}A^n=0$, 从而等价于 $|\lambda_i(A)|<1$. 设

$$S_n=I+A+\cdots+A^{n-1},$$

则

$$S_nA=A+A^2+\cdots+A^n,$$

两式相减得

$$S_n(I-A)=I-A^n.$$

故

$$\lim_{n\to\infty}S_n(I-A)=I=S(I-A),\quad S=(I-A)^{-1}.$$

充分性. 设 A 的特征值的模都小于 1, 则 $(I-A)^{-1}$ 存在, 又

$$(I+A+\cdots+A^{n-1})(I-A)=I-A^n,$$

$$I+A+\cdots+A^{n-1}=(I-A)^{-1}-A^n(I-A)^{-1},$$

由 $\lim\limits_{n\to\infty}A^n=0$ 知

$$\lim_{n\to\infty}S_n=(I-A)^{-1}.$$

定理 A.16　设幂级数 $\sum_{k=0}^{\infty} a_k x^k$ 的收敛半径为 R, A 为 n 阶方阵. 若 $\rho(A) = \max|\lambda_i(A)| < R$, 则矩阵幂级数 $\sum_{k=0}^{\infty} a_k A^k$ 绝对收敛; 若 $\rho(A) = \max|\lambda_i(A)| > R$, 则 $\sum_{k=0}^{\infty} a_k A^k$ 发散, $i = 1, 2, \cdots, n$.

证明　设 J 是 A 的 Jordan 标准型, 则

$$A = PJP^{-1} = P\mathrm{diag}\left\{J_1(\lambda_1), J_2(\lambda_2), \cdots, J_\sigma(\lambda_\sigma)\right\}P^{-1},$$

λ_i 互异,

$$J_j = \begin{bmatrix} J_{j1} & & \\ & \ddots & \\ & & J_{j\alpha_j} \end{bmatrix}, \quad J_{jl} = \begin{bmatrix} \lambda_j & 1 & & \\ & \ddots & \ddots & \\ & & \ddots & 1 \\ & & & \lambda_j \end{bmatrix}_{n_{jl}\times n_{jl}},$$

$$A^k = P\begin{bmatrix} J_1^k & & \\ & \ddots & \\ & & J_\sigma^k \end{bmatrix}P^{-1}, \quad J_j^k = \begin{bmatrix} J_{j1}^k & & \\ & \ddots & \\ & & J_{j\alpha_j}^k \end{bmatrix},$$

$$J_{jl}^k = \begin{bmatrix} \lambda_j & 1 & & \\ & \ddots & \ddots & \\ & & \ddots & 1 \\ & & & \lambda_j \end{bmatrix}^k = \begin{bmatrix} \lambda_j^k & \mathrm{C}_k^1\lambda_j^{k-1} & \cdots & \mathrm{C}_k^{n_{jl}-1}\lambda_j^{k-n_{jl}+1} \\ & \lambda_j^k & \ddots & \vdots \\ & & \ddots & \mathrm{C}_k^1\lambda_j^{k-1} \\ & & & \lambda_j^k \end{bmatrix},$$

所以

$$\begin{aligned} \sum_{k=0}^{\infty} a_k A^k &= \sum_{k=0}^{\infty} a_k \left(PJ^kP^{-1}\right) = P\left(\sum_{k=0}^{\infty} a_k J^k\right)P^{-1} \\ &= P\begin{bmatrix} \sum_{k=0}^{\infty} a_k J_1^k & & \\ & \ddots & \\ & & \sum_{k=0}^{\infty} a_k J_\sigma^k \end{bmatrix}P^{-1}, \end{aligned}$$

其中

$$\sum_{k=0}^{\infty} a_k J_j^k = \begin{bmatrix} \sum\limits_{k=0}^{\infty} a_k J_{j1}^k & & \\ & \ddots & \\ & & \sum\limits_{k=0}^{\infty} a_k J_{j\alpha_j}^k \end{bmatrix},$$

$$\sum_{k=0}^{\infty} a_k J_{jl}^k = \begin{bmatrix} \sum\limits_{k=0}^{\infty} a_k \lambda_j^k & \sum\limits_{k=1}^{\infty} a_k \mathrm{C}_k^1 \lambda_j^{k-1} & \cdots & \sum\limits_{k=n_{jk}-1}^{\infty} a_k \mathrm{C}_k^{n_{jl}-1} \lambda_j^{k-n_{jl}+1} \\ & \ddots & \ddots & \vdots \\ & & \ddots & \sum\limits_{k=1}^{\infty} a_k \mathrm{C}_k^1 \lambda_j^{k-1} \\ & & & \sum\limits_{k=0}^{\infty} a_k \lambda_j^k \end{bmatrix}.$$

当 $\rho(A) < R$ 时,

$$\sum_{k=0}^{\infty} a_k \lambda_j^k, \quad \sum_{k=1}^{\infty} a_k \mathrm{C}_k^1 \lambda_j^{k-1} = \sum_{k=1}^{\infty} a_k (\lambda^k)' \bigg|_{\lambda=\lambda_j}, \quad \cdots,$$

$$\sum_{k=n_{jl}-1}^{\infty} a_k \mathrm{C}_k^{n_{jl}-1} \lambda_j^{k-n_{jl}+1} = \sum_{k=n_{jk}-1}^{\infty} a_k \frac{(\lambda^k)^{(n_{jl}-1)}}{(n_{jl}-1)!} \Bigg|_{\lambda=\lambda_j}$$

绝对收敛, 故 $\sum\limits_{k=0}^{\infty} a_k A^k$ 绝对收敛.

当 $\rho(A) > R$ 时, 幂级数 $\sum\limits_{k=0}^{\infty} a_k \lambda_j^k$ 发散, 故 $\sum\limits_{k=0}^{\infty} a_k A^k$ 发散. 定理得证.

例 A.4.2 (1) $$I + A + \frac{A^2}{2!} + \cdots + \frac{A^n}{n!} + \cdots = e^A,$$
收敛圆为整个复平面. 对应的幂级数

$$1 + x + \frac{x^2}{2!} + \cdots + \frac{x^n}{n!} + \cdots = e^x,$$

收敛半径为 ∞.

(2)
$$e^{At}=I+\frac{At}{1!}+\frac{(At)^2}{2!}+\cdots=\sum_{k=0}^{\infty}\frac{1}{k!}\cdot t^k\cdot A^k,$$
对应的幂级数
$$1+\frac{xt}{1!}+\frac{(xt)^2}{2!}+\cdots=e^{xt}.$$

4. e^{At} 的计算

$$e^{At}=P\begin{bmatrix} e^{J_1t} & & \\ & \ddots & \\ & & e^{J_\sigma t}\end{bmatrix}P^{-1},\quad e^{J_jt}=\begin{bmatrix} e^{J_{j1}t} & & \\ & \ddots & \\ & & e^{J_{j\alpha_j}t}\end{bmatrix},\quad (J_jt)^k=J_j^k\cdot t^k,$$

$$e^{J_{jl}t}=e^{\lambda_jt}\cdot\begin{bmatrix} 1 & t & \dfrac{t^2}{2!} & \cdots & \dfrac{t^{n_{jl}-1}}{(n_{jl}-1)!} \\ & \ddots & \ddots & \ddots & \vdots \\ & & \ddots & \ddots & \dfrac{t^2}{2!} \\ & & & \ddots & t \\ & & & & 1\end{bmatrix}.$$

5. 矩阵微分

矩阵对数量变量的微分, $m\times n$ 的函数矩阵 $A(t)=[a_{ij}(t)]_{m\times n}$,
$$\frac{dA(t)}{dt}=\left[\frac{da_{ij}(t)}{dt}\right]_{m\times n}.$$

A.5　矩阵不等式

定理 A.17 (Schur 补定理)　下列几条等价:

(1) $\begin{bmatrix} Q_1 & Q_2 \\ Q_2^{\mathrm T} & Q_3\end{bmatrix}<0$;

(2) $Q_1<0, Q_3-Q_2^{\mathrm T}Q_1^{-1}Q_2<0$;

(3) $Q_3<0, Q_1-Q_2Q_3^{-1}Q_2^{\mathrm T}<0$.

证明　(1) $\Rightarrow$ (2), 由 (1) 成立知 $Q_1<0$, $Q_3<0$,

$$\begin{bmatrix} I & 0 \\ -Q_2^{\mathrm T}Q_1^{-1} & I\end{bmatrix}\begin{bmatrix} Q_1 & Q_2 \\ Q_2^{\mathrm T} & Q_3\end{bmatrix}\begin{bmatrix} I & -Q_1^{-1}Q_2 \\ 0 & I\end{bmatrix}=\begin{bmatrix} Q_1 & 0 \\ 0 & Q_3-Q_2^{\mathrm T}Q_1^{-1}Q_2\end{bmatrix},$$

从而 $Q_3 - Q_2^{\mathrm{T}} Q_1^{-1} Q_2 < 0,\ Q_1 < 0$.

反之, (2) $\Rightarrow$ (1) 亦然.

(1), (3) 的等价性同理可证.

定理 A.18 矩阵 A 稳定的充要条件是存在正定矩阵 X, 使得

$$A^{\mathrm{T}} X + XA < 0.$$

定理 A.19 A, B 为对称矩阵, 则

(1) $\lambda_{\min}(A) I \leqslant A \leqslant \lambda_{\max}(A) I$.

(2) 若 $A \geqslant B$, 则 $\lambda_{\max}(A) \geqslant \lambda_{\max}(B)$, $\lambda_{\min}(A) \geqslant \lambda_{\min}(B)$.

(3) 若 $A \geqslant 0$, 则 $A = C^2, C \geqslant 0$.

(4) $A \geqslant 0$, 则 $\lambda_{\min}(A) A \leqslant A^2 \leqslant \lambda_{\max}(A) A$.

(5) $A \geqslant 0$, 则 $A \leqslant \mathrm{tr}(A) I$.

(6) $A \geqslant 0$, $B \geqslant 0$, $A \leqslant B \not\Rightarrow A^2 \leqslant B^2$.

定理 A.20 矩阵逆的反演公式

$$\left(A_{11} - A_{12} A_{22}^{-1} A_{21}\right)^{-1} = A_{11}^{-1} + A_{11}^{-1} A_{12} \left(A_{22} - A_{21} A_{11}^{-1} A_{12}\right)^{-1} A_{21} A_{11}^{-1}.$$

习　题　A

1. 证明定理 A.1.

2. 证明 $\|A\|_F = \left(\sum_{i=1}^{m} \sum_{j=1}^{n} |a_{ij}|^2\right)^{\frac{1}{2}}$ 是矩阵范数.

3. 证明定理 A.2.

4. 证明 $\|A\|_2$ 满足矩阵范数的条件.

5. 设 $A \in \mathbb{R}^{n \times n}$, $\lambda(A)$ 为 A 的特征值, 证明: $|\lambda(A)| \leqslant \|A\|_2$.

6. 证明定理 A.4.

7. 证明定理 A.5.

8. 求下列矩阵的 Jordan 标准型及变换矩阵:

(1) $A = \begin{bmatrix} -3 & 3 & -2 \\ -7 & 6 & -3 \\ 1 & -1 & 2 \end{bmatrix}$;　　(2) $A = \begin{bmatrix} 1 & 0 & -1 & -1 \\ & 1 & 1 & 1 \\ & & 1 & -1 \\ & & & 2 \end{bmatrix}$;

(3) $A = \begin{bmatrix} -4 & 1 & 4 \\ -12 & 4 & 8 \\ -6 & 1 & 6 \end{bmatrix}$.

9. $A = \begin{bmatrix} 1 & 0 \\ 0 & 0 \end{bmatrix}, B = \begin{bmatrix} 1 & 1 \\ 0 & 0 \end{bmatrix}$, 计算 $e^A, e^B, e^{A+B}, e^A \cdot e^B, e^B \cdot e^A$.

10. 对于下列给出的 A, 求 e^{At}.

(1) $A = \begin{bmatrix} -2 & 0 \\ 0 & -3 \end{bmatrix}$;　(2) $= \begin{bmatrix} -2 & -1 \\ 0 & -2 \end{bmatrix}$;　(3) $A = \begin{bmatrix} 0 & 0 \\ 1 & 0 \end{bmatrix}$;

(4) $A = \begin{bmatrix} 0 & -1 \\ 4 & 0 \end{bmatrix}$;　(5) $A = \begin{bmatrix} 0 & 1 \\ -2 & -3 \end{bmatrix}$;　(6) $A = \begin{bmatrix} 0 & 1 & 0 \\ 0 & 0 & 1 \\ -6 & -11 & -6 \end{bmatrix}$.

11. 证明 $\dfrac{d}{dt}\left(e^{At}\right) = A \cdot e^{At} = e^{At} \cdot A$.

12. 证明 $\left(e^{At}\right)^{-1} = e^{-At} = e^{A(-t)}$.

13. 证明 $e^A \cdot e^B = e^B \cdot e^A = e^{A+B}$ 的充要条件是 $A \cdot B = B \cdot A$.

14. 设 A 为方阵, 且其特征根两两互异, $\operatorname{tr}(A)$ 表示 A 的迹, 证明必有

$$\det(e^{At}) = e^{\operatorname{tr}(A)t}.$$

15. 证明定理 A.14 的结论.

16. 设 $A = \begin{bmatrix} A_{11} & A_{12} \\ A_{21} & A_{22} \end{bmatrix}$, 证明

(1) 若 A_{11}, A 可逆 $\Rightarrow A_{22} - A_{21}A_{11}^{-1}A_{12}$ 可逆.

(2) 若 A_{22}, A 可逆 $\Rightarrow A_{11} - A_{12}A_{22}^{-1}A_{21}$ 可逆.

(3) A_{22}, $A_{11} - A_{12}A_{22}^{-1}A_{21}$ 可逆 $\Rightarrow A$ 可逆.

(4) A_{11}, $A_{22} - A_{21}A_{11}^{-1}A_{12}$ 可逆 $\Rightarrow A$ 可逆.

17. 证明定理 A.19 的结论.

附录 B　线性常系数微分方程简介

B.1　微分方程组的解

1. 齐次线性微分方程组

$$\dot{x} = Ax, \quad x \in \mathbb{R}^n. \tag{B.1.1}$$

定理 B.1　微分方程组 (B.1.1) 的解的全体构成一个 n 维线性空间.

定义 B.1　如果一个 $n \times n$ 矩阵的每一列都是 (B.1.1) 的解, 则称此矩阵为 (B.1.1) 的解矩阵, 它的列是线性无关的解矩阵称为 (B.1.1) 的基解矩阵.

定理 B.2　矩阵 $\Phi(t) = e^{At}$ 为 (B.1.1) 的基解矩阵, 且 $\Phi(0) = I$.

证明　记 $e^{At} = [\varphi_1(t) \quad \cdots \quad \varphi_n(t)]$, 则由 $\dfrac{d}{dt}e^{At} = Ae^{At}$ 得

$$\frac{d\varphi_i(t)}{dt} = A\varphi_i(t), \quad i = 1, 2, \cdots, n,$$

故 $\varphi_i(t)$ 是 $\dot{x} = Ax$ 的解, $i = 1, 2, \cdots, n$.

下证 $\varphi_i(t), i = 1, 2, \cdots, n$ 线性无关. 反证法, 设 $\varphi_1(t), \varphi_2(t), \cdots, \varphi_n(t)$ 线性相关, 则存在不全为 0 的常数 $c_1, c_2, \cdots, c_n$, 使得 $\sum\limits_{i=1}^{n} c_i\varphi_i(t) = 0$, 从而 $\sum\limits_{i=1}^{n} c_i\varphi_i(0) = 0$, 此与 $\det(\Phi(0)) = \det(I) = 1$ 矛盾. 故反设不成立, $\varphi_1(t), \varphi_2(t), \cdots, \varphi_n(t)$ 线性无关.

再证 $\dot{x} = Ax$ 的任一解 $x(t)$, 可由 $\varphi_1(t), \varphi_2(t), \cdots, \varphi_n(t)$ 线性表示. 令

$$x(0) = \sum_{i=1}^{n} c_i\varphi_i(0),$$

$c_i, i = 1, 2, \cdots, n$ 唯一, 由 $c_i, i = 1, 2, \cdots, n$ 构造的向量函数

$$\sum_{i=1}^{n} c_i\varphi_i(t) = \psi(t),$$

故 $\psi(t)$ 是 $\dot{x}=Ax$ 的解, 又因为 $\psi(0)=\sum\limits_{i=1}^{n}c_i\varphi_i(0)=x(0)$, 说明 $\psi(t)$, $x(t)$ 有相同的初值, 由解对初值的唯一性知, $x(t)=\psi(t)$, 从而 $x(t)=\sum\limits_{i=1}^{n}c_i\varphi_i(t)$. 定理结论得证.

推论 B.1　如果 $\Phi(t)$ 是 (B.1.1) 的基解矩阵, $C\in\mathbb{C}^{n\times n}$ 非奇异, 则 $\Phi(t)C$ 也是 (B.1.1) 的基解矩阵.

定理 B.3　(B.1.1) 的任一解 $x(t)$ 都有形式 $x(t)=e^{At}c$, c 是一个常数向量. 显然 $x(0)=c$, 故 $x(t)=e^{At}x(0)$.

定义 B.2　对于系统 (B.1.1), 若 $n\times n$ 的解阵 $\Phi(t-t_0)$ 满足

$$\dot{\Phi}(t-t_0)=A\Phi(t-t_0),\quad \Phi(t_0)=I,$$

则称 $\Phi(t-t_0)$ 为系统 (B.1.1) 的状态转移矩阵.

定理 B.4　$\Psi(t)$ 是系统 (B.1.1) 的一个基解矩阵, 则

$$\Phi(t-t_0)=\Psi(t)\Psi^{-1}(t_0),\quad t\geqslant t_0.$$

定理 B.5　系统 (B.1.1) 的状态转移矩阵 $\Phi(t-t_0)$ 是唯一的, 与 $\Psi(t)$ 的选取无关.

定理 B.6　系统 (B.1.1) 的状态转移矩阵

$$\Phi(t-t_0)=e^{A(t-t_0)},$$

$t_0=0$ 时, $\Phi(t)=e^{At}$.

2. 非齐次线性微分方程组

$$\dot{x}=Ax+f(t),\tag{B.1.2}$$

$A\in\mathbb{R}^{n\times n}$, $f(t)$ 是 $0\leqslant t<\infty$ 上的已知 n 维连续列向量.

定理 B.7　设 $\Phi(t)$ 是 (B.1.1) 的基解矩阵, $\varphi(t)$ 是 (B.1.2) 的一个解, 则 (B.1.2) 的任一解 $x(t)$ 都可表示为

$$x(t)=\Phi(t)c+\varphi(t),$$

其中 c 是确定的常数列向量.

证明　由

$$\dot{x}(t)=Ax(t)+f(t),\quad \dot{\varphi}(t)=A\varphi(t)+f(t),$$

可得

$$\left(x(t) \overset{\bullet}{-} \varphi(t)\right) = A\left(x(t) - \varphi(t)\right),$$

知 $x(t) - \varphi(t)$ 是 (B.1.1) 的解, 从而由定理 B.3 知

$$x(t) - \varphi(t) = \Phi(t)\, c,$$

故

$$x(t) = \Phi(t)\, c + \varphi(t).$$

定理得证.

下面利用常数变易法求 (B.1.2) 的解 $x(t)$. 设 $x(t) = e^{At}c(t)$, 则

$$\dot{x}(t) = Ae^{At}c(t) + e^{At}\dot{c}(t) = Ae^{At}c(t) + f(t),$$

从而

$$\begin{aligned} f(t) &= e^{At}\dot{c}(t), \quad \dot{c}(t) = e^{-At}f(t), \\ c(t) - c(0) &= \int_0^t e^{-A\tau}f(\tau)\, d\tau, \\ c(t) &= c(0) + \int_0^t e^{-A\tau}f(\tau)\, d\tau. \end{aligned}$$

再由 $x(0) = e^{A\cdot 0}c(0) = c(0)$ 推得 (B.1.2) 的解为

$$x(t) = e^{At}x(0) + \int_0^t e^{A(t-\tau)}f(\tau)\, d\tau. \tag{B.1.3}$$

推论 B.2 $\varphi(t) = \int_0^t e^{A(t-\tau)}f(\tau)\, d\tau$ 是 (B.1.2) 的一个解.

3. e^{At} 的 Laplace 变换

线性自治系统

$$\dot{x} = Ax$$

取 Laplace 变换, 得

$$\begin{aligned} &sX(s) - x(0) = AX(s), \\ &(sI - A)X(s) = x(0), \\ &X(s) = (sI - A)^{-1}x(0). \end{aligned}$$

取 Laplace 反变换得

$$x(t) = \mathcal{L}^{-1}[(sI - A)^{-1}]x(0).$$

又因为

$$x(t) = e^{At}x(0),$$

故有

$$\mathcal{L}^{-1}[(sI - A)^{-1}]x(0) = e^{At}x(0).$$

由 $x(0)$ 的任意性, 可知

$$\mathcal{L}(e^{At}) = (sI - A)^{-1}. \tag{B.1.4}$$

于是对 e^{At} 定义关系式

$$e^{At} = I + At + \frac{1}{2!}A^2t^2 + \cdots + \frac{1}{n!}A^nt^n + \cdots,$$

取 Laplace 变换, 可得

$$\mathcal{L}(e^{At}) = \frac{I}{s} + \frac{A}{s^2} + \frac{A^2}{s^3} + \cdots + \frac{A^n}{s^{n+1}} + \cdots = (sI - A)^{-1}.$$

由 (B.1.4) 可知, 要求 e^{At}, 可先求出 $(sI - A)^{-1}$, 然后对其进行 Laplace 反变换, 即可得 e^{At}.

例 B.1.1　给定线性定常系统的自治方程为

$$\dot{x} = \begin{bmatrix} 0 & 1 \\ -2 & -3 \end{bmatrix} x,$$

用 Laplace 变换求 e^{At}.

解　$(sI - A)^{-1} = \begin{bmatrix} s & -1 \\ 2 & s+3 \end{bmatrix}^{-1} = \begin{bmatrix} \dfrac{s+3}{(s+1)(s+2)} & \dfrac{1}{(s+1)(s+2)} \\ \dfrac{-2}{(s+1)(s+2)} & \dfrac{s}{(s+1)(s+2)} \end{bmatrix}$

$$= \begin{bmatrix} \dfrac{2}{s+1} + \dfrac{-1}{s+2} & \dfrac{1}{s+1} + \dfrac{-1}{s+2} \\ \dfrac{-2}{s+1} + \dfrac{2}{s+2} & \dfrac{-1}{s+1} + \dfrac{2}{s+2} \end{bmatrix}.$$

对上式求 Laplace 反变换, 即可得出

$$e^{At} = \begin{bmatrix} 2e^{-t} - e^{-2t} & e^{-t} - e^{-2t} \\ -2e^{-t} + 2e^{-2t} & -e^{-t} + 2e^{-2t} \end{bmatrix}.$$

B.2 微分方程组的稳定性

1. 稳定的定义及 Lyapunov 稳定判据

系统运动的稳定性实质上归结为系统平衡状态 (点) 的稳定性, 系统状态方程的一般形式为

$$\dot{x} = f(x,t), \quad x(t_0) = x_0, \quad t \in [t_0, \infty), \tag{B.2.1}$$

其中 x 为 n 维状态, $f(x,t)$ 为显含时间 t 的 n 维向量函数.

若 $f(x_e, t) = 0$, 则称 $x = x_e$ 为 (B.2.1) 的一个平衡点. 不失一般性, 可设 $x_e = 0$ 是 (B.2.1) 的一个平衡点. 这是因为若 $x = x_e$ 是一个孤立平衡点, 则可通过坐标变换将其转换到坐标原点为平衡点.

定义 B.3 (1) 称系统 (B.2.1) 的孤立平衡点 $x_e = 0$ 在 t_0 时刻是稳定的, 若对于任给一个实数 $\varepsilon > 0$, 都对应存在另一依赖于 ε 和 t_0 的实数 $\delta(\varepsilon, t_0) > 0$, 使得对满足不等式

$$\|x_0 - x_e\| = \|x_0\| \leqslant \delta(\varepsilon, t_0)$$

的任一初始状态 x_0, 系统 (B.2.1) 的解 $x(t)$ 都满足

$$\|x(t) - x_e\| = \|x(t)\| \leqslant \varepsilon, \quad \forall t \geqslant t_0.$$

(2) 若对任一时刻 t_0, 对任给实数 $\varepsilon > 0$, 都存在与 t_0 无关的实数 $\delta(\varepsilon) > 0$, 使得对任意满足 $\|x_0\| < \delta(\varepsilon)$ 的初始条件 x_0, 系统 (B.2.1) 的解 $x(t)$ 满足

$$\|x(t)\| < \varepsilon, \quad \forall t \geqslant t_0,$$

则称系统 (B.2.1) 的平衡点 $x_e = 0$ 是一致稳定的.

注 B.1 对于时不变系统 $\dot{x} = f(x)$, 不管是线性还是非线性、连续还是离散时间系统, 稳定和一致稳定必为等价的.

定义 B.4 (1) 称系统 (B.2.1) 的孤立平衡点 $x_e = 0$ 在时刻 t_0 为渐近稳定, 如果: ① $x_e = 0$ 在时刻 t_0 是稳定的; ② $\lim\limits_{t\to\infty} x(t) = 0$.

(2) 称系统 (B.2.1) 的孤立平衡点 $x_e = 0$ 是一致渐近稳定的, 如果: ① $x_e = 0$ 一致稳定; ② $\lim\limits_{t\to\infty} x(t) = 0$.

(3) 称系统 (B.2.1) 的孤立平衡点 $x_e = 0$ 是大范围渐近稳定的 (全局渐近稳定), 如果 $\forall x_0 \neq 0, x_e = 0$ 为渐近稳定.

注 B.2　对于时不变系统, 平衡点 x_e 的渐近稳定和一致渐近稳定等价. 对于线性系统 (离散、连续), 若平衡状态 $x_e=0$ 为渐近稳定, 则必为大范围渐近稳定.

定理 B.8　对于连续非线性时不变自治系统

$$\dot{x}=f(x),\quad f(0)=0,\quad t\geqslant 0,$$

若可构造对 x 具有连续一阶偏导数的一个标量函数 $V(x)$, $V(0)=0$, 且对 $\mathbb{R}^n$ 中的所有非零 x 都满足

① $V(x)>0$; ② $\dot{V}(x)<0$; ③ 当 $\|x\|\to\infty$ 时, $V(x)\to\infty$,
则系统的平衡点 $x=0$ 大范围渐近稳定. 称 $V(x)$ 为 Lyapunov 函数.

若 ① $V(x)>0$; ② $\dot{V}(x)<0$, 则零解 (一致) 渐近稳定.

若 ① $V(x)>0$; ② $\dot{V}(x)\leqslant 0$, 则零解 (一致) 稳定.

其中

$$\dot{V}(x)=\frac{d}{dt}V(x)=\frac{\partial V(x)}{\partial x}\dot{x}=\begin{bmatrix}\dfrac{\partial V(x)}{\partial x_1} & \cdots & \dfrac{\partial V(x)}{\partial x_n}\end{bmatrix}\dot{x}.$$

2. 线性定常系统的稳定判据

考察线性定常系统

$$\dot{x}=Ax,\quad x(0)=x_0,\quad t\geqslant 0,\tag{B.2.2}$$

其中 $x\in\mathbb{R}^n$, $x=0$ 是系统 (B.2.2) 的一个平衡点.

定理 B.9 (特征值判据)　系统 (B.2.2) 的零解稳定的充分必要条件为矩阵 A 的特征值均有负实部.

为了证明定理 B.9, 首先给出下面的引理.

引理 B.1　$J_0=\begin{bmatrix}\lambda_0 & 1 & & \\ & \lambda_0 & \ddots & \\ & & \ddots & 1\\ & & & \lambda_0\end{bmatrix}_{n_0\times n_0}$, $\lambda_0=\alpha_0+i\beta_0,\quad \alpha_0<0,$

则

$$\|e^{J_0t}\|\leqslant Me^{-\alpha t},\quad t\geqslant 0,$$

其中 $\alpha=a\cdot|\mathrm{Re}\lambda_0|$, a 为小于 1 的正小数.

证明

$$e^{J_0 t}=\begin{bmatrix} e^{\lambda_0 t} & \dfrac{te^{\lambda_0 t}}{1!} & \cdots & \dfrac{t^{n_0-1}e^{\lambda_0 t}}{(n_0-1)!} \\ & \ddots & \ddots & \vdots \\ & & \ddots & \dfrac{te^{\lambda_0 t}}{1!} \\ & & & e^{\lambda_0 t} \end{bmatrix},$$

$$\frac{\left|t^k e^{\lambda_0 t}\right|}{e^{-\alpha t}}=\frac{t^k e^{-|\alpha_0| t}}{e^{-\alpha t}}=t^k e^{-(|\alpha_0|-\alpha)t},$$

因为 $|\alpha_0|>\alpha$, 故有

$$t^k e^{-(|\alpha_0|-\alpha)t}\to 0,\quad t\to\infty,$$

给定 $\varepsilon>0$, $\exists T$, 当 $t\geqslant T$ 时, $\left|t^k e^{\lambda_0 t}\right|\leqslant \varepsilon e^{-\alpha t}$, 故

$$\left\|e^{J_0 t}\right\|\leqslant M_1\varepsilon e^{-\alpha t},\quad t\geqslant T.$$

当 $t\in[0,T]$ 时,

$$\left\|e^{J_0 t}\right\|\leqslant M_2=M_2 e^{\alpha T}\cdot e^{-\alpha T}=M_2^* e^{-\alpha T}\leqslant M_2^* e^{-\alpha t},\quad t\in[0,T],$$

取 $M=\max\{M_2^*, M_1\varepsilon\}$, 则 $\left\|e^{J_0 t}\right\|\leqslant Me^{-\alpha t}$ 成立. 引理结论得证.

定理 B.9 的证明 系统 (B.2.2) 的解为

$$x(t)=e^{At}x(0)=e^{At}x_0,$$

(B.2.2) 稳定, 则

$$\lim_{t\to\infty}x(t)=\lim_{t\to\infty}e^{At}x_0=0$$

等价于 $\lim\limits_{t\to\infty}\left\|e^{At}\right\|=0$. 下面估计 e^{At}, 令

$$A=PJP^{-1},\quad J=\begin{bmatrix} J_1 & & \\ & \ddots & \\ & & J_\sigma \end{bmatrix},\quad J_j=\begin{bmatrix} J_{j1} & & \\ & \ddots & \\ & & J_{j\alpha_j} \end{bmatrix},$$

$$J_{jk}=\begin{bmatrix} \lambda_j & 1 & & \\ & \lambda_j & \ddots & \\ & & \ddots & 1 \\ & & & \lambda_j \end{bmatrix}_{n_{jk}\times n_{jk}},$$

$$\begin{aligned}\left\|e^{At}\right\| &= \left\|Pe^{Jt}P^{-1}\right\| \leqslant \|P\| \left\|P^{-1}\right\| \left\|e^{Jt}\right\| \\ &\leqslant \|P\| \left\|P^{-1}\right\| \sum_{j=1}^{\sigma} \left\|e^{J_j t}\right\| \leqslant \|P\| \left\|P^{-1}\right\| \sum_{j=1}^{\sigma} \sum_{k=1}^{\alpha_j} \left\|e^{J_{jk} t}\right\|.\end{aligned}$$

充分性. 若 $\mathrm{Re}(\lambda_i) < 0,\ i = 1, 2, \cdots, \sigma$, 则由引理 B.1 即知

$$\left\|e^{At}\right\| \leqslant Me^{-\alpha t}, \quad \alpha = a \cdot \min\left|\mathrm{Re}\lambda(A)\right|,$$

从而 $t \to \infty$ 时, $\left\|e^{At}\right\| \to 0$.

必要性. 若 $\lim\limits_{t\to\infty} \left\|e^{At}\right\| = 0$, 则必有

$$\lim_{t\to\infty} t^{n_{jk}-1} e^{\lambda_j t} = 0, \quad k = 1, 2, \cdots, \alpha_j, j = 1, 2, \cdots, \sigma,$$

从而 $\lim\limits_{t\to\infty} t^{n_{jk}-1} e^{\mathrm{Re}(\lambda_j)t} = 0$, 故

$$\mathrm{Re}(\lambda_j) < 0, \quad j = 1, 2, \cdots, \sigma.$$

即知 A 的特征值均具有负实部. 证毕.

定义 B.5　若 A 的特征值均具有负实部, 则称系统 (B.2.2) 是内部稳定的.

显然, 系统 (B.2.2) 的稳定性等价于它的内部稳定性.

定理 B.10 (Lyapunov 判据)　系统 (B.2.2) 稳定 (A 稳定) 的充分必要条件是: 对任给一个 $n \times n$ 正定矩阵 Q, Lyapunov 方程

$$A^{\mathrm{T}}P + PA = -Q \tag{B.2.3}$$

有唯一 $n \times n$ 正定解 P.

证明　充分性. 已知 (B.2.3) 存在正定解 P, 要证系统 (B.2.2) 稳定. 取 Lyapunov 函数 $V(x) = x^{\mathrm{T}}Px$, 则由 $P > 0$, 知

$$V(x) > 0, \quad \forall x \neq 0,$$

进而

$$\dot{V}(x) = \dot{x}^{\mathrm{T}}Px + x^{\mathrm{T}}P\dot{x} = (Ax)^{\mathrm{T}}Px + x^{\mathrm{T}}P(Ax) = x^{\mathrm{T}}(A^{\mathrm{T}}P + PA)x = -x^{\mathrm{T}}Qx.$$

由 $Q = Q^{\mathrm{T}} > 0$, 知 $\dot{V}(x) < 0$, 由 Lyapunov 稳定性定理知, 系统 (B.2.2) 稳定.

必要性. 已知系统 (B.2.2) 稳定, 证 (B.2.3) 存在正定解 P. 考虑矩阵方程

$$\dot{X}(t) = A^{\mathrm{T}}X(t) + X(t)A, \quad X(0) = Q, \quad t \geqslant 0. \tag{B.2.4}$$

注意到 (B.2.4) 有解 $X(t) = e^{A^{\mathrm{T}}t}Qe^{At}$, 由系统 (B.2.2) 稳定, 知 $\lim\limits_{t\to\infty}|e^{At}| = 0$, $\int_0^\infty X(t)dt$ 收敛. 将 (B.2.4) 从 $t=0$ 到 $t=\infty$ 积分得

$$X(\infty) - X(0) = A^{\mathrm{T}}\int_0^\infty X(t)dt + \int_0^\infty X(t)dtA,$$

$$X(\infty) = 0, \quad X(0) = Q, \quad P = \int_0^\infty X(t)dt,$$

则上式即可表示为

$$A^{\mathrm{T}}P + PA = -Q.$$

考察 P 的正定性. 反设 P 不是正定矩阵, $P \geqslant 0$, 则存在 $\alpha_0 \neq 0$, 使得 $\alpha_0^{\mathrm{T}}P\alpha_0 = 0$, 则有

$$\int_0^\infty \alpha_0^{\mathrm{T}}e^{A^{\mathrm{T}}t}Qe^{At}\alpha_0 dt = \int_0^\infty \alpha_0^{\mathrm{T}}e^{A^{\mathrm{T}}t}C^{\mathrm{T}}Ce^{At}\alpha_0 dt = \int_0^\infty \|Ce^{At}\alpha_0\|^2 dt = 0,$$

从而

$$Ce^{At}\alpha_0 = 0, \quad t \in [0, \infty),$$

$Q = C^{\mathrm{T}}C$ 为 Q 的任一分解. Q 正定知 C 列满秩. 再注意到 e^{At} 对任一 t 都满秩, 故 Ce^{At} 列满秩, 从而 $\alpha_0 = 0$, 与 $\alpha_0 \neq 0$ 矛盾. 故反设不成立, P 为正定矩阵. 结论得证.

定理 B.11 (Lyapunov 不等式) 系统 (B.2.2) 是稳定的充分必要条件是存在正定矩阵 P, 使得 Lyapunov 不等式

$$A^{\mathrm{T}}P + PA < 0$$

成立.

考察线性定常系统

$$\dot{x} = Ax + Bu \tag{B.2.5}$$

的稳定性.

定义 B.6 若对任意输入 $u(t)$, 满足:

(1) $u(t)$ 有界时, 系统的状态轨线 $x(t)$ 有界;

(2) $u(t) \to 0$ 时, $x(t) \to 0$, $t \to \infty$ 时, 则称系统为输入状态稳定.

即:

(1) $\forall \|u(t)\| \leqslant M_1$, 则 $\|x(t)\| \leqslant M_2$, $t \in [0, \infty)$;

(2) $u(t) \to 0$ 时, $x(t) \to 0$, $t \to \infty$.

定理 B.12　系统 (B.2.5) 输入状态稳定的充要条件为 $\dot{x} = Ax$ 稳定.

证明　充分性. 设 $\dot{x} = Ax$ 稳定, 证系统 (B.2.5) 输入状态稳定. 由

$$x(t) = e^{At}x(0) + \int_0^t e^{A(t-\tau)}Bu(\tau)d\tau,$$

$$e^{At}x(0) \to 0, \quad t \to \infty \tag{B.2.6}$$

与 $x(0)$ 无关. 设 $\left\|e^{At}\right\| \leqslant Me^{-\alpha t}$, $\alpha = a \cdot \min|\mathrm{Re}\lambda(A)|$, a 为小于 1 的正小数. 则

$$\begin{aligned}\left\|\int_0^t e^{A(t-\tau)}Bu(\tau)d\tau\right\| &\leqslant \int_0^t \left\|e^{A(t-\tau)}\right\| \cdot \|B\| \cdot \|u(\tau)\| \, d\tau \\ &\leqslant \int_0^t M \cdot e^{-\alpha(t-\tau)}d\tau \cdot \|B\| \cdot \max_{\tau\in[0,t]} \|u(\tau)\| \\ &\leqslant M \cdot \frac{1}{\alpha} \|B\| \cdot \max_{\tau\in[0,t]} \|u(\tau)\| = M_1 \max_{\tau\in[0,t]} \|u(\tau)\|,\end{aligned}$$

故

$$\|x(t)\| \leqslant c_1 + c_2 \max_{\tau\in[0,t]} \|u(\tau)\|, \tag{B.2.7}$$

c_1, c_2 是与 t 无关的常数.

下证 $u(t) \to 0$ 时, $x(t) \to 0, t \to \infty$. 由 $u(t) \to 0$ 知 $\|u(t)\| \leqslant M_1, t \in [0, \infty)$, $\forall \varepsilon > 0$, $\exists T$, 当 $t > T$ 时, 有 $\|u(t)\| \leqslant \varepsilon$, 则

$$\int_0^t e^{A(t-\tau)}Bu(\tau)d\tau = \int_0^T e^{A(t-\tau)}Bu(\tau)d\tau + \int_T^t e^{A(t-\tau)}Bu(\tau)d\tau,$$

$$\left\|\int_T^t e^{A(t-\tau)}Bu(\tau)d\tau\right\| \leqslant M\frac{1}{\alpha} \|B\| \varepsilon, \tag{B.2.8}$$

$$\begin{aligned}\left\|\int_0^T e^{A(t-\tau)}Bu(\tau)d\tau\right\| &\leqslant \int_0^T Me^{-\alpha(t-\tau)} \|B\| \|u(\tau)\| d\tau \\ &\leqslant \int_0^T e^{-\alpha(t-\tau)}d\tau \cdot M \|B\| M_1\end{aligned}$$

$$\leqslant \frac{1}{\alpha}e^{-\alpha(t-T)}\cdot M\cdot M_1\|B\|\to 0,\quad \text{当 } t\to\infty \text{ 时}. \tag{B.2.9}$$

从而由 (B.2.6), (B.2.8), (B.2.9) 知 $u(t)\to 0$ 时, $x(t)\to 0$, $t\to\infty$. 再由 (B.2.7) 即知充分性得证.

必要性显然. 定理得证.

习 题 B

1. 给定 2 维线性定常系统

$$\dot{x} = Ax,\quad t\geqslant 0.$$

现知对应于两个不同初态时的状态响应为

$$x(0)=\begin{bmatrix}1\\-4\end{bmatrix}\text{时},\quad x(t)=\begin{bmatrix}e^{-3t}\\-e^{-3t}\end{bmatrix}.$$

$$x(0)=\begin{bmatrix}2\\-1\end{bmatrix}\text{时},\quad x(t)=\begin{bmatrix}2e^{-2t}\\-e^{-2t}\end{bmatrix}.$$

试确定系统矩阵 A.

2. 证明定理 B.4.

3. 证明定理 B.5.

4. 证明定理 B.6.

5. 利用 $(sI-A)^{-1}$ 求 e^{At}.

(1) $A=\begin{bmatrix}1&2\\-2&5\end{bmatrix}$; (2) $A=\begin{bmatrix}1&1\\-1&3\end{bmatrix}$; (3) $A=\begin{bmatrix}0&1\\-2&-3\end{bmatrix}$.

6. 证明定理 B.11 的结论.

7. 利用 Lyapunov 方法判断下列系统的稳定性.

(1) $\dot{x}_1=-x_1+x_2$, $\dot{x}_2=2x_1-3x_2$;

(2) $\dot{x}_1=x_2$, $\dot{x}_2=2x_1-x_2$;

(3) $\dot{x}_1=-2x_1+2x_2^4$, $\dot{x}_2=-x_2$.

8. 设系统状态方程为

$$\begin{bmatrix}\dot{x}_1\\\dot{x}_2\end{bmatrix}=\begin{bmatrix}0&1\\-a_1&-a_2\end{bmatrix}\begin{bmatrix}x_1\\x_2\end{bmatrix}.$$

试证明: 当 $a_1>0$, $a_2>0$ 时, 系统稳定.

9. 试用 $V(x) = \frac{1}{2}(x_1^2 + x_2^2)$ 研究如下系统

$$\dot{x}_1 = -x_2 + ax_1^2, \quad \dot{x}_2 = x_1 + ax_2^3$$

原点的稳定性.

10. 用 Lyapunov 方法讨论下列系统的稳定性:

$$\begin{cases} \dot{x}_1 = x_2, \\ \dot{x}_2 = -x_1 - x_2. \end{cases}$$

附录 C　线性常系数差分方程简介

C.1　差分方程组的解

1. 齐次差分方程组的解

考察齐次差分方程组

$$x(k+1) = Ax(k), \quad x(0) = x_0, \quad k = 0, 1, \cdots, \tag{C.1.1}$$

$x(k) \in \mathbb{R}^n$. 由迭代法, 得

$$x(1) = Ax(0) = Ax_0,$$

$$x(2) = Ax(1) = A^2x_0,$$

$$\cdots\cdots$$

$$x(k) = Ax(k-1) = A^kx_0, \tag{C.1.2}$$

$\{x(0), x(1), \cdots\}$ 称为系统 (C.1.1) 的解列.

定义 C.1　若从不同初值 $x_0^{(1)}$, $x_0^{(2)}$ 出发的解 $x^{(1)}(k)$, $x^{(2)}(k)$ 在任何时刻 k, 都有 $x^{(1)}(k) \neq x^{(2)}(k)$, 则称解对初值唯一.

定理 C.1　系统 (C.1.1) 的解对初值唯一的充要条件是 A 为非奇异.

证明　充分性. 若 A 为非奇异, 则

$$x^{(1)}(k) = A^kx_0^{(1)}, \quad x^{(2)}(k) = A^kx_0^{(2)},$$

$$x^{(1)}(k) - x^{(2)}(k) = A^k(x_0^{(1)} - x_0^{(2)}).$$

只要 $x_0^{(1)} - x_0^{(2)} \neq 0$, 则 $x^{(1)}(k) - x^{(2)}(k) \neq 0$, $k = 0, 1, \cdots$.

必要性. 反证法. 设 A 奇异, 于是 $\exists \xi \neq 0$, 使 $A\xi = 0$. 令

$$x_0^{(1)} = 0, \quad x_0^{(2)} = \xi, \quad \xi \neq 0,$$

则

$$x^{(1)}(1) = 0, \quad x^{(2)}(1) = A\xi = 0 = x^{(1)}(1).$$

从而与 $x^{(1)}(1) \neq x^{(2)}(1)$ 矛盾. 假设不成立, 故 A 非奇异. 证毕.

2. z 变换法求解

对系统 (C.1.1) 取 z 变换

$$\mathcal{Z}\left(x\left(k+1\right)\right)=\mathcal{Z}\left(Ax\left(k\right)\right),$$

得

$$\begin{aligned} zx\left(z\right)-zx\left(0\right)&=Ax\left(z\right),\\ \left(zI-A\right)x\left(z\right)&=zx\left(0\right),\\ x\left(z\right)&=\left(zI-A\right)^{-1}zx\left(0\right). \end{aligned} \tag{C.1.3}$$

又由 (C.1.2) 知 $x\left(k\right)=A^{k}x\left(0\right)$, 从而有

$$A^{k}=\mathcal{Z}^{-1}\left\{\left(zI-A\right)^{-1}z\right\}. \tag{C.1.4}$$

3. 非齐次线性差分方程组的解

非齐次线性差分方程组的表达形式为

$$x\left(k+1\right)=Ax\left(k\right)+Bu\left(k\right), \tag{C.1.5}$$

利用迭代法, 得

$$\begin{aligned} x\left(1\right)&=Ax\left(0\right)+Bu\left(0\right),\\ x\left(2\right)&=Ax\left(1\right)+Bu\left(1\right)=A^{2}x\left(0\right)+ABu\left(0\right)+Bu\left(1\right),\\ &\cdots\cdots\\ x\left(k\right)&=A^{k}x\left(0\right)+A^{k-1}Bu\left(0\right)+A^{k-2}Bu\left(1\right)+\cdots+Bu\left(k-1\right)\\ &=A^{k}x\left(0\right)+\left[B\quad AB\quad\cdots\quad A^{k-1}B\right]\begin{bmatrix}u(k-1)\\u(k-2)\\\vdots\\u(0)\end{bmatrix}. \end{aligned} \tag{C.1.6}$$

C.2 差分方程组的稳定性

考察离散时间非线性定常系统, 自治状态方程为

$$x\left(k+1\right)=f\left(x\left(k\right)\right),\quad x\left(0\right)=x_0,\quad k=0,1,\cdots,\tag{C.2.1}$$

其中 $x(k)$ 为 n 维状态, $f\left(0\right)=0$, 即 $x=0$ 为系统平衡点.

定理 C.2　对离散系统 (C.2.1), 若存在一个关于离散状态 $x(k)$ 的 Lyapunov 函数 $V\left(x\left(k\right)\right)$, 使对任意 $x(k)\in\mathbb{R}^n$, $x(k)\neq 0$, 满足

(1) $V\left(x\left(k\right)\right)>0$;

(2) $\Delta V\left(x\left(k\right)\right)=V\left(x\left(k+1\right)\right)-V\left(x\left(k\right)\right)<0$;

(3) 当 $\|x\left(k\right)\|\to\infty$ 时, $V\left(x\left(k\right)\right)\to\infty$,

则平衡点 $x=0$ 为大范围渐近稳定.

考察离散时间线性定常系统

$$x\left(k+1\right)=Ax\left(k\right),\quad x\left(0\right)=x_0,\quad k=0,1,\cdots\tag{C.2.2}$$

的稳定性, 其中 $x(k)$ 为 n 维状态, $Ax_e=0$ 的解 x_e 为系统的平衡状态. 若 A 非奇异, 则平衡点唯一为 $x_e=0$; 若 A 奇异, 则平衡点不唯一.

定理 C.3 (特征值判据)　离散系统 (C.2.2) 平衡点 $X_e=0$ 稳定的充分必要条件是矩阵 A 的所有特征值的模小于 1.

定理 C.4 (Lyapunov 判据)　离散系统 (C.2.2) 平衡点 $x_e=0$ 稳定的充分必要条件是: 对任一给定的 $n\times n$ 正定矩阵 Q, 离散 Lyapunov 方程

$$A^{\mathrm{T}}PA-P=-Q\tag{C.2.3}$$

有唯一 $n\times n$ 正定解 P.

定理 C.5　离散系统 (C.2.2) 平衡点 x_e=0 稳定的充分必要条件是, 存在正定矩阵 P 使得

$$A^{\mathrm{T}}PA-P<0$$

成立.

习　题　C

1. 证明定理 C.3.
2. 证明定理 C.4.
3. 证明定理 C.5.
4. 利用 Lyapunov 方法判断下列系统的稳定性:

$$\begin{cases} x_1\left(k+1\right)=-0.8x_1\left(k\right)-0.4x_2\left(k\right),\\ x_2\left(k+1\right)=1.2x_1\left(k\right)+0.2x_2\left(k\right).\end{cases}$$

5. 设线性离散系统为

$$x(k+1) = \begin{bmatrix} 0 & 1 & 0 \\ 0 & 0 & 1 \\ 0 & a & 0 \end{bmatrix} x(k), \quad a > 0.$$

试求系统原点稳定时 a 的取值范围.